人力资源和社会保障部职业能力建设司推荐
冶金行业职业教育培训规划教材

热工仪表及其维护

（第2版）

主　编　张惠荣　王国贞
副主编　王瑞敏

北　京
冶 金 工 业 出 版 社
2023

内 容 提 要

本书为冶金行业职业技能培训教材，以“技术应用能力的培养”为主线，以应用为目的，以“必需”和“够用”为度，深入浅出地介绍了工业生产中大量应用的温度测量仪表、压力测量仪表、流量测量仪表、物位测量仪表、电子衡器、显示仪表及智能重量变送器的基本原理，着重阐述了它们在使用过程中的相关特性，选用、安装、校验等实用技术及常见故障的判断、维护等知识。对于近年来生产中采用的新的测量方法和仪表，也作了相应介绍。本书中大部分内容都是取自生产实践中的工作总结，指导性强，通俗易懂，是一本实用性较强的书籍。

本书也可作为职业技术学院相关专业的教材，或供从事热工仪表专业工作的工程技术人员参考。

图书在版编目（CIP）数据

热工仪表及其维护/张惠荣，王国贞主编．—2 版．—北京：冶金工业出版社，2012. 1（2023. 6 重印）
冶金行业职业教育培训规划教材
ISBN 978-7-5024-5786-0

Ⅰ. ①热…　Ⅱ. ①张…　②王…　Ⅲ. ①热工仪表—职业教育—教材　Ⅳ. ①TH810. 7

中国版本图书馆 CIP 数据核字（2011）第 244444 号

热工仪表及其维护（第 2 版）

出版发行	冶金工业出版社	**电　　话**	(010)64027926
地　　址	北京市东城区嵩祝院北巷 39 号	**邮　　编**	100009
网　　址	www. mip1953. com	**电子信箱**	service@ mip1953. com

责任编辑　张耀辉　宋　良　任咏玉　美术编辑　彭子赫
版式设计　孙跃红　责任校对　王贺兰　责任印制　窦　唯
北京印刷集团有限责任公司印刷
2005 年 3 月第 1 版，2012 年 1 月第 2 版，2023 年 6 月第 4 次印刷
787mm × 1092mm　1/16；13. 75 印张；367 千字；204 页
定价 32. 00 元

投稿电话　(010)64027932　投稿信箱　tougao@ cnmip. com. cn
营销中心电话　(010)64044283
冶金工业出版社天猫旗舰店　yjgycbs. tmall. com
（本书如有印装质量问题，本社营销中心负责退换）

序

吴溪淳

改革开放以来，我国经济和社会发展取得了辉煌成就，冶金工业实现了持续、快速、健康发展，钢产量已连续数年位居世界首位。这其间凝结着冶金行业广大职工的智慧和心血，包含着千千万万产业工人的汗水和辛劳。实践证明，人才是兴国之本、富民之基和发展之源，是科技创新、经济发展和社会进步的探索者、实践者和推动者。冶金行业中的高技能人才是推动技术创新、实现科技成果转化不可缺少的重要力量，其数量能否迅速增长、素质能否不断提高，关系到冶金行业核心竞争力的强弱。同时，冶金行业作为国家基础产业，拥有数百万从业人员，其综合素质关系到我国产业工人队伍整体素质，关系到工人阶级自身先进性在新的历史条件下的巩固和发展，直接关系到我国综合国力能否不断增强。

强化职业技能培训工作，提高企业核心竞争力，是国民经济可持续发展的重要保障，党中央和国务院给予了高度重视，明确提出人才立国的发展战略。结合《职业教育法》的颁布实施，职业教育工作已出现长期稳定发展的新局面。作为行业职业教育的基础，教材建设工作也应认真贯彻落实科学发展观，坚持职业教育面向人人、面向社会的发展方向和以服务为宗旨、以就业为导向的发展方针，适时扩大编者队伍，优化配置教材选题，不断提高编写质量，为冶金行业的现代化建设打下坚实的基础。

为了搞好冶金行业的职业技能培训工作，冶金工业出版社在人力资源和社会保障部职业能力建设司和中国钢铁工业协会组织人事部的指导下，同河北工业职业技术学院、昆明冶金高等专科学校、吉林电子信息职业技术学院、山西工程职业技术学院、山东工业职业学院、安徽工业职业技术学院、武汉钢铁集团公司、山钢集团济钢公司、云南文山铝业有限公司、中国职工教育和职业培训协会冶金分会、中国钢协职业培训中心、中国钢协人力资源与劳动保障工作委员会教育培训研究会等单位密切协作，联合有关冶金企业、高职院校和本科院校，编写了这套冶金行业职业教育培训规划教材，并经人力资源和社会保障部技工教育和职业培训教材工作委员会组织专家评审通过，由人力资源和社会保障部职业能力建设司给予推荐，有关学校、企业的编写人员在时间紧、任务重的情况下，克服困难，辛勤工作，在相关科研院所的工程技术人员的积极参与和大力支持下，出色地完成了前期工作，为冶金行业的职业技能培训工作的顺利进行，打下了坚实的基础。相信这套教材的出版，将为冶金企业生产一线人员理论水平、操作水平和管理水平的进一步提高，企业核心竞争力的不断增强，起到积极的推进作用。

随着近年来冶金行业的高速发展，职业技能培训工作也取得了令人瞩目的成绩，绝大多数企业建立了完善的职工教育培训体系，职工素质不断提高，为我国冶金行业的发展提供了强大的人力资源支持。今后培训工作的重点，应继续注重职业技能培训工作者队伍的建设，丰富教材品种，加强对高技能人才的培养，进一步强化岗前培训，深化企业间、国际间的合作，开辟冶金行业职业培训工作的新局面。

展望未来，任重而道远。希望各冶金企业与相关院校、出版部门进一步开拓思路，加强合作，全面提升从业人员的素质，要在冶金企业的职工队伍中培养一批刻苦学习、岗位成才的带头人，培养一批推动技术创新、实现科技成果转化的带头人，培养一批提高生产效率、提升产品质量的带头人；不断创新，不断发展，力争使我国冶金行业职业技能培训工作跨上一个新台阶，为冶金行业持续、稳定、健康发展，做出新的贡献！

第2版前言

本书第1版自2005年出版以来，连续重印了多次，被许多相关企业选为培训职工的教材，也被许多高职院校选为教材，受到了广大师生的好评，也提出了不少改进的意见和建议。为了更好地适应广大读者的需要，我们对原书做了重要的补充和修改：新增物位测量仪表及其维护和电子衡器的使用与维护两章，在温度测量仪表及其维护一章中增加了光纤温度计、光纤高温计等内容，在流量测量仪表及其维护一章中增加了智能化流量积算仪、光纤流量计等内容，在显示仪表一章中增加了光栅数显表、轴环式数显表、磁栅数显表等内容。

本书阐述的重点内容是：工业生产过程中各种常用热工参数（温度、压力、流量、物位、重量等）的测量原理与方法；各种常用测量仪表的工作原理、基本结构、安装、校验、选用、常见故障处理和维护的基本方法；近年来生产中采用的新的测量方法和仪表；热工测量中采用的模拟、数字显示仪表。

本书由河北工业职业技术学院张惠荣、王国贞任主编，河北工业职业技术学院王瑞敏任副主编；张惠荣编写第3章、第4章、第5章和第7章；王国贞编写第1章和第2章；王瑞敏、王兵编写第6章和第8章；石家庄钢铁有限责任公司陈明、姜俊审阅了全稿，并提出宝贵意见。全书由张惠荣负责统稿。

因编者水平所限，书中不妥之处，诚望读者予以指正。

编　者

2011年8月

第 1 版前言

本书是按照劳动和社会保障部的规划，受中国钢铁工业协会和冶金工业出版社的委托，在编委会的组织安排下，参照冶金行业职业技能标准和职业技能鉴定规范，根据冶金企业的生产实际和岗位群的技能要求编写的。书稿经劳动和社会保障部职业培训教材工作委员会办公室组织专家评审通过，由人力资源和社会保障部职业能力建设司推荐作为冶金行业职业技能培训教材。

本书阐述的重点内容是：冶金生产过程中各种常用热工参数的测量原理与方法；各种常用测量仪表的工作原理、基本结构、安装、校验、选用、常见故障处理和维护的基本方法；近年来生产中采用的新的测量方法和仪表；热工测量中采用的模拟、数字显示仪表。本书内容注重实际，指导性强，通俗易懂，便于自学。

本书由河北工业职业技术学院张惠荣任主编，河北工业职业技术学院王国贞、石家庄钢铁公司张秀芳任副主编。张惠荣编写了第3章和第4章；王国贞、张福仁编写了第1章和第2章；张秀芳编写了第5章和第6章。石家庄钢铁有限责任公司陈明、姜俊审阅了全稿，并提出宝贵意见。全书由张惠荣负责统稿。

因编者水平所限，书中不妥之处，望读者予以指正。

编　者

2004 年 4 月

目　录

1　热工测量基本知识

1.1　测量的定义及方法

人类在从事科学研究、工程技术及其他一切生产活动时，为了取得各种有价值的数据，就必须进行测量。测量是获得各种事物之间定量关系的必要手段。长期以来，人类所得到的大量科研成果，都包含着测量的功绩。随着科学技术的进步，要求有更精确的测量技术作为基础。因此，测量已成为一项专门技术，并得到迅速的发展。

不同的科技领域，有不同的测量项目及测量特点，热工测量是指对热力过程中各种热工参数及物理量（如温度、压力、流量、物位等）的测量。测量是保障生产安全经济运行并实现自动控制的基本条件之一。

1.1.1　测量的定义

测量就是采用测量工具（或仪表），通过实验方法将被测量与同性质的标准量（即测量单位）进行比较，以确定出被测量是标准量多少倍数的过程。其所得倍数就是被测量值，即

$$L \approx \frac{x}{b} \tag{1-1}$$

式中　x——被测量；

b——标准量（测量单位）；

L——所得被测量值。

因此，被测量由测量值及测量单位两部分组成，即 $x \approx Lb$。式 1 - 1 取近似相等，是因为任何测量都必然存在误差。测量工作包括测量方法、测量设备的选择以及测得数据的处理（确定误差的界限和测得结果的可靠程度）。

1.1.2　测量方法

测量是一项实验工作，为了获得准确可靠的数据，必须根据被测对象特点，选择合理的测量方法。如果方法不当，即使有精密的测量仪器和设备也不能得到理想的结果。测量方法的分类有许多种，随着研究问题的不同而采用不同的分类。

根据获得测量结果的程序不同，测量可分为：

（1）直接测量：用被测量直接与标准量比较而得到测量值的测量方法。如用尺测量长度，用玻璃管水位计测量水位，用压力表测量容器中气体的压力等。此法简单迅速。

（2）间接测量：这是已知被测量与某一个或若干个其他量具有一定的函数关系，通过直接测量这些量值，用函数关系式计算出被测量值的测量方法。例如，通过测量长度和宽度求面积，通过测量导线电阻、长度及直径求电阻率，则面积和电阻率等都是间接的测量结果。

（3）组合测量：组合测量是在测量出几组具有一定函数关系的量值基础上，通过解联立方程组求取被测量的方法。例如，在一定温度范围内，铂电阻与温度的关系为

$$R_t = R_0(1 + At + Bt^2)$$

式中，R_0为0℃时的电阻值；R_t为t℃时的电阻值；A、B为温度系数（常数）。

为了求出温度系数A、B，可以分别直接测出0℃、t_1℃、t_2℃三个不同温度值及相应温度下的电阻值R_0、R_{t1}、R_{t2}，然后解联立方程组：

$$\begin{cases} R_{t1} = R_0(1 + At_1 + Bt_1^2) \\ R_{t2} = R_0(1 + At_2 + Bt_2^2) \end{cases}$$

求得A、B数值。

根据检测装置动作原理不同，测量可分为：

（1）直读法：被测量作用于仪表比较装置，使比较装置的某种参数按已知关系随被测量发生变化，由于这种变化关系已在仪表上由刻度示出，故可直接由仪表刻度尺读出测量结果。例如，用玻璃管水银温度计测量温度时，可直接由水银柱高度读出温度数值。

（2）零值法（平衡法）：将被测量与一个已知量进行比较，当两者达到平衡时，仪表平衡指示器指零，这时已知量就是被测量值。例如，用天平测量物体质量，用电位差计测量电势都是零值法测量方法。

（3）微差法：当被测量尚未完全与已知量相平衡时，读取它们之间的差值，由已知量和差值可求出被测量值。用不平衡电桥测量电阻就是微差法测量的例子。

零值法及微差法测量对于减小测量系统误差很有利，因此测量精度高，采用较广泛。

根据仪表是否与被测对象接触，测量可分为：

（1）接触测量法：仪表的一部分与被测对象接触，受到被测对象的作用才能得出测量结果的测量方法。例如用玻璃管水银温度计测温度时，温度计的温包应该置于被测介质之中，以感受温度的高低。

（2）非接触测量法：仪表的任何部分都不必与被测对象直接接触就能得到测量结果的测量方法。例如用光学高温计测温，是利用测温对象所产生的热辐射对仪表的作用而实现测温的，因此仪表不必与对象直接接触。

1.2 热工测量仪表的组成及分类

1.2.1 热工测量仪表的组成

冶金厂中的热工参数，多数不能直接测量，一般是借助于一些物质的物理、化学性质的关联性把被测参数转变为其他便于直接测量的相关量，以间接得出被测参数的数值。因此，各种热工测量仪表尽管工作原理、结构外形等有所不同，但从其各部分结构的功能和作用上看，总不外乎包括三个部分，即感受部件、传输变换部件及显示部件，如图1－1所示。

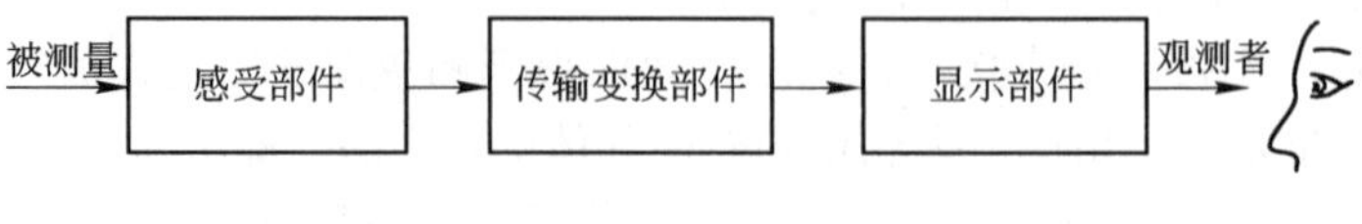

图1－1 热工测量仪表组成方框图

1.2.1.1 感受部件

感受部件是测量仪表中直接与被测对象发生关系的部件，它感受到被测量（被测信号）的大小，并产生一个相应的其他量（输出信号）输送至传输变换部件。例如，玻璃管水银温度计的感受部件是温包（图1-2），它感受被测对象的温度高低并转变成玻璃管内水银柱的高度变化。

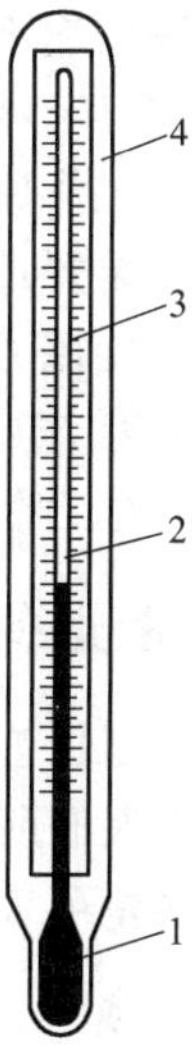

图1-2 玻璃管水银温度计
1—温包；2—毛细管；
3—标尺；4—外壳

仪表能否快速、准确地反映被测量值，很大程度上取决于感受部件。对感受部件的具体要求是：

（1）输出信号与被测参数变化呈单值函数关系，并有较高的灵敏度，即有较小的被测量变化时，输出信号就有较显著的变化。

（2）对于非被测量的变化，感受部件输出应不受影响或受影响极微。

（3）反应快，迟延小。输出信号与输入被测量变化最好呈线性关系。

感受部件要完全满足上述条件一般比较困难，因而通常在仪表内部采取一些措施加以弥补。例如设置中间放大环节弥补感受部件灵敏度的不足，设置补偿环节克服非被测量的影响以及采用线性化环节克服非线性等。当然这样将使得仪表复杂一些，造价也会提高。

1.2.1.2 传输变换部件

传输变换部件接受感受部件送入的信号，并输送到显示部件。根据信号的强弱，传输变换部件可以将信号直接传输或将信号放大后传输到显示部件。当感受部件的输出信号不便于远距离传送，或者因某些特定要求需变为统一的某种信号送到显示部件时，传输变换部件可以将感受部件的输出信号变换为相应的其他输出量（如电流、电压、气压等）再传输到显示部件，这种传输变换部件往往构成一独立完整的器件，通称为“变送器”。

1.2.1.3 显示部件

显示部件接受传输变换部件送入的信号并转变为测量人员可以辨识的信号，它是与人直接联系的部件。例如，玻璃管水银温度计温包内水银感受温度后的体积膨胀量，通过毛细管的传输，变成水银柱的高度变化，人们从刻度尺上就可以读到被测温度的数值。毛细管及刻度尺就是玻璃管水银温度计的显示部件。

根据仪表显示方式不同，一般分模拟显示及数字显示。模拟显示通过指针、液面、光标或图像等形式，反映被测量的连续变化；数字显示则用数字量显示出被测量的大小。

有些仪表根据不同需要，还具有记录、累计、报警及调节等功能，有些还可以巡回检测多个不同的参数。

如果测量仪表的感受部件或变送器与显示部件相距较远，并各自成为一完整的仪表，则习惯称为感受仪表（一次仪表）及显示仪表（二次仪表）。

1.2.2 热工测量仪表的分类

根据仪表用途、原理及结构等不同，热工测量仪表可分为多种类型。

（1）按被测参数不同，可分温度、压力、流量、物位、成分分析及机械量（位移、转速、振动等）测量仪表。

（2）按用途不同，可分标准用、实验室用及工程用仪表。

（3）按显示特点不同，可分指示式、记录式、积算式、数字式及屏幕式仪表。

（4）按工作原理不同，可分机械式、电气式、电子式、化学式、气动式及液动式仪表。

（5）按装置地点不同，可分就地安装式及盘用仪表。

（6）按使用方式不同，可分固定式和携带式仪表。

在热工生产现场，大多采用结构牢固，能适应较为恶劣环境的工程用仪表，标准仪表常作为实验室校对工程用仪表及作为标准传递之用。

1.3 测量误差

在进行测量工作时，由于仪表本身不完善，测量人员操作不恰当，测量时客观条件的变化以及尚未为人们所认识的种种原因，都会使得测量值与被测量的真实值不符，即存在测量误差。测量误差可表示为

$$\delta = L - A_0$$

式中 δ——绝对误差；

L——测量值；

A_0——真实值（真值）。

真值是所测参数的理论值或定义值，其数值难以得到，在常规测量中，真值常用比所用测量仪表更精确的标准仪表的测量值 A 代替，A 称为实际值。这样测量绝对误差通常表示为

$$\delta = L - A \qquad (1-2)$$

除了绝对误差表示形式之外，测量误差还可以用相对误差及折合误差形式表示。相对误差为绝对误差与实际值之比，常用百分数表示，即

$$\gamma = \frac{\delta}{A} \times 100\% = \frac{L - A}{A} \times 100\% \qquad (1-3)$$

式中 γ——相对误差。

对于数值大小不同的测量值，相对误差更能比较出测量的准确程度，即相对误差越小，准确程度越高。

折合误差为绝对误差与所用测量仪表的量程之比，也以百分数表示，即

$$\gamma_0 = \frac{\delta}{A_{max} - A_{min}} \times 100\% \qquad (1-4)$$

式中 γ_0——折合误差；

A_{max}，A_{min}——分别为测量仪表上限及下限刻度，$A_{max} - A_{min}$称为测量仪表的量程。

按照测量误差最基本的性质和特点，可以把测量误差分为三大类：系统误差、随机误差和粗大误差。

1.3.1 系统误差

在相同测量条件下多次重复测量同一量时，如果每次测量值的误差基本恒定不变，或者按某一规律变化，这种误差称为系统误差（或确定性误差）。误差值基本恒定的称为恒值系统误差（恒系差）；误差值变化的称为变值系统误差（变系差）。

变值系统误差按其变化规律又可分为累进性的系统误差、周期性的系统误差及按复杂规律

变化的系统误差等几种。

系统误差主要来源于以下几个方面：

（1）测量仪器和测量系统不够完善：如仪表本身刻度不准；校验该仪表的标准仪表有误差；仪表所依据的测量原理本身就不完善等，都会造成测量系统误差。

（2）仪表使用不当：如测量设备和电路的安装、布置、调整不当，测量人员操作不熟练、读数不准等引起的系统误差。

（3）外界环境不能满足仪表使用条件：如仪表使用时的环境温度、湿度、电磁场等不满足要求引起的系统误差。

由于系统误差的出现一般是有规律的，其产生原因往往是可掌握的，因此首先应尽可能设法预见到各种系统误差的具体来源，并极力消除其影响；其次应设法确定出未能消除的系统误差数值并加以修正，以提高测量的准确程度。

系统误差的大小表明了一个测量结果偏离真值的程度，这种测量值偏离真值的程度通常用“正确度”这一词汇表达。系统误差愈小，则表明测量正确度愈高。

1.3.2 随机误差

当设法消除了系统误差之后，在同一条件下反复测量同一量时（亦称等精度测量），每次测量值仍会出现或大或小、或正或负的微小误差，这种误差称为随机误差。由于从表面上看毫无规律，似纯属偶然原因产生，故亦称偶然误差。

随机误差是由于人们认识事物有局限性，对某些复杂的微小变化因素一时还无法掌握或控制而引起的。这种误差虽然表面上看不出有什么明显的规律，但是随着重复测量的增加可以发现：小误差比大误差出现的概率大，正、负误差出现的概率基本相同，即随机误差与其他大量随机事物一样，遵循一定的统计规律。研究随机误差的规律，对估计某一测量系统的精密程度很有意义。浅显地说，如果在一组等精度测量中，绝对值小的随机误差出现率越高，则表明该测量系统的测量“精密度”越高，即多次测量值的一致性越好。应用统计学方法处理随机误差，即以测量结果的算术平均值作为被测实际值的最佳估计值。

多次测量所得测量值的算术平均值可表示为

$$\bar{L} = \frac{\sum_{i=1}^{n} L_i}{n} \tag{1-5}$$

式中 L_i——第 i 次的测量值；

n——总测量次数。

1.3.3 粗大误差

由于测量人员操作错误和粗心大意等原因造成测量结果显著偏离被测量的实际值所对应的误差，称为粗大误差（图 1-3（b）、（c））。粗大误差常表现为数值较大，且没有什么规律。因此在测量时测量人员应有高度责任感并熟悉操作技术，以避免出现粗大误差。由于粗大误差严重歪曲测量结果，故应通过理论分析或统计学方法发现并舍弃不用。

由以上误差分析可知，“正确度”反映了测量系统误差的大小，“精密度”反映了随机误差的分散程度。一个好的测量系统，应该既“精密”又“正确”，即系统误差和随机误差都要小，一般用“准确度”（或精度）这一词概括。图 1-3 以射击靶纸为例，示意出了精密度、正确度及准确度三者的意义。图 1-3（a）精密度高而正确度低；图 1-3（b）正确度高而精

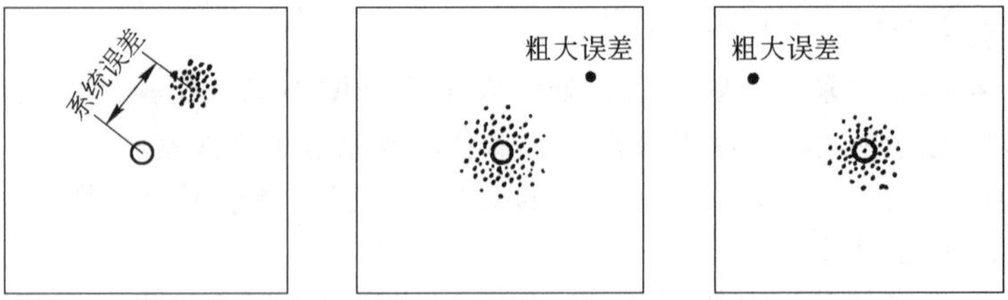

(a)　　(b)　　(c)

图 1－3　精密度、正确度、准确度概念说明示意图

密度低；只有图 1－3（c）才是准确度高。

提高测量准确度，可以通过设计合理的测量系统，提高测量人员的技术水平以及正确处理测量数据等方式来实现。

1.4　仪表的质量指标

为了正确地选择和使用仪表，必须了解有关评价仪表质量的一系列指标。

1.4.1　准确度

准确度是表征仪表示值与被测量实际值接近程度的质量指标，用基本误差来表示。仪表的基本误差是指仪表在规定的使用条件下的最大误差。它一般用折合误差的形式表示，即

$$\text{仪表基本误差}=\frac{|\delta_{max}|}{A_{max}-A_{min}}\times 100\% \tag{1-6}$$

式中　$A_{max}-A_{min}$——仪表的量程；

$|\delta_{max}|$——仪表最大的绝对误差（绝对值），仪表最大绝对误差通常采用逐点与标准仪表进行示值比较而得出。

国家根据各类仪表的设计制造质量不同，对每种仪表都规定了基本误差的最大允许值，即允许误差。允许误差去掉百分号（%）的数值，就是仪表的准确度等级。

我国目前规定的准确度等级有 0.005，0.01，0.02，0.04，0.05，0.1，0.2，0.5，1.0，1.5，2.5，4.0，5.0 等级别。数值越小，准确度越高。准确度等级通常用阿拉伯数字标在仪表刻度盘上，等级数字外有一圆圈。

由于仪表都有一定的准确度等级，因此其刻度盘的分格值不应小于仪表允许误差（绝对误差）值，小于允许误差的分度是没有意义的。

【例 1－1】 有一支量程为 0～1000℃，准确度等级为 0.5 级的温度计，问该表在规定使用条件下的最大测量绝对误差为多少，仪表分格值应为多少？

解： 由准确度等级定义可得该仪表基本误差应不大于 0.5%，即

$$\frac{|\delta_{max}|}{A_{max}-A_{min}}\times 100\% \leqslant 0.5\%$$

故

$$|\delta_{max}| \leqslant 0.5\times\frac{A_{max}-A_{min}}{100}=0.5\times\frac{1000-0}{100}=5(℃)$$

因此，该仪表在规定使用条件下使用时，其最大测量误差为 ±5℃；仪表分格值应不小于

5℃，即最多可分 1000℃ ÷5℃ =200（格）。

1.4.2 稳定性

稳定度是指仪表示值不随时间和使用条件变化的性能。时间稳定性以稳定度表示，即示值在一段时间内随机变动量的大小。使用条件变化对仪表的影响用影响误差表示。如环境温度的影响，是以温度每变化 1℃示值变化多少来表示的。

1.4.3 灵敏度

仪表输出信号的变化与产生该变化的被测信号变化之比，称为仪表的灵敏度，即

$$S = \frac{\Delta\alpha}{\Delta A} \tag{1-7}$$

式中 S——灵敏度；

$\Delta\alpha$——输出信号的变化量，对于模拟指示仪表通常指仪表指针的角位移或线位移；

ΔA——引起 $\Delta\alpha$ 变化的被测信号的变化量。

如果仪表各刻度点的灵敏度都相同，则仪表输入与输出就成线性关系，反之则为非线性关系。成线性关系的仪表刻度方便，因而刻度准确，在测量读数时也易读准。

1.4.4 不灵敏区

不能引起输出变化的被测信号的最大变化范围，称为仪表的不灵敏区。为了确定仪表的不灵敏区，可在仪表的某一点上，逐渐增加及减小输入值，分别记下使显示机构开始动作的增、减两个方向的输入值，并求出它们的差值，该差值即为仪表该点的不灵敏区，各点不灵敏区中的最大值即为仪表的不灵敏区。例如某温度计稳定在 100℃点温度时，若被测温度增加到 100.1℃时，指针开始正向移动；被测温度减小到 99.8℃时，指针开始负向移动，则该温度计在 100℃点的不灵敏区为 100.1℃ −99.8℃ =0.3℃。

有时也把能引起仪表响应的输入信号的最小变化称为仪表的灵敏度限或分辨率。一般灵敏度限数值应不大于仪表允许误差的一半。

1.4.5 变差

变差是指仪表正向特性与反向特性不一致的程度，以正、反向特性之差（即仪表在规定的使用条件下，从上、下行程方向测量同一参数，两次测量值之差）的最大值与仪表量程之比的百分数表示。即

$$E_b = \frac{\Delta_{max}}{A_{max} - A_{min}} \times 100\% \tag{1-8}$$

式中 E_b——仪表的变差；

Δ_{max}——正、反向特性之差的最大值；

A_{max}——仪表刻度上限值；

A_{min}——仪表刻度下限值。

仪表变差不应超过允许误差值。为了测出仪表变差，在校验仪表时，一般应进行上、下行程的校验。

1.4.6　时滞

用仪表对参数进行测量时，由于仪表有惯性，其指示值总要经过一段时间之后才能正确地显示出被测参数值，即指示值的变化总要落后于被测参数的变化。从测量开始到仪表正确显示出被测量的这一段时间称为仪表的时滞或反应时间。如果仪表反应时间过长，则不宜用于测量变化频繁的参数，因为仪表来不及反应被测参数的变化。

1.4.7　复现性

复现性是指同一条件下对同一被测量物多次重复测量其示值不一致的程度：

$$E_f = \frac{\Delta_{f\max}}{A_{\max} - A_{\min}} \times 100\% \tag{1-9}$$

式中　E_f——仪表复现性；

$\Delta_{f\max}$——全量程中重复测量差值最大值；

$A_{\max}$——仪表刻度上限值；

$A_{\min}$——仪表刻度下限值。

复习思考题

1-1　直接测量和间接测量的含义是什么，直接测量主要包括哪些具体的测量方法？

1-2　测量仪表一般由哪几部分组成，它们分别起什么作用？

1-3　测量误差主要有哪些表示方法，它们分别是怎样定义的？

1-4　测量误差按照其性质可分为哪几类，它们产生的原因分别是什么？

1-5　使用一只0.2级，量程为10V的电压表，测得某一电压为5.0V，试求此测量值可能出现的绝对误差和相对误差的最大值。

1-6　某压力表刻度为0~100kPa，在50kPa处计量检定值为49.5kPa，求在50kPa处仪表示值的绝对误差、示值的相对误差和示值折合误差。

1-7　甲、乙二人分别用不同的方法，对同一电阻进行多次测量，结果如下（假设均无粗大误差和系统误差）：

甲 R_1/kΩ：1.28，1.31，1.27，1.26，1.19，1.25

乙 R_2/kΩ：1.19，1.23，1.22，1.24，1.25，1.20

试根据以上数据粗略评价哪个人的测量精密度较高。

1-8　试指出下列情况属于何种误差（系统误差、随机误差、粗大误差）：

（1）用一只普通万用表测量同一个电压，每隔10min测一次，重复测量十次，数值相差造成误差；

（2）用普通万用表测量电阻值时，没有调整零点而造成的误差；

（3）看错刻度线造成的误差；

（4）使用人员读数不当造成的误差；

（5）仪表安装位置不当造成的误差；

（6）差压变送器承受静压变化造成的误差；

（7）因精神不集中写错数据而造成的误差；

（8）仪表受环境条件（温度、电源电压）变化造成的误差；

（9）选错单位或算错数字造成的误差。

1-9　有一个变化范围为320~360kPa的压力，若用A、B两台压力变送器（压力变送器A：1级，0~600kPa。压力变送器B：1级，250~500kPa）进行测量，那么在正常情况下哪一台的测量准确度高些？

1-10　现有一台精度等级为0.5级的测量仪表，量程为0~1000℃。在正常情况下进行校验，其最大绝对误差为6℃。求该仪表的：(1) 最大折合误差；(2) 基本误差；(3) 允许误差；(4) 仪表的精度是否合格。

1-11　有一块精度为2.5级、测量范围为0~100kPa的压力表，它的刻度标尺最小应分多少格？

2 温度测量仪表及其维护

温度是国际单位制中基本物理量之一，也是工业生产中重要的工艺参数。无论冶金、石化，还是轻工、国防，以至食品卫生、环保等生产与科研部门都离不开温度测量。人们常常把温度比喻成工业生产的脉搏，多种工业产品的产量、质量、能耗等都直接或间接与温度参数有关。因此，温度测量是热工测量中应用频率最高的技术。尤其是在节能与热管理技术中，没有温度的准确测量与控制，任何技术都难以充分发挥作用。所以，准确地测量温度是实现节能的关键环节。而且，温度测量在科学技术的各个领域中都是强有力的监测手段。

2.1 温度测量的基本概念

2.1.1 温度与温标

温度是表征物体冷热程度的物理量。温度的高低，通常可由人的感觉器官感觉出来，但这很不可靠，更谈不上准确了。例如，我们在环境温度为6℃的室内坐久了会觉得冷，可是，对一个长时间待在冰天雪地的人，突然进入此屋内，则会感到很暖和。因此，用人的感觉来判断温度的高低是不科学的，也无法定量表示出物体的温度数值。定量地，即用数值加单位来表示温度，就要用到温标。

温标就是温度的数值表示方法。各种温度计的数值都是由温标决定的。各种温度计必须先进行分度（也称标定）。由于温度这个量比较特殊，只能借助于某个物理量的变化来间接地表示。借助于某一种物质的物理量与温度变化的关系，用实验方法建立的经验公式所确定的温标，称为经验温标（例如摄氏温标、华氏温标等）。经验温标的缺点在于它的局限性和随意性，不能适用于任何场合，因而是不科学的。物理学家开尔文提出可以建立一个与工质无关的温标，即热力学温标。但用来复现热力学温标的装置很复杂，使用也不方便，为此又建立了使用方便，并有一定复现精度的国际协议性实用温标——国际温标。下面介绍几种常用温标。

2.1.1.1 摄氏温标

摄氏温标（单位符号为℃）是根据水银受热后体积膨胀，并认为体积膨胀随温度的变化是线性的而建立起来的。它规定标准大气压下纯水的冰点为0℃，纯水的沸点为100℃，中间线性等分为100格，每格为1℃。

2.1.1.2 华氏温标

华氏温标（单位符号为℉）也是根据水银受热后体积膨胀，并认为此体积膨胀随温度的变化为线性的而建立起来的，只是分度方法与摄氏温标不同。它规定标准大气压下纯水的冰点为32℉，而纯水的沸点为212℉，中间线性等分为180格，每格为1℉。

摄氏温度值t(℃)与华氏温度值t_F(℉)有如下关系：

$$t_F = \frac{9}{5}t + 32$$

$$t=\frac{5}{9}(t_F-32)$$

2.1.1.3　热力学温标

热力学温标又称开尔文温标（K）或绝对温标。它是以热力学第二定律为基础的，规定分子运动停止（即没有热存在）时的温度为绝对零度或最低理论温度（0K）。热力学温标是纯理论的，无法直接实现。在热力学中理论上证明了热力学温标与由理想气体状态方程建立的温标是完全一致的。所以借助于气体温度计可复现热力学温标。但气体温标的建立是相当繁杂的，而且使用很不方便。气体温标一旦建立起来，再用气体温度计测量热力学温度，过程同样繁杂。

2.1.1.4　国际温标

为了使用方便，国际组织经协商决定建立一种既使用方便，又具有一定科学技术水平的温标，即国际温标。国际温标通常具备以下条件：

（1）尽可能接近热力学温度；

（2）复现精度高，各国均能以很高的准确度复现同样的温标，确保温度量值的统一；

（3）用于复现温标的标准温度计使用方便，性能稳定。

第一个国际协议性温标是1927年第七届国际计量大会上通过并采用的温标，定名为1927年国际温标（简称ITS—27）。以后大约每20年进行一次重大修改，相继有1948年国际温标、1968年国际温标和1990年国际温标（ITS—90）。国际温标做重大修改的原因，主要是由于温标的基本内容发生变化，即内插仪器、固定点和内插公式的改变。

在1990年国际温标中指出，热力学温度（符号为T）是基本物理量，单位为开尔文（K）。它规定水的三相点热力学温度为273.16K，定义1K等于水三相点热力学温度的1/273.16。

在1990年国际温标中同时使用热力学温度（符号为T_{90}）和摄氏温度（符号为t_{90}），T_{90}(K)与t_{90}(℃)间的关系为

$$t_{90}=T_{90}-273.15$$

式中，T_{90}的单位是开尔文（K）；t_{90}的单位是摄氏度（℃）。

2.1.2　测温方法及测温仪表分类

2.1.2.1　温度测量方法

按测温的物质（感温元件）是否与被测温物质（被测物体）相接触来分，有接触式测温和非接触式测温两种测温方法。

A　接触法

由热平衡原理可知，两个物体接触后，经过足够长的时间达到热平衡，则它们的温度必然相等。如果其中之一为温度计，就可以用它对另一个物体实现温度测量，这种测温方式称为接触法。其特点是温度计要与被测物体有良好的热接触，使两者达到热平衡。用接触法测温时，感温元件要与被测物体接触，因此，往往要破坏被测物体的热平衡状态，并受到被测物质的腐蚀作用，所以，对感温元件的结构、性能要求苛刻，但用此种方法测温的准确度高。

B　非接触法

感温元件不与被测物体接触，而是利用物体的热辐射能（或亮度）随温度变化的原理测

定物体温度。这种测温方式称为非接触法。它的特点是，不与被测物体接触，因而也不改变被测物体的温度分布，而且，辐射热与光速一样快，热惯性很小。通常用来测定1000℃以上的移动、旋转或反应迅速的高温物体的温度。非接触法的测温准确度往往低于接触法。

2.1.2.2　测温仪表的分类

常用测温仪表按其测量原理分类及性能如表2－1所示。

表2－1　常用测温仪表的分类及性能

温度计的分类		工作原理	常用测量温度/℃	主要特点
接触式仪表	膨胀式温度计 1. 液体膨胀式 2. 固体膨胀式	利用液体（水银、酒精等）或固体（金属片）受热时产生热膨胀的特性	－200～700	结构简单，价格低廉，一般只用作就地测量
	压力表式温度计 1. 气体式 2. 液体式 3. 蒸汽式	利用封闭在一定容积中的气体、液体或某些液体的饱和蒸汽受热时其体积或压力变化的性质	0～300	结构简单，具有防爆性，不怕振动，可作近距离传送；准确度低，滞后性较大
	热电阻温度计	利用导体或半导体受热后电阻值变化的性质	－200～650	准确度高，能远距离传送，适于低、中温测量；体积较大，测点温较困难
	热电偶温度计	利用物体的热电性质	0～1600	测温范围广，能远距离传送，适于中、高温测量；需自由端温度补偿，在低温段测量准确度较低
非接触式仪表	辐射式温度计 1. 光学式 2. 比色式 3. 红外式	利用物体辐射能随温度变化的性质	600～2000	适用于不能直接测温的场合，测温范围广，多用于高温测量；测量准确度受环境条件的影响，需对测量值修正后才能获得真实温度

2.1.3　测温仪表的选用

测温仪表的选用主要包括：

（1）根据工艺要求，正确选用温度测量仪表的量程和精度。正常使用的测温范围一般为全量程的30%～90%之间。

（2）用于现场进行接触式测温的仪表有玻璃温度计（用于指示精度较高和现场没有振动的场合）、压力式温度计（用于就地集中测量、要求指示清晰的场合）、双金属温度计（用于要求指示清晰、并且有振动的场合）、半导体温度计（用于间断测量固体表面温度的场合）。

（3）用于远传接触式测温的有热电偶、热电阻。应根据工艺条件与测温范围选用适当的规格品种、惰性时间、连接方式、补偿导线、保护套管与插入深度等。

（4）测量细小物体和运动物体的温度，或测量高温，或测量具有振动、冲击而又不能安装接触式测量仪表的物质的温度，应采用光学高温计、辐射高温计、光电高温计与比色高温计等不接触式温度计。

（5）用辐射高温计测温时，必须考虑现场环境条件，如受水蒸气、烟雾、一氧化碳、二氧化碳、臭氧、反射光等影响，并应采取相应措施，防止干扰。

2.2　热电偶温度计

热电偶是目前应用最广泛的测温元件，它与显示仪表配套使用，组成热电偶温度计。采用热电偶测温具有以下优点：

（1）温度测量范围宽，一般可用在 -271 ~ 2800℃温度范围。

（2）性能稳定、准确可靠。在正确使用的情况下，热电偶的性能是很稳定的，其精度高，测量准确可靠。

（3）信号可以远传和记录。由于热电偶能把温度信号转换成电压信号，因此可以远距离传递和记录，也可以集中检测和控制。

（4）可适应各种测量对象的要求，如快速，小尺寸，点温测量等。

（5）价格便宜，制造容易，结构简单。

因此，热电偶温度计在工业生产及科研领域内得到广泛应用，有温度测量的“常规武器”之称。

2.2.1　热电偶的测温原理

两种不同材料的导体 A 和 B 连接在一起，形成一个闭合回路，如图 2 - 1 所示。当两端接点温度不同（分别为 T，T_0）时，在回路中就会产生一个电动势。这种物理现象称为热电效应（塞贝克效应），这一电动势称为热电势（塞贝克电势）。热电偶就是利用这个原理来测量温度的。

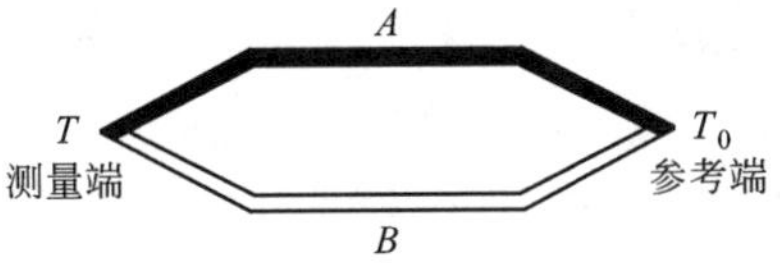

图 2 - 1　热电效应

图 2 - 1 中所示的闭合回路称为热电偶。导体 A、B 称为热电偶的热电极或热偶丝。两个接点中，一个称为热端（T），又称测量端或工作端，此接点置于被测对象中。另一接点（T_0）称为冷端或参考端、自由端。

上述热电偶回路中产生的热电势，是由接触热电势和温差热电势两个部分组成的。

2.2.1.1　接触热电势

各种导体中都存在着大量的自由电子，不同导体自由电子的密度也不同。两种不同材料导体 A（电子密度 N_A）和 B（电子密度 N_B）相接触时，由于两者电子密度不同，如 $N_A > N_B$，则自由电子在接触处由 A 向 B 和由 B 向 A 的扩散速率不同，即在同一瞬时内，由 A 扩散到 B 中去的电子数要比由 B 扩散到 A 中去的电子数多。这样电子密度大的导体 A 失去电子而带正电。相反，电子密度小的导体 B 得到电子而带负电，如图 2 - 2 所示。在 A、B 的接触面上便形成一个静电场 E_S，此电场对电子扩散起阻碍作用，并且引起自由电子的反向移动。当电子的扩散作用和静电场阻碍电子扩散作用达到动态平衡时，A、B 接触面处将具有一定的、稳定的电位差，称为接触电势。这个接触电势除与材料有关外，还与接触面处的温度有关。根据物理学的理论推导，接触电势的大小可由下式来表示，方向如图 2 - 2 所示。

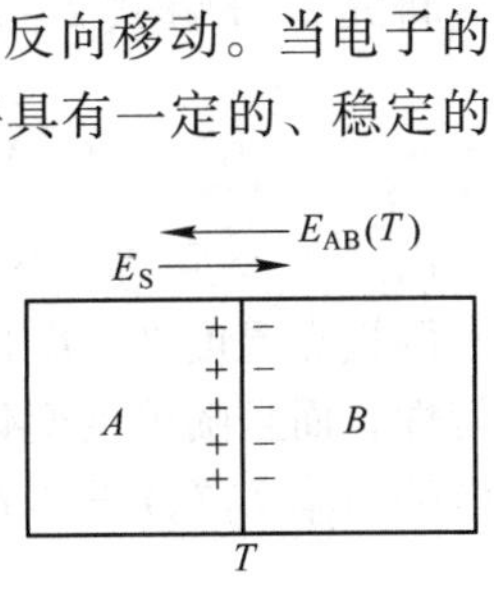

图 2 - 2　接触热电势的产生

$$E_{AB}(T) = \frac{kT}{e}\ln\frac{N_{AT}}{N_{BT}} \qquad (2-1)$$

式中　$E_{AB}(T)$ ——热电极 A、B 接点温度为 T 时的接触电势；

k——玻耳兹曼常数，$k = 1.38 \times 10^{-23}$ J/K；

N_{AT}，N_{BT}——热电极 A、B 接点温度为 T 时的自由电子密度；

e——一个电子的电荷量，$e=1.60210\times10^{-19}$C。

$E_{AB}(T)$ 符号中 A 与 B 的顺序表示电势方向，是由热电极 B 指向热电极 A，如图 2－2 所示。

由式 2－1 可知，温度越高，接触电势越大；热电极的电子密度相差越大，接触电势也越大。

2.2.1.2　温差电势

对同一导体，在两端温度不同时，两端也将产生一定大小的电动势，这就是温差电势。产生这个电动势的原因主要是在不同温度下，自由电子具有不同的动能，温度高时动能大。如图 2－3 所示，设 A 导体两端的温度分别为 T 和 T_0（$T>T_0$），高温 T 端的电子动能比低温 T_0端的电子动能大。这样从 T 端跑到 T_0端的电子数比从 T_0端跑到 T 端的电子数要多，结果 T 端因失去电子而带正电荷，T_0端因得到电子而带负电荷。于是在 T、T_0端之间形成一个由 T 端指向 T_0端的静电场 E_S。此电场将阻碍电子从 T 端跑向 T_0端，同时吸引电子从 T_0端跑向 T 端，最后达到动态平衡。此时在导体 A 的两端便产生一个一定的、稳定的电位差，这就是温差电势。根据物理学的理论推导，温差电势的大小可用下式来表示：

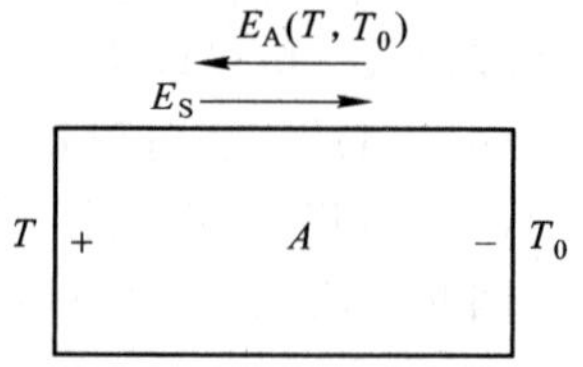

图 2－3　温差电势的产生

$$E_A(T,T_0)=\frac{k}{e}\int_{T_0}^{T}\frac{1}{N_{At}}\frac{d(N_{At}t)}{dt}dt \qquad (2-2)$$

式中　N_{At}——导体 A 的自由电子密度，它是温度 t 的函数；

t——导体温度；

$E_A(T,T_0)$——导体 A 两端温度为 T、T_0时的温差电势。

$E_A(T,T_0)$ 符号中 T 与 T_0 的顺序表示电势的方向是由 T_0 端指向 T 端，如图 2－3 所示。

由式 2－2 可知，温差越大，温差电势也越大，当导体两端温度相同时，即温差为零，则温差电势也为零。

2.2.1.3　热电偶回路的热电势

由两种导体 A、B 构成的热电偶回路如图 2－4 所示。回路的热电势应为两接点 T、T_0的接触电势及两导体 A、B 本身温差电势四部分的代数和。若以接触电势 $E_{AB}(T)$ 的方向为参考，则热电偶回路热电势 $E_{AB}(T,T_0)$ 表达式为

$$E_{AB}(T,T_0)=E_{AB}(T)-E_{AB}(T_0)+E_B(T,T_0)-E_A(T,T_0)$$

将式 2－1 和式 2－2 代入上式，再进行一系列整理后可得

$$E_{AB}(T,T_0)=\frac{k}{e}\int_{T_0}^{T}\ln\frac{N_{At}}{N_{Bt}}dt \qquad (2-3)$$

由式 2－3 可知，热电偶的热电势与热电极电子密度 N_{At}、N_{Bt}以及两接点温度 T、T_0有关。其中 N_{At}、N_{Bt}不仅取决于热电极材料特性，而且随温度变化而变化。所以当热电偶材料一定时，其热电势 $E_{AB}(T,T_0)$ 只取决于热端温度 T 和冷端温度 T_0的函数差，即

$$E_{AB}(T,T_0)=f(T)-f(T_0) \qquad (2-4)$$

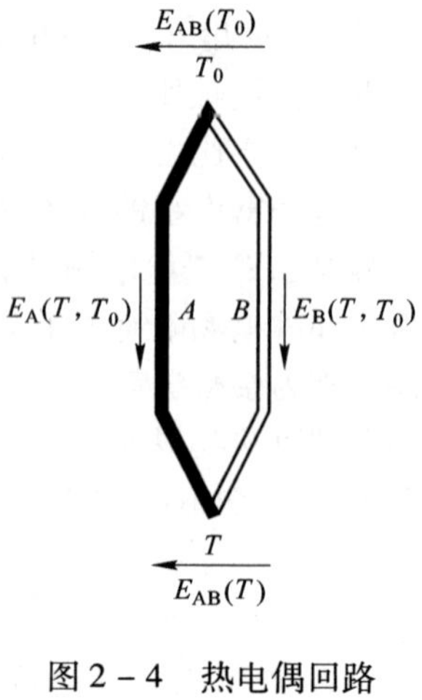

图 2－4　热电偶回路热电势的分布

根据式2-3和式2-4以及上面的讨论，可得出如下结论：

(1) 热电偶回路热电势的大小只与组成热电偶的导体材料及两端温度有关，而与热电极的几何形状（长短、粗细和截面形状）无关。

(2) 如果热电偶两热电极材料相同为A或B，则无论热电偶两端温度如何，热电偶回路热电势总为零。

(3) 如果热电偶两端温度相同为T或T_0，则尽管两电极材料不同，热电偶回路的热电势总为零，即$E_{AB}(T,T)=f(T)-f(T)=0$，$E_{AB}(T_0,T_0)=f(T_0)-f(T_0)=0$。

(4) 如果参考端（T_0）温度恒定，即$f(T_0)=C$(常数)，$E_{AB}(T,T_0)=f(T)-C$，即热电偶回路热电势$E_{AB}(T,T_0)$仅为工作端温度T的单值函数。只要测出热电势$E_{AB}(T,T_0)$的大小，就间接地知道了工作端（即被测的）温度T了，这就是热电偶测温的基本原理。

(5) 热电偶热电极的极性由导体材料的电子密度大小确定，电子密度大的导体为正极，而电子密度小的导体为负极。热电偶回路中，接触电势远大于温差电势。

2.2.2 热电偶的基本定律

在使用热电偶测温时，必然要在热电偶回路中接入电势测量仪表以及相应的连接导线。为了不影响原来的热电势数值，保证热电偶测温的准确性，下面介绍几条与正确应用热电偶有密切关系的基本定律。

2.2.2.1 均质导体定律

由一种均质导体组成的闭合回路，不论导体的截面、长度以及各处的温度分布如何，都不产生热电势。该定律说明，如果热电偶的两根热电极是由两种均质导体组成，那么，热电偶的热电势与热电极直径、长度及沿热电极长度上的温度分布无关，只与热电极材料和两接点温度有关。如果热电极为非均质导体，当它处于具有温度梯度的温场时，将产生附加热电势，如果此时仅从热电偶的热电势大小来判断温度的高低，就会引起误差。所以热电极材料的均匀性是衡量热电偶质量的主要标志之一。如果要检查热电极材料是否均匀，可将该热电极组成闭合回路，并局部加热，若无热电势输出，便说明该热电极材料是均匀的。

2.2.2.2 中间导体定律

在热电偶回路中接入第三、第四种或更多种导体，只要接入导体的两端温度相等，且导体是均质的，则无论接入导体的温度分布如何，都不会影响原来热电偶的热电势的大小。

在热电偶实际测温线路中，必须有连接导线和显示仪表，如图2-5所示。而这些接入回路的导线和仪表的材料与热电极的材料可能是不同的。若把连接导线和显示仪表看作是串接的第三种导体，只要它们的两端温度相同，就不影响热电偶所产生的热电势。中间导体定律证明如下。

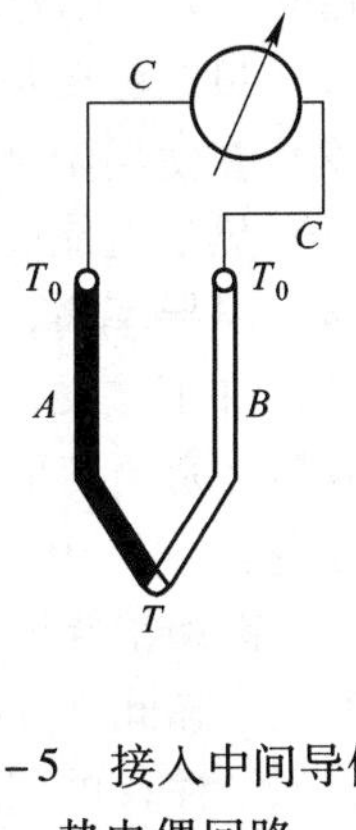

图2-5 接入中间导体的热电偶回路

如图2-5所示，热电偶回路中接入均质中间导体C，则整个回路的总热电势为：

$$E_{ABC}(T,T_0)=E_{AB}(T)+E_B(T,T_0)+E_{BC}(T_0)+E_C(T_0,T_0)+E_{CA}(T_0)-E_A(T,T_0)$$

式中，$E_C(T_0,T_0)=0$。考虑到三种不同金属材料在无温差的闭合回路里总热电势为零，即

$$E_{BC}(T_0) + E_{CA}(T_0) = E_{BA}(T_0) = -E_{AB}(T_0)$$

代入上式得

$$E_{ABC}(T,T_0) = E_{AB}(T) - E_{AB}(T_0) + E_B(T,T_0) - E_A(T,T_0) = E_{AB}(T,T_0) \quad (2-5)$$

2.2.2.3　中间温度定律

在热电偶回路中，热电偶两接点温度为 T、T_0时的热电势，等于该热电偶在接点温度为 T、T_n和 T_n、T_0时热电势的代数和，即

$$E_{AB}(T,T_0) = E_{AB}(T,T_n) + E_{AB}(T_n,T_0) \quad (2-6)$$

此定律可用图 2 - 6 来表示。

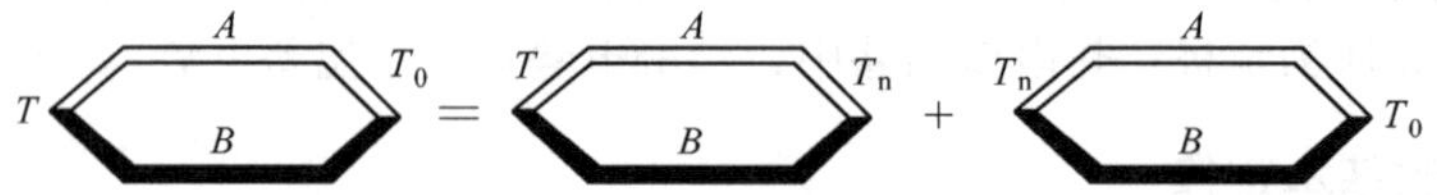

图 2 - 6　中间温度定律图解

在实际应用中，各种标准热电偶有其各自的分度表。而分度表中，热电偶的热电势值是在参考端温度为 0℃时给出的。因此，利用上式和热电偶的分度表就可求出参考端温度为任何温度 T_n的热电偶热电势。由式 2 - 6 得

$$E_{AB}(T,0) = E_{AB}(T,T_n) + E_{AB}(T_n,0)$$

可以看出，只要测出热电偶在参考端温度为 T_n时的热电势 $E_{AB}(T,T_n)$，再由相应的热电偶分度表中查出 $E_{AB}(T_n,0)$，则热电偶参考端温度为 0℃时的热电势值 $E_{AB}(T,0)$ 可由上式求出。

2.2.3　热电偶的种类及其特性

2.2.3.1　对热电极材料的要求

根据热电偶的测温原理，似乎任意两种不同的导体材料都可以作为热电极组成热电偶用来测量温度，但实际并非如此，因为对热电偶热电极材料有一定要求：

(1) 热电势要足够大，并且与温度的关系最好成线性或近似线性；

(2) 在使用温度范围内，物理、化学性能稳定；

(3) 热电性能稳定，易于复现，同类热电偶互换性好；

(4) 电导率高，电阻温度系数要小；

(5) 加工方便，价格便宜。

但是，完全满足上述要求的材料很难找到。因此只能根据被测温度的高低，选择适当的热电极材料。

金、银和铂族金属共八个元素，称为贵金属。由这些金属及其合金构成的热电偶称为贵金属热电偶，除此之外统称贱金属热电偶。同贵金属热电偶相比，贱金属热电偶灵敏度高，热电特性近似线性，可在还原性气氛中使用，但抗氧化耐腐蚀性欠佳，热电极均匀性差，高温稳定性差，寿命短。贵金属的缺点和优点正好与贱金属相反。

2.2.3.2　标准热电偶

标准化热电偶是指生产工艺成熟，成批生产，性能优良并已列入工业标准文件中的热电

偶。这类热电偶发展早，性能稳定，应用广泛，具有统一的分度表，可以互换，并有与其配套的显示仪表可供使用，十分方便。非标准化热电偶没有被列入工业标准，也没有统一的分度表和与其配套的显示仪表，但在某些特殊场合，如在超高温、低温等条件下有特殊功用。

国际电工委员会（IEC）在1975年推荐7种标准化热电偶；1986年IEC又推荐镍铬硅－镍硅（N型）热电偶作为标准化热电偶；我国已采用IEC标准，1987年以后热电偶全部按新标准生产。以下简要介绍标准化热电偶的主要特性：

（1）铂铑$_{10}$－铂热电偶（分度号为S）：属贵金属热电偶，热电极直径通常为0.5mm。它的长期使用温度为1400℃（我国规定为1300℃），短期使用温度为1600℃。它的热电性能稳定，抗氧化性强，宜在氧化性及惰性气氛中连续使用，在真空中可短期使用。不宜直接在金属蒸气、金属氧化物、二氧化碳、氢气等还原性介质中使用，除非选用可靠的保护管。在高温下这种热电偶会产生挥发现象，铑分子会渗透到铂电极中污染铂极，导致热电势下降及铂电极折断等。

（2）铂铑$_{13}$－铂热电偶（分度号为R）：属贵金属热电偶。它的性能与铂铑$_{10}$－铂热电偶基本相同，只是它的温度灵敏度稍高些，例如1300℃时，铂铑$_{10}$－铂热电偶输出热电势为13.155mV，而铂铑$_{13}$－铂热电偶则为14.826mV。

（3）铂铑$_{30}$－铂铑$_{6}$热电偶（分度号为B）：属贵金属热电偶。其长期使用最高温度可达1600℃，短期使用温度可达1800℃，宜在氧化性和中性气氛中使用，在真空中可短期使用。它不能直接在还原性气氛及含有金属或非金属蒸气的气氛中使用，除非外面套有合适的非金属保护管。它具有铂铑$_{10}$－铂热电偶的各种优点，其抗污染能力强；主要缺点是灵敏度低，热电势小。冷端温度在40℃以下时，可不必进行冷端温度补偿。

（4）镍铬－镍硅（镍铬－镍铝）热电偶（分度号为K）：属贱金属热电偶，长期使用最高温度可达900℃以上，短期可达1200℃，热电偶丝直径一般为1.2～2.5mm。用于测量500℃以下的温度时，可用于氧化、还原及中性气氛中；测量温度高于500℃时只能用于氧化及中性气氛中。镍铬－镍硅热电偶可用于湿度很低的氢或氨的气氛中，而不能用于氧化还原交替的气氛中。在真空中只能短期使用。镍铬－镍硅热电偶与镍铬－镍铝热电偶的热电特性几乎完全一致，但前者在抗氧化性及热电势稳定性方面均优于后者。目前我国基本上已用镍铬－镍硅热电偶取代镍铬－镍铝热电偶。镍铬－镍硅的热电势率比铂铑$_{10}$－铂的热电势率大4～5倍，并且温度与热电势之间关系近似于线性。

（5）镍铬－康铜热电偶（分度号为E）：属贱金属热电偶。它的特点是在常用热电偶中其热电势率最大，即灵敏度最高。在－200℃时热电势率为25μV/℃，在700℃时，为80μV/℃，比K型热电偶高一倍，较J型热电偶高20%左右。在使用中的限制条件与K型热电偶相同。它适宜在－250～870℃范围内的氧化或惰性气氛中使用，尤其适宜在0℃以下使用，而且在温度高的情况下，较其他热电偶耐腐蚀。

（6）铜－康铜热电偶（分度号为T）：属贱金属热电偶。其主要特点是，在贱金属热电偶中它的准确度最高，热电极丝的均匀性好。它的使用温度范围是－200～350℃。因铜热电极易氧化，并且氧化膜易脱落，所以在氧化性气氛中使用时，一般不能超过300℃。

（7）铁－康铜热电偶（分度号为J）：属贱金属热电偶。其特点是价格便宜。J型热电偶既可用于氧化性气氛（使用温度上限为750℃），也可用于还原性气氛（使用温度上限为950℃），并且耐H_2和CO气体腐蚀，在含碳或铁的条件下使用也很稳定，多用于化工厂。它不能在高温（540℃）含硫的气氛中使用，而且铁热电极易生锈。

（8）镍铬硅－镍硅热电偶（分度号为N）：属贱金属热电偶。N型热电偶的使用温度范围

为 -200 ~ 1300℃，长期使用温度为 1200℃，短期为 1300℃。实验结果表明，在相同条件下，尤其在 1100 ~ 1300℃的高温条件下，N 型热电偶的高温稳定性及使用寿命较 K 型有成倍的提高，与 S 型热电偶接近，其价格仅为 S 型的 1/10。它为现有贱金属热电偶不能胜任的场合提供了新型的测温材料，也为在 1300℃ 以下温度测量，取代 S 型热电偶提供了依据。因此，在 -200 ~ 1300℃整个温度范围内，有全面代替贱金属热电偶和部分代替 S 型热电偶的趋势。

2.2.4　热电偶的结构

2.2.4.1　普通型热电偶

图 2 -7 是普通型热电偶的结构示意图。它由热电极、绝缘套管、保护套管及接线盒等部分组成。

（1）热电极：热电极的直径由材料价格、机械强度、导电率以及热电偶的用途和测量范围来决定。贵金属热电偶的热电极大多采用直径为 0.3 ~ 0.65mm 的细丝。贱金属热电偶热电极的直径一般为 0.5 ~ 3.2mm。热电偶的长度由安装条件，特别是工作端在介质中的插入深度来决定，通常为 350 ~ 2000mm。

热电偶工作端通常采用焊接方式形成。焊点的形式有三种，如图 2 -8 所示。对焊点的要求是焊点光滑、无夹渣和裂纹，焊点直径应不超过热电极直径的两倍，以保证测温的可靠性和准确性。

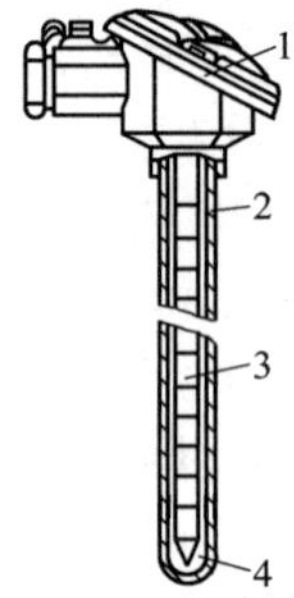

图 2 -7　普通型热电偶结构图

1—接线盒；2—保护管；3—绝缘套管；4—热电极

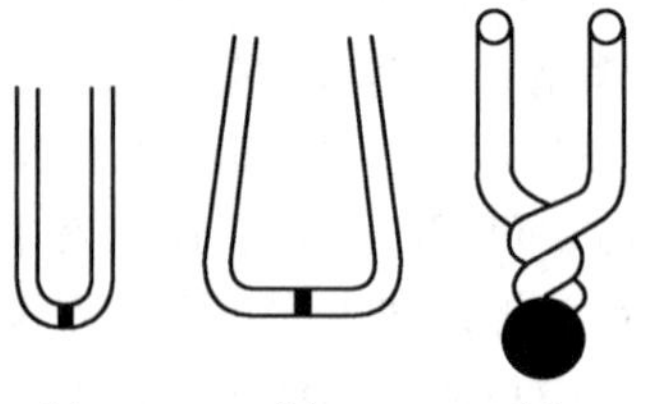

图 2 -8　热电偶工作端焊接形式

（a）点焊；（b）对焊；（c）铰接点焊

（2）绝缘套管：它的作用是防止热电偶正、负热电极之间以及热电极与保护套管之间形成短路。其材料视被测温度高低而定，常用的绝缘管材料见表 2 -2 所示。绝缘套管的形式如图2 -9所示。

表 2 -2　常用的绝缘管材料

名　称	长期使用的温度上限/℃	名　称	长期使用的温度上限/℃	名　称	长期使用的温度上限/℃
天然橡胶	60 ~ 80	玻璃和玻璃纤维	400	氧化铝	1600
聚乙烯	80	石　英	1100	氧化镁	2000
聚四氟乙烯	250	陶　瓷	1200		

（3）保护套管：保护套管可使热电极免受化学和机械作用，以得到较长的使用寿命和测温准确性。保护套管的选用一般是根据测温范围、加热区长度、环境气氛以及测温时间常数等条件来选定。

（4）接线盒：主要是供连接热电偶和补偿导线之用。它一般由铝合金制成。

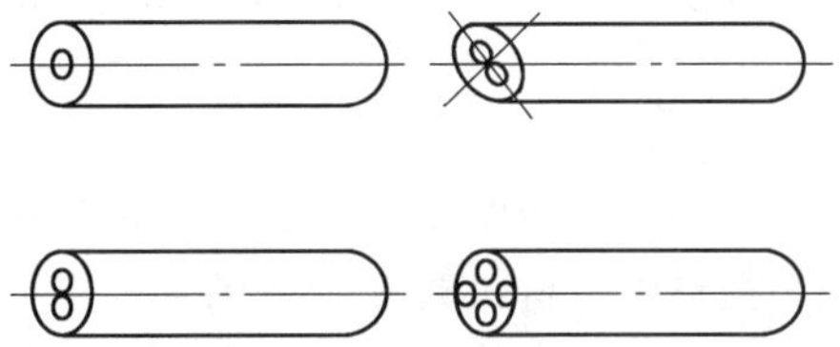

图 2－9　绝缘套管外形

2.2.4.2　铠装热电偶

铠装热电偶是 20 世纪 60 年代发展起来的一种小型化、长寿命、结构牢固的新型热电偶。它是由热电极、绝缘材料和金属套管三者组合加工而成的坚实的组合体，其断面形式和工作端的形式如图 2－10 所示。这种热电偶可做得很长、很细，在测量中可根据需要进行弯曲，最长可达 100m，最短可做成 100mm 以下，外径 D 最细可达 0.25mm，最粗为 12mm。套管材料为铜、不锈钢或镍基高温合金等。热电极和套管之间的绝缘材料有氧化镁、氧化铝等。

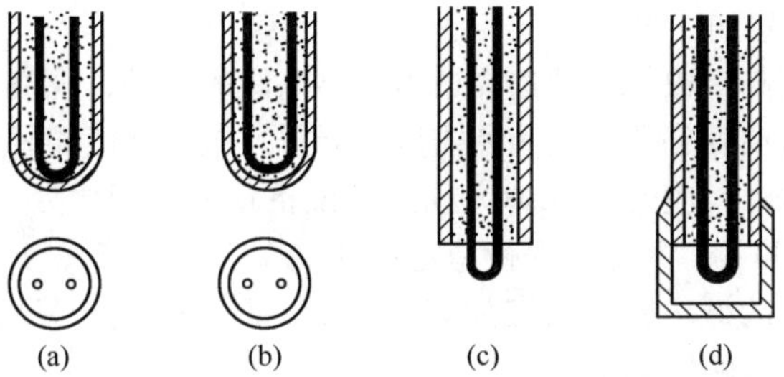

图 2－10　铠装热电偶断面结构及工作端形式

（a）碰底型；（b）不碰底型；（c）露头型；（d）帽型

铠装热电偶的主要优点是，工作端热容量小，动态响应快，如 ϕ2.5mm 的露头型时间常数 T = 0.05s，碰底型 T = 0.3s，不碰底型 T = 1.5s；机械强度高，挠性好，耐高压，耐强烈振动和耐冲击，可安装在结构复杂的装置上。因此被广泛地应用在冶金、电力、化工、机械等各工业部门。

2.2.4.3　快速微型热电偶

快速微型热电偶是一种用来测量钢水、铁水或其他熔融金属温度的热电偶，其结构如图 2－11所示。在石英管 2 中装的热电偶是分度号为 S 型或 B 型的热电偶丝，热电极直径为 0.05～0.1mm，长为 25～40mm。这种热电偶配用的显示仪表有快速电子电位差计和数字显示仪表。

快速微型热电偶测量熔融金属温度的过程如下：当热电偶插入熔融金属后，保护钢帽迅速熔化，这时 U 形石英管及其中的热电偶的工作端就暴露于熔融金属中。由于石英管和热电偶的热容量都很小，一般 4～6s 就可反映出熔融金属的温度。测出温度后，整个快速微型热电偶被烧坏。因此，它又被称为消耗式热电偶。但由于这种热电偶所用材料是廉价的，即使是贵金属热电偶，也由于热电极丝细且很短而用量不多，如用正负极各 1m 长，直径 0.5mm 的热电极丝可拔成直径 0.1mm 的热电偶 800 支。因此，总的来说价格还是便宜的。

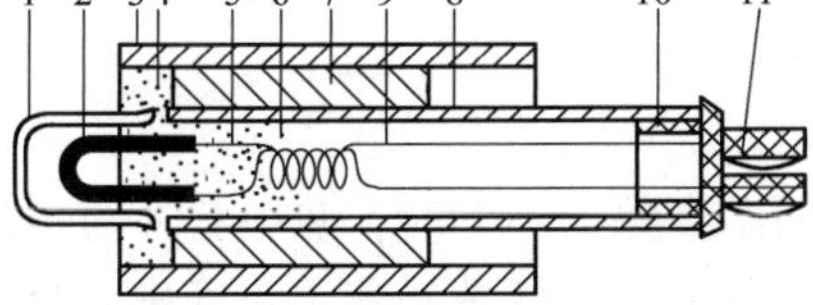

图 2－11　快速微型热电偶

1—钢帽；2—石英管；3—纸环；4—绝热水泥；5—热电偶冷端；6—棉花；7—绝热纸管；8—纸管；9—补偿导线；10—塑料插座；11—簧片

这种热电偶测量结果可靠，互换性好，准确度高，误差只有 ±(5～7)℃。当测量更高温度时，可采用钨铼系列热电偶丝制成的快速微型热电偶。

2.2.4.4　薄膜热电偶

薄膜热电偶如图 2－12 所示。它是用真空蒸镀的方法，把热电极材料蒸镀在绝缘基板上而制成。测量端既小又薄，厚度约为几个微米，热容量小，响应速度快，便于敷贴。适用于测量微小面积上的瞬变温度。

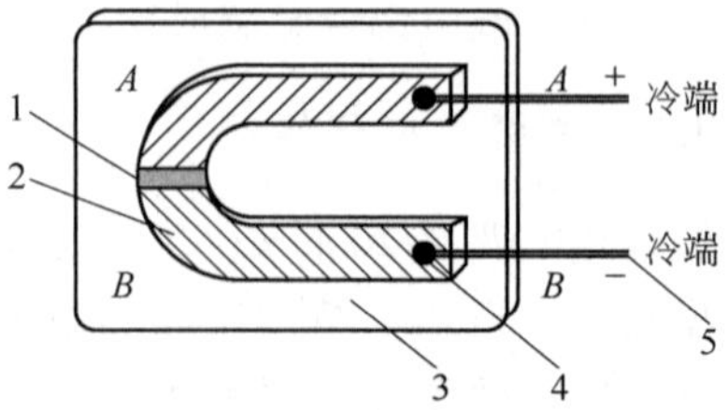

图 2－12　薄膜热电偶

1—工作端；2—薄膜热电极；3—绝缘基板；4—引脚接头；5—引出线（相同材料的热电极）

2.2.5　热电偶的维护

2.2.5.1　使用注意事项

使用热电偶时，应注意如下事项：

（1）根据测量的范围与对象，合理选择适当的热电偶的型号、规格和保护套管的材料。

（2）选择合适的冷端温度补偿方法和所需用的器材，包括补偿导线、冷端温度补偿器等。

（3）热电偶的安装地点，应避免在炉旁或加热设备距离过近之处。热电偶的冷端（接线盒处）的温度不应超过 100℃，并尽量保持稳定不变。

（4）热电偶插入炉内的深度，可按实际需要决定，但工作端与发热体接触的距离不得小于 100mm，它的接线盒不可碰到炉壁。

（5）带瓷保护套管的热电偶，应尽可能避免忽冷忽热，以防瓷管破裂，并应安装在不妨碍被测加热物移动之处，以免碰断瓷管。

（6）除不带保护套管的热电偶和表面热电偶外，不允许把热电偶从保护套管中抽出，直接与测温介质接触。

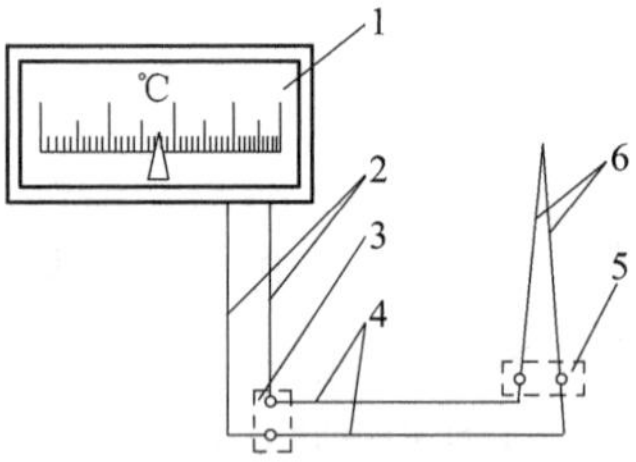

图 2－13　热电偶的接线图

1—毫伏计；2—连接导线；3—恒温点；4—补偿导线；5—冷接点；6—热电偶

（7）使用中应经常检查热电偶保护套管的状况，如保护套管壁厚小于 1.5mm，或发现焊缝处和表面有侵蚀情况，就应更换新的保护套管。

（8）热电偶接线时，打开接线盒，按图 2－13 线路连接。把补偿导线的出线孔隙用石棉绳塞紧，然后盖上接线盒盖。在线路连接时，应注意补偿导线的极性，不可接反。

（9）要保护补偿导线，避免受到机械损伤和外磁场的干扰，并把补偿导线套入接地的钢管内，不得有迂回的地方。

（10）每对热电偶不可同时与多只毫伏计连接。但允许与一只毫伏计和一台自动平衡显示仪表连接。

2.2.5.2　热电偶冷端的温度补偿

由热电偶测温的基本原理可知，只有当热电偶的冷端温度保持不变时，热电势才与被测温度成一一对应关系。在实际应用中，热电偶安装在现场设备上，其冷端暴露于空气中，受到周围环境温度的影响；同时热电偶的冷端与工作端（热端）离得很近，所以冷端温度难以保持恒定，因而会引起测量误差。

减小或消除由于热电偶冷端温度变化而产生的测温误差，称为热电偶的冷端温度补偿。它是保证热电偶测温准确性的重要措施，通常采用的冷端温度补偿方法有以下几种：

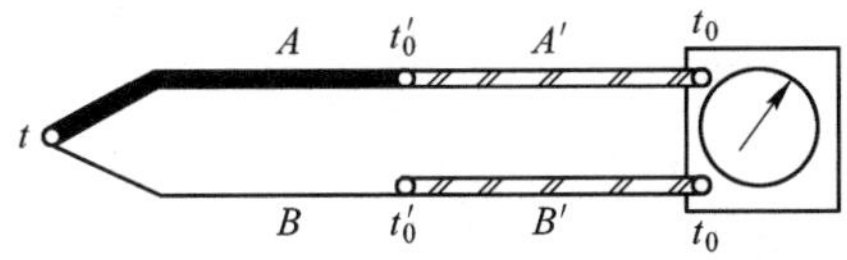

图 2-14 补偿导线在测温回路中的连接
A，B—热电偶热电极；A′，B′—补偿导线；
t_0'—热电偶原冷端温度；t_0—新冷端温度

（1）补偿导线法：由于热电偶一般做得比较短（除铠装热电偶外），冷端温度受被测对象及环境温度影响，波动较大。为此可将热电偶冷端延伸到温度比较稳定的地方（如仪表控制室）。如果用与热电极材料相同的导线来延伸，对于贵金属热电偶要耗费许多贵金属材料，很不经济。因此，一般用补偿导线将热电偶冷端延伸出来，如图 2-14 所示。补偿导线是一对在某一温度范围内（一般为 0~100℃）热电特性与某种热电偶相同或十分相近的导线，且其材料又是廉价金属。通过补偿导线可以把热电偶冷端延伸到温度比较稳定处，其效果与热电偶本身延长相同。

国际电工委员会（IEC）对补偿导线也制定了相应的国际标准。补偿导线分为补偿型补偿导线（用符号 C 表示）和延伸型补偿导线（用符号 X 表示）两种。一般补偿型补偿导线的材料与工作热电偶材料不同，常用在贵金属热电偶中；延伸型补偿导线基本是与工作热电偶相同材料制成的导线，适用于廉价金属热电偶。

IEC 标准补偿导线的有关规定见表 2-3。例如，SC 表示适用于铂铑$_{10}$-铂热电偶（S）的补偿型补偿导线（C）；KX 表示镍铬-镍硅热电偶（K）的延伸型补偿导线（X）。补偿导线合金丝一栏中的“P”和“N”分别表示相应补偿导线的正、负极。在使用补偿导线时应注意，热电偶和补偿导线的两个接点保持同样温度 t_0'；新冷端温度 t_0 应基本稳定；热电偶和补偿导线必须配套使用；正负极不可接错。

表 2-3 补偿导线合金丝和绝缘层颜色

补偿导线型号	配用热电偶的分度号	补偿导线合金丝		补偿导线绝缘层颜色	
		正 极	负 极	正 极	负 极
SC	S（铂铑$_{10}$-铂）	SPC（铜）	SNC（铜镍）	红	绿
KC	K（镍铬-镍硅）	KPC（铜）	KNC（铜镍）	红	蓝
KX	K（镍铬-镍硅）	KPX（镍铬）	KNX（镍硅）	红	黑
EX	E（镍铬-铜镍）	EPX（镍铬）	ENX（铜镍）	红	棕
JX	J（铁-铜镍）	JPX（铁）	JNX（铜镍）	红	紫
TX	T（铜-铜镍）	TPX（铜）	TNX（铜镍）	红	白

（2）计算校正法：由于热电偶的温度-热电势关系曲线（刻度特性）是在冷端温度为0℃的情况下得到的。与之配套使用的显示仪表也是根据这一关系曲线进行刻度的。虽然用补偿导线法可使热电偶新的冷端延伸到温度较稳定的地方，但新冷端温度并不一定为0℃。这就必须对显示仪表指示值加以修正。设新冷端温度恒定于 t_0，被测温度为 t，则由中间温度定律可知：

$$E(t,0) = E(t,t_0) + E(t_0,0) \tag{2-7}$$

式中 $E(t,0)$ ——冷端温度为0℃而热端为 t℃时的热电势；

$E(t,t_0)$ ——冷端温度为 t_0℃而热端为 t℃时的热电势，即仪表的实测值；

$E(t_0,0)$ ——冷端温度为0℃，而热端温度为 t_0℃时的热电势，即冷端温度不为0℃时的热电势修正值。

【例 2-1】 用铂铑$_{10}$-铂（S）热电偶来测温，冷端温度为 $t_0=100$℃，此时仪表的温度读数为800℃，求被测介质的实际温度 t。

解：查对应分度表可知

$$E(t,\ t_0)=E(800,0)=7.345\text{mV}$$

根据中间温度定律，有

$$E(t,0)=E(t,t_0)+E(t_0,0)$$

由 S 分度表查得

$$E(100,0)=0.645\text{mV}$$

则 $$E(t,0)=E(t,t_0)+E(t_0,0)=7.345+0.645=7.990\text{mV}$$

再查对应分度表得被测介质实际温度为

$$t=858.8℃$$

这种校正方法只适用于实验室或临时测温，在连续测量中显然是不实用的。

（3）冷端恒温法：冷端恒温法包括冰点法和其他恒温法两种。

1）冰点法：在实验室条件下可采用冰点法，此方法是将热电偶的冷端置于冰点槽中，而冰点槽的温度保持在0℃，这样测得热电势后查相应的分度表即可得知被测温度。

冰点槽的结构如图 2－15 所示。在恒温槽中盛有冰水（制冰的水必须是清洁的水）混合物，在一个大气压下，冰水混合的平衡温度是0℃；试管中的水银或变压器油是为了保证传热性能良好，若用水银必须在水银上存放蒸馏水或变压器油以防止水银蒸发。试管直径应不大于 15mm，插入深度不小于 100mm。

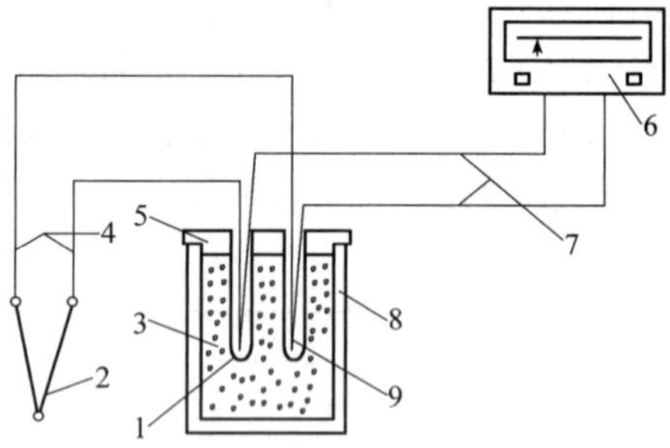

图 2－15　冰点槽

1—试管；2—热电偶；3—冰水混合物；4—补偿导线；5—盖；6—测量或显示仪表；7—铜导线；8—恒温槽；9—变压器油或水银

用这种方法恒定冷端温度是很准确的，一般只有在精密测量温度时或计量部门才使用。工业生产中一般不采用。

2）其他恒温法：在用热电偶测量温度时使其冷端的温度保持恒定。根据具体情况还有其他一些简易的方法：一是把冷端放在室内盛油的容器里，利用油的热惰性维持其接近室温；二是把冷端放在充满绝缘物的铁管中，并把铁管埋入 2.5～3m 或更深的地下；三是把冷端放在恒温箱内，使冷端温度保持一定的温度，一般为 50℃。

这三种方法首先都要测量出经过恒温后热电偶冷端的温度 t_0，然后再用计算法或机械零位调整法进行补偿。

（4）显示仪表机械零点调整法：工业生产中，对于热电偶冷端非 0℃的一种处理法是将显示仪表机械零点预先调整到指示热电偶冷端 t_0的位置。这样，热电偶热端温度和冷端温度相同时，热电势为零，无信号输入，仪表就恰指在 t_0温度处。当热电偶热端温度上升时，仪表指针也从 t_0的基础上上升。所以机械零点的调整相当于在显示仪表上预加了一个 $E(t_0,0)$ 的初始电势。

（5）补偿电桥法：由式 $E_{AB}(T,\ T_0)=f(T)-f(T_0)$ 知，热电偶的热电势随冷端温度的升高而减小，如果有这样一种装置，其输出电势随温度的升高而增大，且增大的数值和热电偶的热电势由于冷端温度升高而减小的数值恰好相等，这样就能起到补偿作用。补偿电桥（不平衡电桥）就是根据这个原理设计的，图2－16是带有补偿电桥的热电偶测温回路。图中，$R_1 = R_2 = R_3 = 1\Omega$，是用锰铜丝绕制的，$R_{CU}$是铜导线绕制的补偿电阻，其阻值随温度的变化而变化，热电偶的冷端和电阻R_{CU}感受相同的温度，R_5是限流电阻。由图2－16可知，显示仪表的输入电势$U_{AB} = E_x + U_{ab}$。通常当补偿电桥处于20℃时，则$R_1 = R_2 = R_3 = R_{CU}$，补偿电桥平衡，而a、b两点电位相等，即$U_{ab} = 0mV$，电桥对仪表的读数无影响。当周围环境温度高于20℃时，R_{CU}增大，U_{ab}也随着增大，此时热电偶热电势E_x减小，若补偿电桥参数选择合适，U_{ab}的增大，正好补偿E_x的减小，从而起到温度补偿作用。

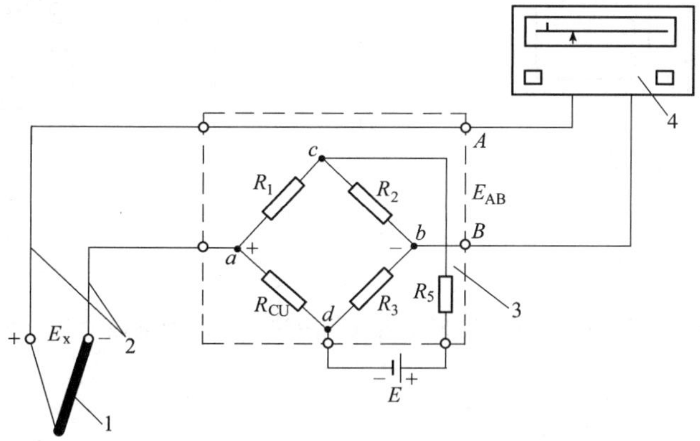

图2－16　带有补偿电桥的热电偶测温回路

1—热电偶；2—补偿导线；3—补偿电桥；4—显示仪表

由于补偿电桥是在20℃时平衡，所以采用这种补偿电桥时，必须把仪表的机械零位调到20℃处，若补偿电桥是按0℃时电桥平衡设计的，则仪表的机械零位应调在0℃处。这样显示仪表的读数就只与热电偶测量端温度有关，而不受冷端温度的影响。补偿电桥装置已形成产品，简称为补偿器。选用补偿器时应与所使用热电偶型号对应。

上述介绍的冷端温度处理方法中，补偿导线是最基本的，它常被单独使用或与其他方法一起使用。

（6）集成芯片冷端补偿法：为了实现热电偶的冷端温度补偿，许多厂家设计制造了集成冷端补偿芯片。下面简单介绍美国迈信公司生产的MAX6675 K型热电偶冷端补偿芯片及其应用。

MAX6675是基于三线制（$\overline{\text{CS}}$、SCK、SO）的SPI总线，专门用于对工业中最常用的镍铬－镍硅K型热电偶进行温度补偿的芯片。它还能将补偿后的热电势转换为代表温度的数字脉冲，从SPI串行接口输出补偿后的结果。MAX6675工作时必须与热电偶冷端或补偿导线处于相同的温度场中，冷端温度t_0必须高于0℃，低于125℃。在此范围内，它将产生41.6μV/℃的补偿电压，超过此范围，将引起较大的误差。MAX6675与单片机及译码驱动显示电路框图如图2－17所示。

单片机接收到SO信号后，还必须查询片内存储器中的K热电偶分度表，进行非线性修正；当热电偶开路时，T_+、T_-端无法构成回路，SO端将输出报警标志位信号，由单片机的输出口驱动声光报警器。图2－18是SPI总线串行信号的时序图。

当$\overline{\text{CS}}$为低电平时，MAX6675的SO端输出一串12位与时钟信号（SCK）同步的二进制码，由单片机的RXT脚读取串行信号，传输速率（波特率）由单片机的DXT脚给出。

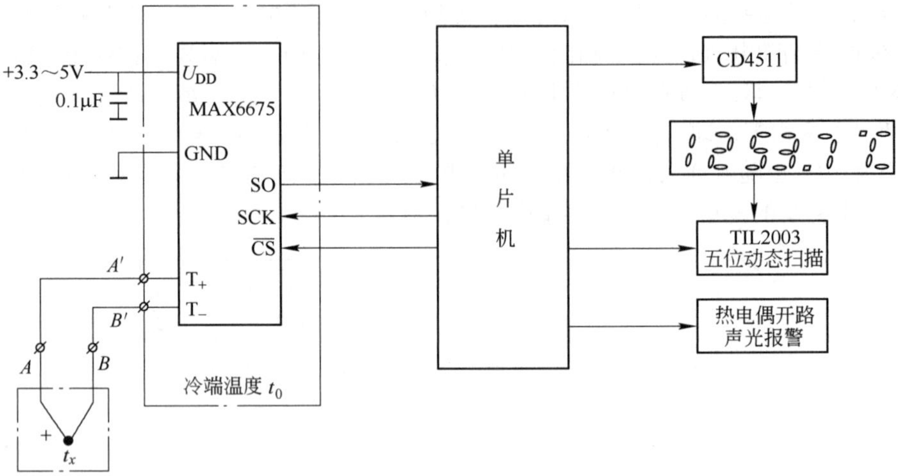

图 2－17　MAX6675 构成的热电偶冷端补偿及测量显示电路框图

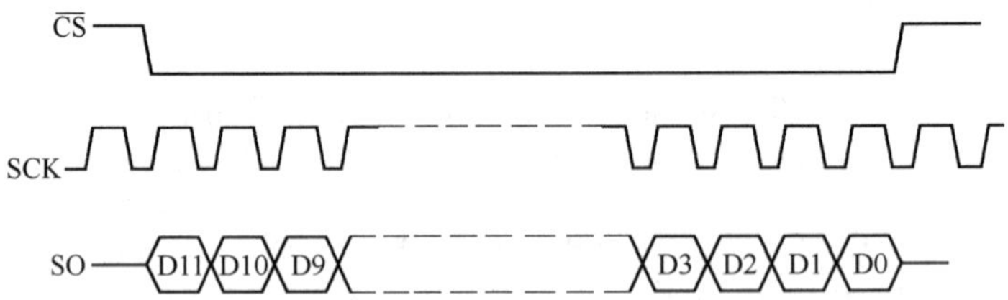

图 2－18　SPI 总线串行信号时序图

2.2.5.3　热电偶的常见故障处理

当热电偶发生故障后，首先应将补偿导线和接线盒分开，然后分别检查热电偶与补偿导线，待确定故障所在后，再根据情况进行处理。常见的故障及处理方法见表 2－4。

表 2－4　热电偶的常见故障及处理方法

故障现象	可能原因	处理方法
热电势比实际值小（显示仪表指示值偏低）	1. 热电极短路；	1. 找出短路原因：如因潮湿所致，则需进行干燥；如因绝缘子损坏所致，则需更换绝缘子；
	2. 热电偶的接线柱处积灰，造成短路；	2. 清扫积灰；
	3. 补偿导线线间短路；	3. 找出短路点，加强绝缘或更换补偿导线；
	4. 热电偶热电极变质；	4. 在长度允许的情况下，剪去变质段重新焊好，或更换新热电偶；
	5. 补偿导线与热电偶极性接反；	5. 重新接正确；
	6. 补偿导线与热电偶不配套；	6. 更换相配套的补偿导线；

续表 2－4

故障现象	可能原因	处理方法
热电势比实际值小（显示仪表指示值偏低）	7. 热电偶安装位置不当或插入深度不符合要求； 8. 热电偶冷端温度补偿不符合要求； 9. 热电偶与显示仪表不配套	7. 重新按规定安装； 8. 调整冷端补偿器； 9. 更换热电偶或显示仪表使之相配套
热电势比实际值大（显示仪表指示值偏高）	1. 热电偶与显示仪表不配套； 2. 补偿导线与热电偶不配套； 3. 有直流干扰信号进入	1. 更换热电偶或显示仪表使之相配套； 2. 更换补偿导线使之相配套； 3. 排除直流干扰
热电势输出不稳定	1. 热电偶接线柱与热电极接触不良； 2. 热电偶测量线路绝缘破损，引起断续短路或接地； 3. 热电偶安装不牢或外部振动； 4. 热电极将断未断； 5. 外界干扰（交流漏电，电磁场感应等）	1. 将接线柱螺丝拧紧； 2. 找出故障点，修复绝缘； 3. 紧固热电偶，消除振动或采取减振措施； 4. 修复或更换热电偶； 5. 查出干扰源，采取屏蔽措施
热电偶热电势误差大	1. 热电极变质； 2. 热电偶安装位置不当； 3. 保护管表面积灰	1. 更换热电极； 2. 改变安装位置； 3. 消除积灰

2.2.5.4 热电偶的变质与处理

A 热电偶变质的外形判断法

在现场工作中，有时也能够从外形判断热电偶是否变质。从热电偶表面颜色情况来鉴别其损坏程度，对工作有很大帮助，现将判断方法列于表2－5。

表2－5 热电偶损坏程度的鉴别

损坏程度	从颜色观察热电极	
	铂铑－铂	镍铬－镍硅
轻　度	呈现灰白色，有少许光泽	有白色泡沫
中　度	呈现乳白色，没有光泽	有黄色泡沫
较严重	呈现黄色、硬化	有绿色泡沫
严　重	呈现黄色、脆、有麻面	碳化、成槽渣状

B 热电偶变质的处理

（1）镍铬－镍硅热电偶有轻度或中度损坏时，可将工作端剪掉一段，重新焊接起来使用；也可以将热电偶的工作端与冷端对调焊接使用，损坏严重的热电偶必须更换。

（2）铂铑－铂热电偶有轻度或中度损坏时，则需进行清洗与退火，其方法如图2－19所示。

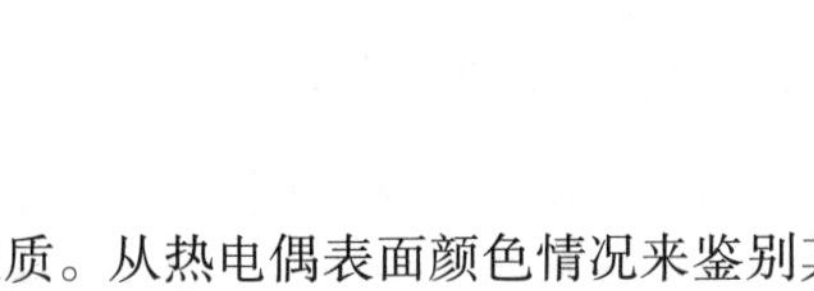

图2－19 铂铑－铂热电偶退火接线图
1—热电偶；2—可变电阻；3—电流表

清洗前，先用30%～50%的硝酸溶液，将电极洗涤1h，再用蒸馏水冲洗，再把两电极倾斜约30°接入电路。

用调压器调整加热电流为10.5～11.5A，用光学高温计测量电极的加热温度达到1100～1150℃时，用硼砂多次清洗电极，直到电极发白并出现金属光泽为止。继续用10.5～11.5A恒定电流加热1h，进行退火处理，最后用蒸馏水蒸煮和冲洗电极，去掉残留的硼砂。

C　热电偶的焊接

热电偶的焊接方法很多，下面介绍几种常用的焊接方法：

（1）气焊法：即用氧炔焰焊接。工业上常用的镍铬－镍硅、铂铑－铂等热电偶均可采用这种方法。即把需要焊接的热电偶的测量端绞成绳状，或把两根热电偶丝碰在一起，撒上硼砂后焊接，待熔成球状时迅速取出，立即放入热水中洗干净。铂铑－铂热电偶焊接后，需要经过退火处理。

（2）电弧焊法：该法将待焊电偶丝作一极，另一极为高纯石墨棒，由石墨电极产生电弧焊接电偶丝，为了避免电偶丝渗碳减少沾污，最好将待焊的热电偶与直流电源的正极相连。焊接时，当接端焊成球状后迅速取出，用清水冲洗干净电极上的残渣。

（3）盐水焊接法：盐水焊接装置如图2－20所示，烧杯中盛有氯化钠水溶液，热电极作为电源的一极，取一段铂丝放入盐水内作为另一极，焊接时将热电极与盐水稍接触，待起弧后迅速离开，即可焊好。

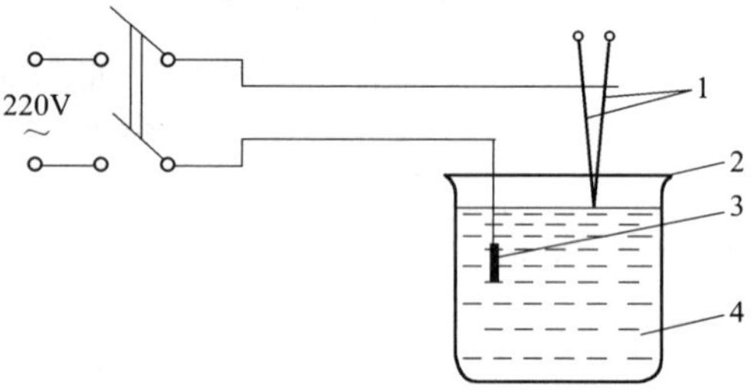

图2－20　盐水焊接装置

1—热电极；2—烧杯；3—辅助铂丝；4—氯化钠水溶液

2.2.5.5　热电偶的校验

热电偶在使用过程中，由于工作端受到氧化、腐蚀和在高温下热电极材料的再结晶，都会引起热电偶的热电特性发生变化，从而产生一定的测量误差。为了使热电偶测量温度能保证良好的精度，因而使用单位必须定期对热电偶进行校验，以测出其误差的大小。当其测量误差超出规定范围时，要更换热电偶或把原来热电偶的工作端剪去一段，重新焊接后加以使用，但在使用前还必须进行校验。

所谓校验，就是用实验的方法，确定温度与热电势的关系。热电偶的校验，一般又叫做热电偶的刻度。

A　校验温度点

热电偶的校验工作应根据国家规定的技术条件，在规定的温度点进行校验。这些校验温度点的偏差，必须控制在允许范围内。工业上常用热电偶校验温度点列于表2－6中。对于廉价金属热电偶，在300℃以下使用时，应增加100℃校验点，校验时在油槽中与二级标准水银温度计比较。

表2－6　常用热电偶校验温度点

分度号	热电偶材料	校验温度点/℃	分度号	热电偶材料	校验温度点/℃
S	铂铑$_{10}$－铂	600、800、1000、1200	E	镍铬－康铜	300、600、900
K	镍铬－镍硅	400、600、800、1000			

工业用热电偶一般用比较法进行校验，它是利用上一级标准热电偶作为标准仪器，把标准

与被校热电偶置于相同温区内，把它们的工作端绑扎在一起，这样可以认为它们的工作端温度是相同的，通过测取标准与被校热电偶的热电势输出，并确定它们之间的误差来进行校验工作的。

B 校验装置

一般校验温度在 300 ~ 1200℃ 的热电偶校验装置如图 2 – 21 所示。其主要由管式电炉、冰点槽、切换开关、电位差计及标准热电偶组成。校验用标准热电偶应符合表 2 – 7 的规定。

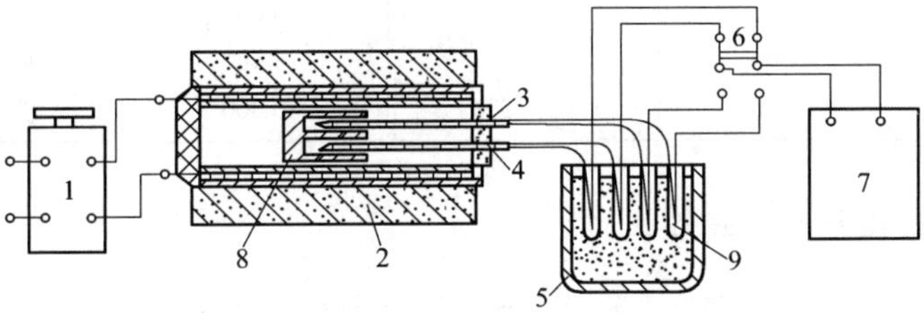

图 2 – 21 热电偶校验装置示意图

1—调压变压器；2—管式电炉；3—标准热电偶；4—被校热电偶；5—冰点槽；6—切换开关；7—直流电位差计；8—镍块；9—试管

表 2 – 7 热电偶校验用标准仪器

校验温度范围/℃	被校热电偶	选用的标准仪器
0 ~ 300	各类	二级标准水银温度计
300 ~ 1300	贵金属热电偶	二级标准铂铑$_{10}$ – 铂热电偶
300 ~ 1000	非贵金属热电偶	三级标准铂铑$_{10}$ – 铂热电偶

管式电炉的管子内径为 50 ~ 60mm，管子长度为 600 ~ 1000mm。要求管内最好有 100mm 左右的恒温区。读数时要求恒温区的温度变化每分钟不得超过 0.2℃，否则不能读数。温度数值的变更，通过调压变压器来实现。电位差计精度等级不得低于 0.03 级。一般在大口玻璃保温瓶内贮盛冰水混合物作为冰点槽。

C 外观检查

校验前一般先进行外观检查，热电偶热端焊点应牢固光滑，无气孔和斑点等缺陷；热电极不应变脆或有裂纹；贵金属热电偶热电极无变色等现象。外观检查无异常方可进行校验。

D 校验方法

当校验铂铑$_{10}$ – 铂热电偶时，用铂丝将被校热电偶与标准热电偶的工作端（均去掉保护套管）绑扎在一起，插到管式炉内的恒温区中。若被校热电偶是镍铬 – 镍硅（K）等廉价热电偶时，为了避免被校热电偶对标准热电偶产生有害影响，要将标准热电偶套上石英套管，然后用镍铬丝将被校热电偶和标准热电偶（套有石英套管）工作端绑扎在一起，插到管式炉内的恒温区中。为保证被校热电偶与标准热电偶的热端处于同一温度，可以把两热电偶的工作端放在钻有孔的金属镍块中，再把镍块放于炉中的恒温区内，炉口应用石棉堵严。热电偶插入管式电炉内的深度一般为 300mm，最小不得小于 150mm。热电偶的冷端应置于冰点槽中以保持 0℃。校验时用调压变压器来调整炉温，当炉温达到所需校验温度点的 ±10℃ 范围内，且温度变化速率小于每分钟 0.2℃时，就可以用电位差计测量被校及标准热电偶的热电势值。校验读数时，在每一个校验温度点上对标准和被校热电偶热电势的读数都不得少于 4 次，然后求取电势读数的平均值，并用它查分度表，通过比较得出被校热电偶在各校验温度点上的温度误差。进行计算时，标准热电偶的热电势误差也需计入。被校热电偶各校验点温度误差确定后，与表2－8进行比较，若温度误差超出允许范围，则热电偶不能使用。

表2－8　工业热电偶的允许误差范围

热电偶材料	允许误差范围			
	温度/℃	误差/℃	温度/℃	误差/℃
铂铑$_{10}$－铂	0～600	±2.4	>600	被测温度的±0.4%
镍铬－镍硅	0～400	±4	>400	被测温度的±0.75%
镍铬－康铜	0～300	±2.5	>300	被测温度的±0.75%

2.2.6　热电偶的应用及其配套仪表

由于我国生产的热电偶均符合ITS—90国际温标所规定的标准，其一致性非常好，所以国家又规定了与每一种标准热电偶配套的仪表，它们的显示值为温度，而且均已线性化。下面介绍其中的几种。

2.2.6.1　与热电偶配套的仪表

与热电偶配套的仪表有动圈式仪表及数字式仪表两类。符合国家标准的动圈式显示仪表被命名为XC系列。按其功能有指示型（XCZ）和指示调节型（XCT）两个系列品种。数字式仪表按其功能也有指示型（XMZ系列）和指示调节型（XMT系列）两种。

XMT系列仪表是在XCZ系列仪表的基础上，加装了有调节、报警功能的数字式指示－调节型仪表，是专为热工、电力、化工等工业系统测量、显示、变送温度的一种仪器，是对旧式动圈指针式仪表的更新、改造。它不仅具有显示温度的功能，还能实现被测温度超限报警或双位继电器调节。其面板上设置有温度设定按键。当被测温度高于设定温度时，仪表内部的断电器动作，可以切断加热回路。它的特点是采用工控单片机为主控部件，智能化程度高，使用方便。这类仪表多具有以下功能：

（1）双屏显示：主屏显示测量值，副屏显示控制设定值；

（2）输入分度号切换：仪表的输入分度号，可按键切换（如K、R、S、B、N、E等）；

（3）量程设定：测量量程和显示分辨率由按键设定；

（4）控制设定：上限、下限或上上限、下下限等各控制点值可在全量程范围内设定，上下限控制回差值可分别设定；

（5）继电器功能设定：内部的数个继电器可根据需要设定成上限控制（报警）方式或下限控制（报警）方式；

（6）断线保护输出：可预先设定各继电器在传感器输入断线时的保护输出状态（ON/OFF/KEEP）；

（7）全数字操作：仪表的各参数设定、精度校准均采用按键操作，无须电位器调整，掉电不丢失信息；

（8）冷端补偿范围：0～60℃；

（9）接口：有些型号还带有计算机串行接口和打印接口。

图2－22为与热电偶配套的XMT型仪表的外部接线图。

在图2－22中，“上限输出2”的三个触点从左到右为仪表内继电器的常开（动合）触点、动触点和常闭（动断）触点。当被测温度低于设定的上限值时，“高－总”端子接通，“低－总”端子断开；当被测温度达到上限值时，“低－总”端子接通，而“高－总”端子断开。“高”、“总”、“低”三个输出端子在外部通过适当连接，能起到控温或报警作用。“上限输出1”的两个触点还可用于控制其他电路，如风机等。

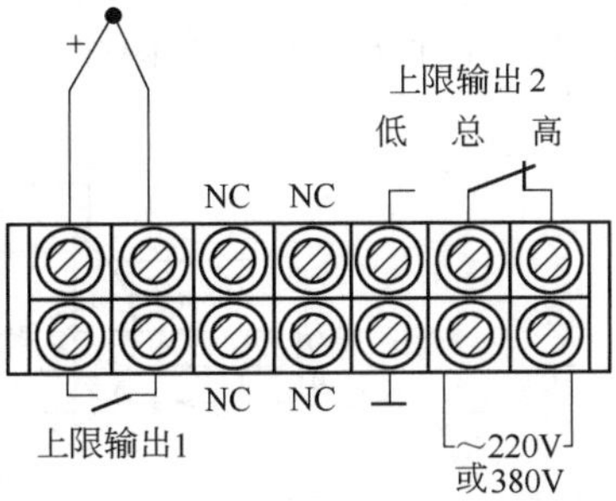

图2－22 与热电偶配套的XMT型仪表接线图

2.2.6.2 热电偶的应用

A 金属表面温度的测量

对于冶金、机械、能源、国防等部门来说，金属表面温度的测量是非常普遍而又比较复杂的问题。例如，热处理工作中锻件、铸件以及各种余热利用的热交换器表面、气体蒸气管道、炉壁面等表面温度的测量。根据对象特点，测温范围从几百摄氏度到一千多摄氏度，而测量方法通常采用直接接触测温法。

直接接触测温法是指采用各种型号及规格的热电偶（视温度范围而定），用黏结剂或焊接的方法，将热电偶与被测金属表面（或去掉表面后的浅槽）直接接触，然后把热电偶接到显示仪表上组成测温系统。

图2－23所示的是适合不同壁面的热电偶使用方式。如果金属壁比较薄，那么一般可用胶合物将热电偶丝粘贴在被测元件表面，如图2－23（a）所示。为减少误差，在紧靠测量端的地方应加足够长的保温材料保温。

如果金属壁比较厚，且机械强度又允许，则对于不同壁面，测量端的插入方式有：从斜孔内插入如图2－23（b）所示。图2－23（c）则是借助于电动机起吊用的螺孔，将热电偶从孔槽内插入的方法。

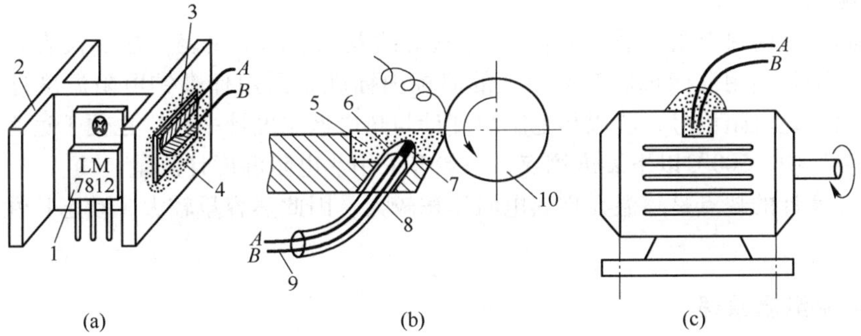

图2－23 适合不同壁面的热电偶使用方式

（a）将热电偶丝粘贴在被测元件表面；（b）测量端从斜孔内插入；（c）测量端从原有的孔内插入

1—功率元件；2—散热片；3—薄膜热电偶；4—绝热保护层；5—车刀；6—激光加工的斜孔；7—露头式铠装热电偶测量端；8—薄壁金属保护套管；9—冷端；10—工件

B 热电堆在红外线探测器中的应用

红外线辐射可引起物体的温度上升。将热电偶置于红外辐射的聚焦点上，可根据其输出的热电势来测量入射红外线的强度，如图2－24所示。

单根热电偶的热电势输出十分微弱。为了提高红外辐射探测器的探测效应，可以将许多对热电偶相互串联起来，即第一根负极接第二根正极，第二根负极再接第三根正极，依次连接。

它们的冷端置于环境温度中，热端发黑（提高吸热效率），集中在聚焦区域，就能成倍地提高输出热电势，这种接法的热电偶称为热电堆，如图 2 - 25 所示。

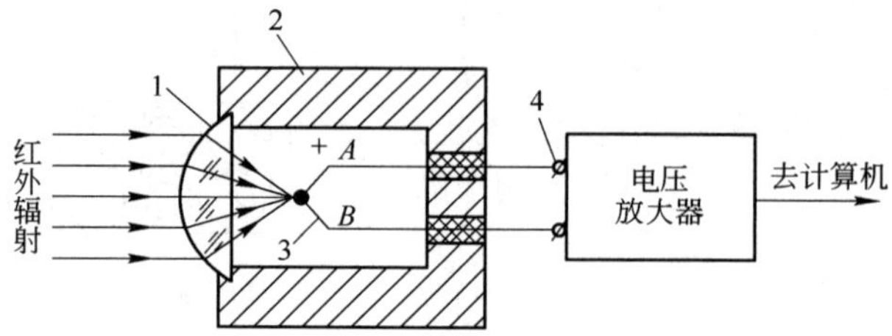

图 2 - 24　红外辐射探测器结构示意图

1—透镜；2—外壳；3—热电偶；4—冷端

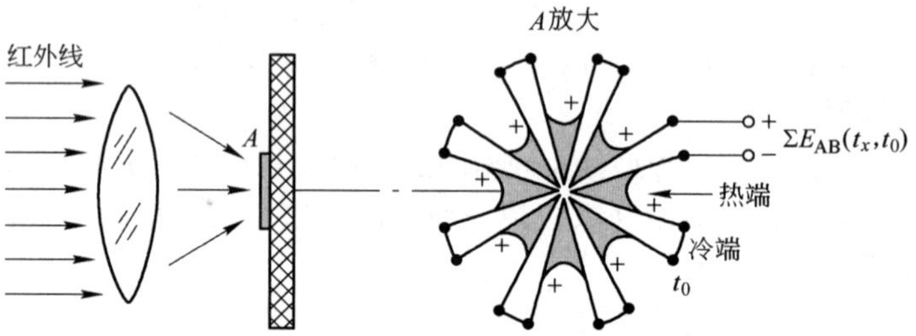

图 2 - 25　热电堆

2.3　热电阻温度计

热电阻温度计广泛用于测量 -200 ~ 850℃ 范围内温度，在特殊情况下，低温可测至 1K 左右，高温可测到 1000℃。

热电阻温度计由热电阻（感温元件）、连接导线及电阻测量仪表（显示仪表）组成。它的测量精度高，国际实用温标 630.74℃ 以下的温标内插就是采用标准铂电阻温度计复现的。由于热电阻输出的是电阻信号，所以热电阻温度计与热电偶温度计一样，也便于远距离显示或传送信号。冶金厂中，500℃ 以下温度测点，一般多采用热电阻温度计测量。

热电阻温度计的缺点是感温元件热电阻体积较大，因此热容量较大，动态特性不如热电偶温度计。

2.3.1　热电阻测温原理

热电阻温度计是基于金属导体或半导体电阻值与本身温度呈一定函数关系的原理实现温度测量的。实验证明，大多数金属电阻当温度上升 1℃ 时，其电阻值增大 0.4% ~ 0.6%；而半导体电阻当温度上升 1℃ 时，电阻值下降 3% ~ 6%。

金属导体电阻与温度的关系一般可表示为：

$$R_t = R_{t_0}[1 + \alpha(t - t_0)] \tag{2-8}$$

式中　R_t——温度为 t 时的电阻值；

R_{t_0}——温度为 t_0 时的电阻值；

α——电阻温度系数，即温度每升高 1℃ 时的电阻相对变化量。

由于一般金属材料的电阻与温度关系并非线性，故 α 值也随温度变化而变化，并非常数。

金属或半导体的电阻－温度函数关系一旦确定之后，就可以通过测量置于测温对象之中并与测温对象达到热平衡的热电阻的阻值而求得对象的温度。

2.3.2 工业用热电阻

热电阻是基于金属（或半导体）的电阻值随温度变化而变化的性质制成的感温元件。但并不是说所有金属都能制造工业上有实用价值的热电阻，因为工业上对用来制造热电阻的金属丝材料有严格的要求：

（1）电阻温度系数大，即灵敏度高；

（2）物理化学性质稳定，能长时期适应较恶劣的测温环境；

（3）电阻率要大，以使电阻体积较小，减小测温的热惯性；

（4）电阻－温度关系近于线性关系；

（5）价格低廉、便于复制。

根据感温元件的材质，热电阻可分为金属热电阻和半导体热电阻两大类，金属热电阻有铜、铂、镍、铁等，目前工业上广泛应用的是铂电阻和铜电阻，并已列入标准化生产。半导体热电阻有锗和热敏电阻等。按准确度等级可分为标准电阻温度计和工业电阻温度计。

2.3.2.1 铂热电阻

铂是一种制造热电阻比较理想的材料，它易于提纯，在氧化性介质中具有很高的稳定性和良好的复制性。电阻与温度变化关系近似线性，并具有较高的测量精度。但在高温下，易受还原性介质损伤，质地变脆。铂热电阻由纯铂电阻丝绕制而成，其使用温度范围为－200～850℃。

铂在0～850℃范围内的电阻－温度关系为

$$R_t = R_0(1 + At + Bt^2) \tag{2-9}$$

在－200～0℃范围内时为

$$R_t = R_0[1 + At + Bt^2 + Ct^3(t - 100)] \tag{2-10}$$

式中 R_t，R_0——t℃和0℃时的电阻值；

A，B，C——常数，由实验求得。

金属热电阻材料的纯度影响电阻温度系数 α 的数值，材料越纯，α 越大。一般常以100℃及0℃时的电阻比 R_{100}/R_0 来表示材料纯度。根据1968国际实用温标的规定，标准铂电阻温度计的 R_{100}/R_0 应不小于1.3925；一般工业用铂电阻的 R_{100}/R_0 应不小于1.391。

目前应用较多的三种铂热电阻，其分度号分别为Pt 50、Pt 100、Pt 300，相应0℃时的电阻值分别为 $R_0=50\Omega$、$R_0=100\Omega$、$R_0=300\Omega$。

2.3.2.2 铜热电阻

铜热电阻一般用于－50～150℃的测温范围，其优点是电阻温度系数大，电阻值与温度基本成线性关系，价格便宜。缺点是易氧化，所以只能用于不超过150℃温度且无腐蚀性的介质中。铜的电阻率小，因此电阻体积较大，动态特性较差。

铜电阻与温度的关系为

$$R_t = R_0(1 + \alpha_0 t) \tag{2-11}$$

式中 α_0——0℃下的电阻温度系数。

目前应用较多的两种铜热电阻分度号分别为Cu100、Cu50，其 R_0 值分别为100Ω和50Ω。

2.3.2.3　热敏电阻

热敏电阻是一种新型的半导体测温元件。按其温度系数可分为负温度系数热敏电阻（NTC）和正温度系数热敏电阻（PTC）两大类。所谓正温度系数是指电阻的变化趋势与温度的变化趋势相同；所谓负温度系数是指当温度上升时，电阻值反而下降的变化特性。

A　NTC 热敏电阻

NTC 热敏电阻研制得较早，也较成熟。最常见的是由金属氧化物组成的。如锰、钴、铁、镍、铜等多种氧化物混合烧结而成，其标称阻值（25℃时）视氧化物的比例，可以从 0.1Ω 至几兆欧范围内选择。

根据不同的用途，NTC 又可分为两大类：

第一类用于测量温度。它的电阻值与温度之间成严格的负指数关系，如图 2－26 中的曲线 2 所示。

指数型 NTC 的灵敏度由制造工艺、氧化物含量决定。用户可根据需要选择，其精度和一致性可达 0.1%。因此，NTC 的离散性较小，测量精度较高。

例如，在 25℃时标称阻值为 10.0kΩ 的 NTC，在 －30℃时阻值高达 130kΩ；而在 100℃时，只有 850Ω。相差两个数量级，灵敏度很高，多用于空调、电热水器等，在 0～100℃范围内作测温元件。

第二类为突变型，又称临界温度型（CTR）。当温度上升到某临界点时，其电阻值突然下降，多用于各种电子电路中抑制浪涌电流。例如，显像管的灯丝回路中串联一只突变型 NTC，可减小上电时的冲击电流。负突变型热敏电阻的温度－电阻特性如图 2－26 中的曲线 1 所示。

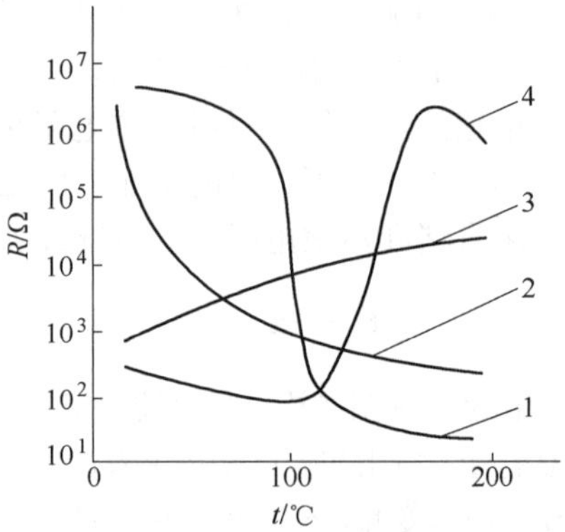

图 2－26　各种热电阻的特性曲线

1—突变型 NTC；2—负指数型 NTC；3—线性型 PTC；4—突变型 PTC

B　PTC 热敏电阻

典型的 PTC 热敏电阻通常是在钛酸钡中掺入其他金属离子，以改变其温度系数和临界点温度。它的温度－电阻特性曲线呈非线性，如图 2－26 中的曲线 4 所示。它在电子线路中多起限流、保护作用。当流过 PTC 的电流超过一定限度或 PTC 感受到的温度超过一定限度时，其电阻值突然增大。例如，电视机显像管的消磁线圈上就串联了一只 PTC 热敏电阻。大功率的 PTC 型陶瓷热电阻还可以用于电热暖风机。当 PTC 的感受温度达到设定值（例如 210℃）时，PTC 的阻值急剧上升，流过 PTC 的电流减小，使暖风机的温度基本恒定于设定值，提高了安全性。

近年来还研制出掺有大量杂质的 Si 单晶 PTC。它的电阻变化接近线性，如图 2－26 中的曲线 3 所示，其最高工作温度上限约为 140℃左右。

热敏电阻可根据使用要求，封装加工成各种形状的探头，如圆片型、柱型、珠型、铠装型、薄膜型、厚膜型等，如图 2－27 所示。

热敏电阻具有尺寸小、响应速度快、灵敏度高等优点，因此它在许多领域得到广泛应用。

2.3.3　热电阻的结构

金属热电阻感温元件一般由电阻体、引线、绝缘子、保护套管及接线盒等组成，其外形与热电偶感温件相似。热电阻通常也有普通型和铠装型等结构形式。

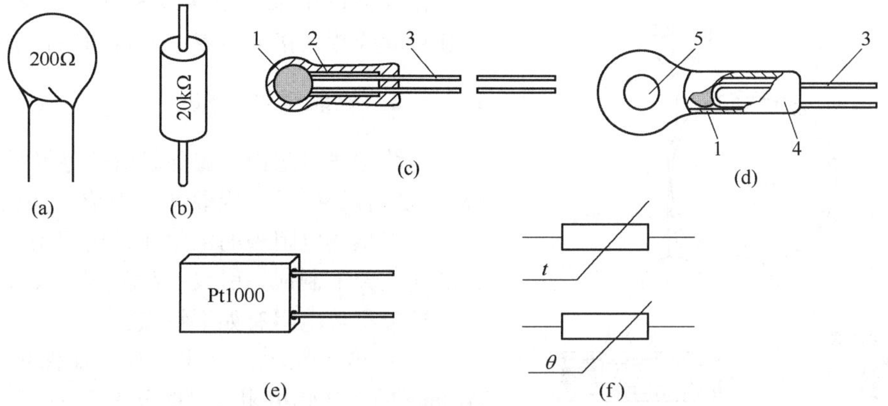

图 2-27 热敏电阻的外形、结构及符号

(a) 圆片型热敏电阻；(b) 柱型热敏电阻；(c) 珠型热敏电阻；(d) 铠装型热敏电阻；(e) 厚膜型热敏电阻；(f) 图形符号
1—热敏电阻；2—玻璃外壳；3—引出线；4—紫铜外壳；5—传热安装孔

2.3.3.1 普通型热电阻

图 2-28 为普通型热电阻，电阻体是用热电阻丝绕制在绝缘骨架上制成的。一般工业用热电阻丝，铂丝多为 ϕ0.07mm 裸线；铜丝多为 ϕ0.1mm 漆包线或丝包线。为消除绕制电感，通常采用双线并绕（亦称无感绕制）。这样，当线圈中通过变化的电流时，由于并绕的两导线电流方向相反，磁通互相抵消，消除了电感（图 2-29）。电阻丝绕完之后应经退火处理，以消除内应力对电阻温度特性的影响。

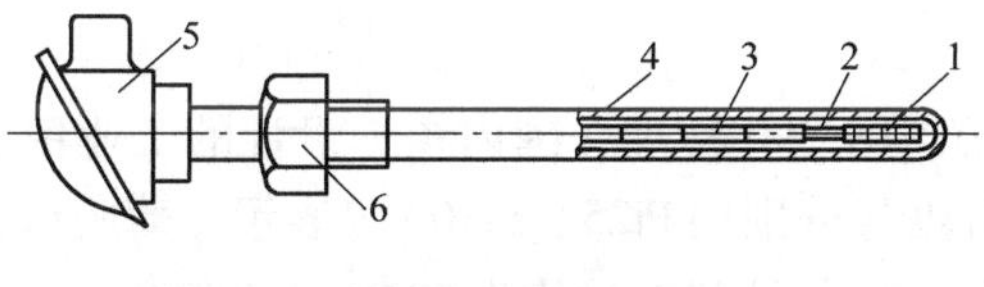

图 2-28 普通型热电阻

1—电阻体；2—引线；3—绝缘子；4—保护套管；
5—接线盒；6—安装螺帽

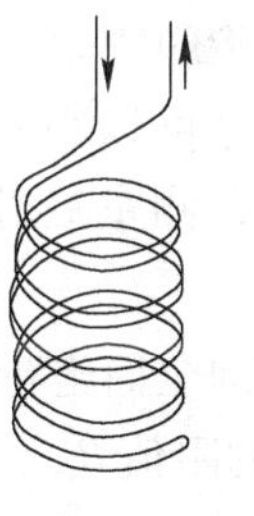

图 2-29 双线无感绕制示意图

引线的作用是将热电阻体线端引至接线盒，以便与外部导线及显示仪表连接。引线的直径较粗，一般约为 1mm，以减小附加测量误差。引线材料最好与电阻丝相同，或者与电阻丝的接触电势较小，以免产生附加热电势。为了节约成本，工业用铂热电阻一般用银做引线，而标准或实验室用铂热电阻采用直径为 0.3mm 的铂丝作引线，铜电阻常用镀银铜丝做引线。

绝缘子套在引线上，以防止引线之间及引线与保护套管之间短路。绝缘子材料的选用是根据使用温度范围来确定的。工业用热电阻一般采用圆柱形双孔绝缘瓷珠。

保护套管的作用是为了防止电阻体遭受化学腐蚀和机械损伤。工业用热电阻的保护套管有黄铜管、碳钢管和不锈钢管。使用时可根据被测介质温度和性质来选取。

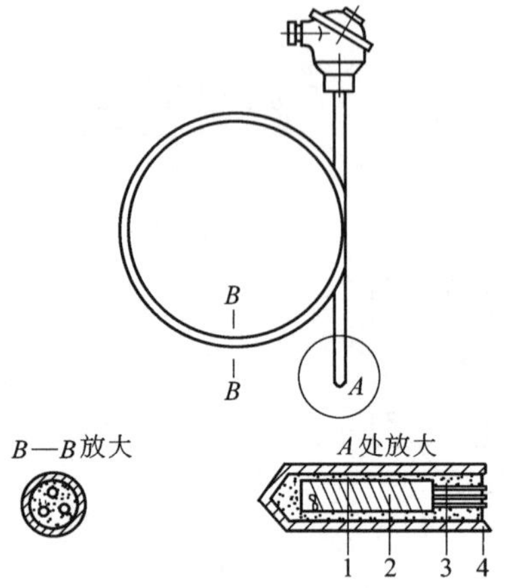

图 2－30　铠装型热电阻
1—金属套管；2—电阻体；3—绝缘材料；
4—引出线

接线盒是用来固定接线座和作为热电阻与外部连接导线相连接的装置。通常用铝合金制成。

2.3.3.2　铠装型热电阻

铠装型热电阻由金属保护管、绝缘材料和电阻体三者组合经冷拔、旋锻加工而成，如图2－30所示。铠装型热电阻中的电阻体是用细铂丝绕在陶瓷或玻璃支架上制成，引线一般为铜导线或银导线。

铠装型热电阻有如下特点：

（1）热惰性小，反应迅速，如保护管直径为 ϕ12mm 的普通铂电阻，其时间常数为 25s；而金属套管直径为 ϕ4.0mm 的铠装热电阻，其时间常数仅为 5s 左右。

（2）具有可弯曲性能，铠装热电阻除头部外，可以作任意方向的弯曲，因此它适用于结构较为复杂，狭小设备的温度测量。

（3）具有良好的耐振动、抗冲击性能。

（4）使用寿命长，铠装热电阻的电阻体由于受到氧化镁绝缘材料的覆盖和金属套管的保护，热电阻丝不易被有害介质所侵蚀，因此它的寿命较普通热电阻长。

2.3.3.3　薄膜型铂热电阻

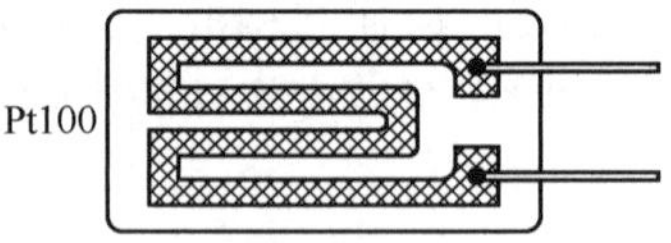

图 2－31　薄膜型铂热电阻

薄膜型铂热电阻如图 2－31 所示。它是利用真空镀膜法或用糊浆印刷烧结法使铂金属薄膜附着在耐高温基底上。其尺寸可以小到几平方毫米，可将其粘贴在被测高温物体上，测量局部温度，具有热容量小、反应快的特点。

目前我国全面施行“1990 国际温标”。按照 ITS—90 标准，国内统一设计的工业用铂热电阻在 0℃时的阻值 R_0 有 25Ω、100Ω 等几种。分度号分别用 Pt25、Pt100 等表示。薄膜型铂热电阻有 100Ω、1000Ω 等数种。同样，铜热电阻在 0℃时的阻值 R_0 值为 50Ω、100Ω 两种，分度号分别用 Cu50、Cu100 表示。

2.3.4　热电阻的维护

2.3.4.1　使用注意事项

热电阻在使用时要注意如下事项：

（1）根据测量温度范围和测量对象，选择适当的热电阻的型号、规格以及保护管材料。

（2）热电阻最高使用温度和工作压力不可超过该热电阻的额定数值。

（3）如果热电阻需在腐蚀性介质中使用时，应采用由不锈钢制成的保护管。

（4）大多数热电阻的敏感元件长度约为 120mm，当选择热电阻的插入深度时，应该考虑到热电阻只能测量敏感元件附近范围内被测介质的平均温度。

（5）热电阻接线时，先将接线盒打开，然后接线。接线的方法一般有二线制和三线制两种。三线制连接的优点是，可以避免因连接导线电阻值所引起的显示仪表的示值误差。

(6) 热电阻与显示仪表的连接导线应采用绝缘铜线，不得使用热电偶的补偿导线。铜线的电阻值应按显示仪表技术条件规定的数据选配，一般为2～5Ω，导线的电阻值可用直流平衡电桥来调整。

(7) 不能把一个热电阻与两个显示仪表并联使用，只有双支式热电阻才可以和两个显示仪表一起使用。

(8) 热电阻及其附件在不使用的时候，必须保存在不受振动和碰撞的地方。最合适的存放场所条件为：环境温度10～35℃；相对湿度不大于80%；周围空气中不应含有可能造成热电阻部件腐蚀的物质。

2.3.4.2 热电阻的常见故障及处理

热电阻常见的故障是热电阻断路和短路，其中以断路为多，这是由于电阻较细所致。断路和短路都是比较容易判断的，下面介绍断路和短路的鉴别方法。

A 断路

(1) 电阻体断路：可用万用表在电阻体的接线端子处测量阻值，电表指示为无限大。但在进行检查时，热电阻与显示仪表的连接导线应预先拆除，否则测得的阻值含有显示仪表的内阻。

(2) 连接导线断路：不拆除电阻体端子上的连接导线，而将两个接线端子短路，显示仪表的示值仍为无限大。

B 短路

(1) 电阻体短路：显示仪表断电后，将连接导线从电阻体的端子处拆掉，再用万用表测量电阻体的阻值是否等于实际数值，如小于实际阻值，则该电阻体短路。

(2) 连接导线短路：可将连接导线从电阻体的端子处拆下一个线头，看显示仪表示值是否无限大。如仍然有示值或指向负侧，则说明连接导线短路。

无论检查热电阻的短路或断路，每次变动线路的连接导线时，都应将仪表断电，否则易将仪表打坏。最好在检查时不用指示温度的显示仪表，另用一只万用表或测量电阻的仪表即可。

通常情况下短路容易修理，只要不影响电阻丝的粗细和长短，找到短路点加强绝缘即可。断路修理必然要改变电阻丝的长度而影响电阻值，故在断路的情况下最好更换新热电阻。若采取焊接，焊好后要进行校验。运行中常见的几种故障及处理方法见表2－9。

表2－9 热电阻常见的故障及处理方法

故障现象	可能原因	处理方法
显示仪表指示值比实际值低或示值不稳	保护管内有金属屑、灰尘，接线柱间积灰以及热电阻短路	除去金属屑，清扫灰尘，找出短路点，加好绝缘
显示仪表指示无穷大	热电阻或引出线断路	更换热电阻或焊接断线处
显示仪表指示负值	显示仪表与热电阻接线有错或热电阻短路	改正接线，找出短路点，加好绝缘
阻值与温度关系有变化	热电阻丝材料腐蚀变质	更换热电阻

2.3.4.3 热电阻的校验

热电阻在安装使用前及使用一段时间之后都要进行精度校验，工业用热电阻的校验方法有两种：一种是只校验0℃和100℃时的电阻值，求出电阻比 R_{100}/R_0，看是否符合热电阻技术特性的纯度要求，称为纯度校验。纯度校验一般采用标准状态法，即由冰点槽和水沸腾器产生0℃和100℃温度场，然后测量置于其中的被校热电阻值。另一种是示值比较法校验，校验时采用加热恒温器作为热源。将被校热电阻与标准仪表（标准水银玻璃温度计或标准铂电阻）进行示值比较，确定误差。这种方法可以多校几个温度点，特别是100℃以上的温度点。

通常情况下对热电阻只做纯度校验。

2.4　温度变送器

温度变送器是把测温元件（热电偶、热电阻或直接给出毫伏信号的测温元件）所测得的毫伏信号转换成1～5V直流电压信号或4～20mA直流电流信号，供给记录指示仪表或调节器组成各种记录指示或调节系统，实现生产过程的自动控制。

温度变送器主要由两部分组成，即输入回路和输出放大回路，不同测温元件的温度变送器输出放大回路都是相同的，不同之处仅在于输入回路。

2.4.1　热电偶温度变送器

热电偶温度变送器与各种测温热电偶配合使用，可以将温度信号变换为成比例的1～5V直流信号，同时亦可以输出4～20mA辅助信号。

2.4.1.1　工作原理

热电偶温度变送器要求变送器的输出电压信号与相应的变送器输入的温度信号成线性关系。但一般热电偶输出的毫伏值与所代表的温度之间是非线性的，如图2－32所示。各种热电偶的非线性也是不一样的，而且同一种热电偶在不同的测量范围其非线性程度亦不相同。例如铂铑－铂热电偶的特性曲线是凹向上的，而镍铬－镍铝热电偶特性曲线开始是凹向上的，温度升高时又变为凹向下呈S形。

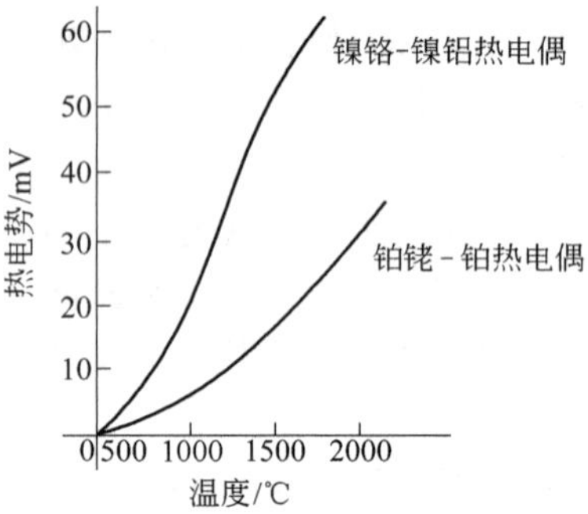

图2－32　热电偶非线性特性

热电偶是非线性的，而温度变送器放大回路是线性的，若将热电偶的热电势直接接到变送器的放大回路，则温度 T 与变送器的输出电压 U_{SC} 之间的关系是非线性的。因此为了使温度变送器的输入温度 T 与输出电压 U_{SC} 保持线性关系，则变送器的放大回路特性不能是线性的。假设热电偶的特性是凹向上的，若要使 T 与 U_{SC} 的关系呈线性变化，则变送器放大回路的特性曲线必须是凹向下的。

热电偶温度变送器是由热电偶输入回路和放大回路两部分组成的。因此为了得到线性关系，必须使放大回路具有非线性特性。放大器非线性特性一般是通过使反馈回路非线性来达到的。图2－33为热电偶输入温度变送器框图，其中 $W_1(S)$ 为热电偶的传递函数；$W_f(S)$ 为放大回路反馈电路的传递函数。

则温度变送器的传递函数 $W(S)$ 为：

$$W(S) = W_1(S) \cdot W_2(S)$$

式中　$W_2(S)$——放大回路的传递函数。

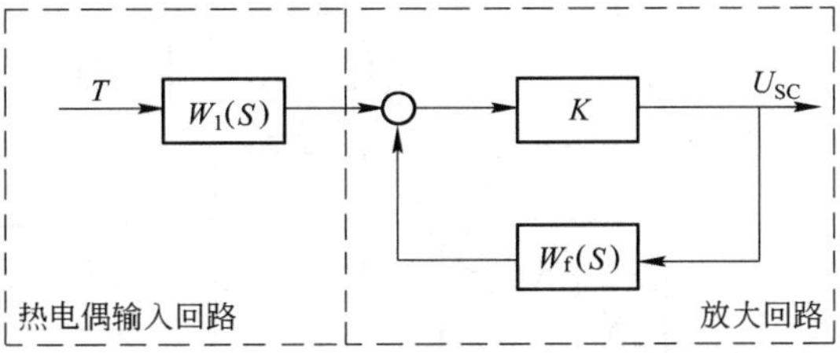

图 2－33 热电偶输入温度变送器框图

由于变送器放大回路放大器的放大系数 K 很大，故放大回路的传递函数 $W_2(S)$ 可以认为等于反馈电路的传递函数的倒数，即

$$W_2(S) \approx \frac{1}{W_f(S)}$$

则热电偶输入温度变送器的传递函数为

$$W(S) \approx \frac{W_1(S)}{W_f(S)} \tag{2-12}$$

由式 2－12 可知，欲使热电偶输入的温度变送器保持线性，就要使反馈电路的特性曲线与热电偶的特性曲线相同，亦即变送器放大回路的反馈电路输入与输出特性要模拟成热电偶的非线性特性关系，如图 2－34 所示。

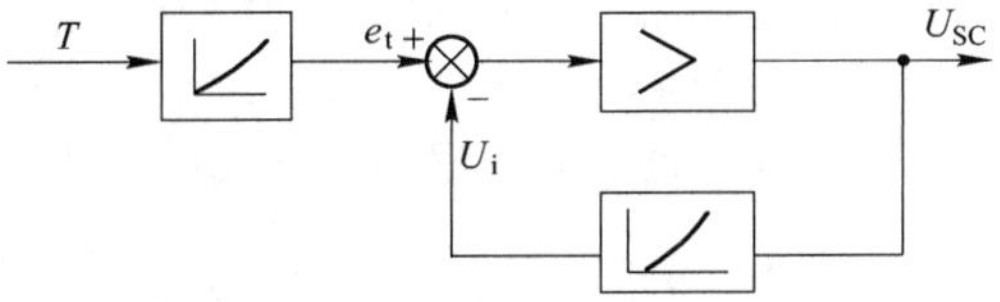

图 2－34 热电偶输入的温度变送器线性化原理图

按图 2－34 原理实现的温度变送器即可使变送器输出电压 U_{SC} 与输入温度信号 T 成线性关系。

由上可知，热电偶温度变送器的关键技术是如何使放大回路的反馈电路具有热电偶的非线性特性。

热电偶温度变送器的结构框图如图 2－35 所示。

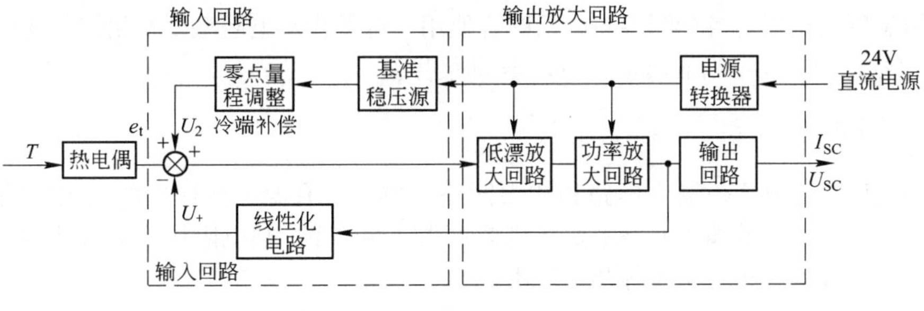

图 2－35 热电偶温度变送器的结构框图

2.4.1.2 基本误差调校

热电偶温度变送器调校按图 2－36 接线。调校时需阻值 1Ω 标准电阻，200Ω ±0.05% Ω 精密电阻，数字电压表，可调恒流源及 24V 直流稳压电源等基本设备。

调校前先在仪表 B 接线端子板上断开①、②端子接线，短接②、③端子接线。然后把输

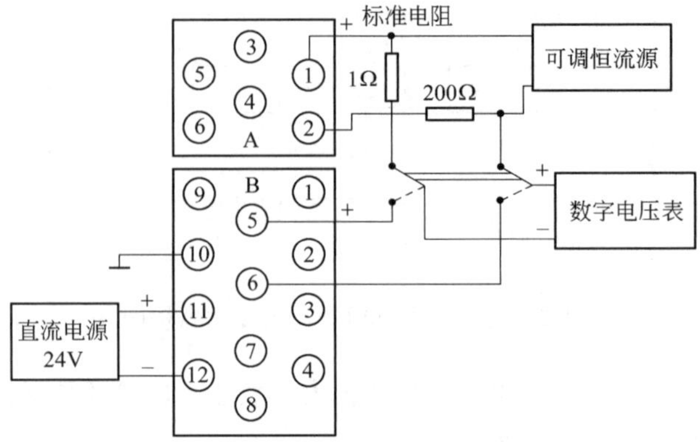

图 2 - 36　热电偶温度变送器调校接线图

入温度量程分成 10 等份，并根据温度量程查得相应的热电势值分为 U_1，U_2，…，U_9，U_{10}。

调整图 2 - 36 中的恒流单元，给温度变送器输入一个 U_1信号，调整零点电位器使输出电压为 1.4V，再加 U_9输入信号，调整量程电位器使温度变送器的输出电压为 4.6V，反复调整几次，调准为止。然后使输入信号分别为 U_1，U_2，U_3，U_4，…，U_9，U_{10}，此时输出电压的标准值分别对应为 1.4V，1.8V，2.2V，2.6V，…，4.6V，5V。用数字电压表测各点输出电压的实测值。温度变送器的基本误差按下式计算并应符合仪表技术标准的要求：

$$\delta = \frac{U_{标} - U_{实}}{4} \times 100\% \qquad (2-13)$$

式中　δ——仪表实测基本误差，%；

$U_{实}$——仪表输出电压的实测值，V；

$U_{标}$——对应于 $U_{实}$相同输入量时输出电压的标准值，V；

4——仪表输出信号范围上、下限之差的电压值，V。

仪表基本误差符合技术标准要求后，可继续进行其他项目试验或投入系统运行。

2.4.2　热电阻温度变送器

热电阻温度变送器与各种测温热电阻配合使用，可以将热电阻温度变化信号变换为成比例的 1 ~ 5V 信号，同时亦可以输出 4 ~ 20mA 辅助信号。

2.4.2.1　工作原理

热电阻温度变送器亦由输入回路和放大回路组成，所有温度变送器的放大回路均是统一的。热电阻温度变送器的输入回路主要起热电阻非线性校正、热电阻导线电阻补偿、仪表零点调整、量程调整和安全火花防爆等几个作用。

2.4.2.2　基本误差调校

热电阻温度变送器调校按图 2 - 37 接线。图中 r_1、r_2、r_3分别代表热电阻导线电阻，其值皆为 11Ω；热电阻用可变电阻箱代替；同时还有数字电压表，直流稳压电源等设备。

接通电源待仪表稳定之后，调节代替热电阻的可变电阻箱，10% 测温范围 ΔT 时的热电阻变化值为 ΔR_1，调整仪表零点电位器，使输出电压为 1.4V，再调可变电阻箱阻值，使 90% ΔT 的阻值为 ΔR_9，调整仪表量程电位器，使输出电压为 4.6V。仪表零点与量程反复调整几次，调准为止。

改变代替热电阻的可变电阻箱的电阻分别为ΔR_1，ΔR_2，ΔR_3，…，ΔR_9，ΔR_{10}（ΔR_1～ΔR_{10}分别为测温范围10%ΔT，…，100%ΔT时相应的电阻），则输出电压的标准值分别对应为1.4V，1.8V，2.2V，…，4.6V，5.0V。用数字电压表测实际输出的各点电压值，仪表的基本误差可同样按式2－13计算并应符合技术标准的要求。

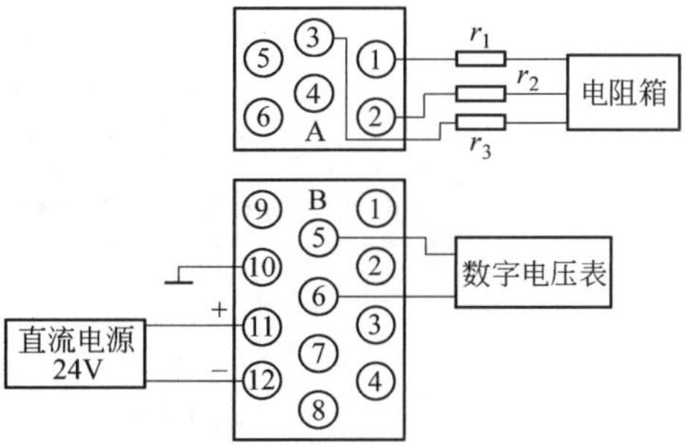

图2－37　热电阻温度变送器调校接线图

2.4.3　直流毫伏转换器

直流毫伏转换器将一次仪表输出的毫伏值转换成统一的直流电压信号1～5V。

2.4.3.1　工作原理

直流毫伏转换器由输入回路和放大输出回路两部分组成。其中，放大输出回路和温度变送器的放大输出回路是相同的，区别仅在于输入回路。直流毫伏转换器的输入回路具有仪表零点调整、零点迁移，改变仪表的量程范围，断偶报警及安全火花防爆等功能。

2.4.3.2　基本误差调校

直流毫伏转换器按图2－38接线进行调校。调校设备及方法同热电偶温度变送器。

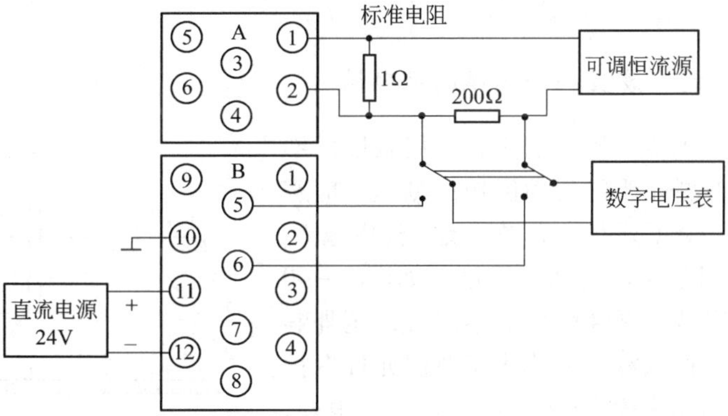

图2－38　直流毫伏转换器调校接线图

2.4.4　一体化温度变送器

一体化温度变送器是超小型温度检测仪表。它主要由温度传感器（热电偶或热电阻）以及温度变送器模块组成，包括普通型和防爆型产品。

一体化温度变送器的主要特点是将传感器与变送器融为一体。变送器的作用是对传感器输出的表征被测变量变化的信号进行处理，转换成相应的标准统一信号输出，送到显示、运算、调节等单元，以实现生产过程的自动检测和控制。

一体化热电偶温度变送器的变送器模块，对热电偶输出的热电势经滤波、运算放大、非线性校正、U/I转换等电路处理后，转换成与温度成线性关系的4～20mA标准直流电流信号输出。其原理如图 2－39 所示。

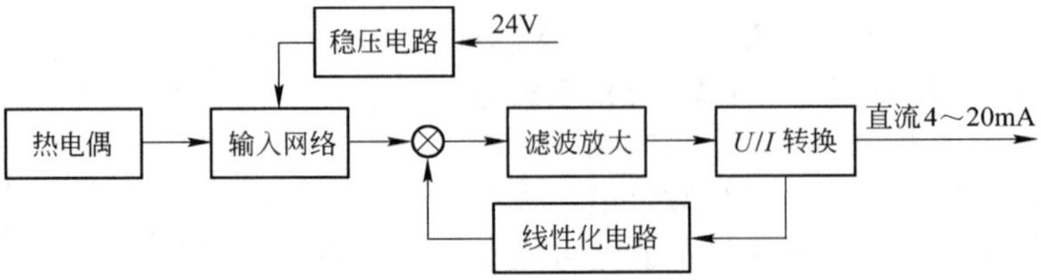

图 2－39　一体化温度变送器工作原理框图

一体化温度变送器的变送单元置于热电偶、热电阻的接线盒中，取代接线座。安装后的一体化温度变送器外观结构基本同普通型热电偶或热电阻。特别要注意感温元件与大地间应保持良好的绝缘，不然将直接影响测量结果的准确性，严重时甚至会影响仪表的正常使用。

2.5　接触式温度计的安装

热电偶温度计和热电阻温度计可称为接触式温度计。接触式温度计的安装包括测温元件（热电偶或热电阻）的安装及电缆、电线、补偿导线的安装。

2.5.1　热电偶或热电阻在管道（设备）上的安装

由于被测对象不同，环境条件不同，测量要求不同，热电偶和热电阻的安装方法及采取的措施也不同，需要考虑的问题比较多，但原则上可以从测温的准确性、安全可靠、维修方便三个方面来考虑。

2.5.1.1　测温元件的安装应确保测温的准确性

（1）正确选择测温点。测温点应具有代表性而不应把感温元件插到被测介质的死角区域；测温点应避开强电磁场干扰源，避不开时，应采取抗干扰措施。

（2）合理确定测温元件的插入深度。如图 2－40 所示，所谓插入深度是指测温元件的感温端部至外螺纹连接头的长度 L_1。插入深度应不小于测温元件保护管外径的 10 倍，如果保护管的外露部分 L_2 保温很好，其插入深度可以取外径的 6 倍。对于热电阻其插入深度应视其型号而定。有足够的插入深度 L_1 及外露部分良好的保温，可以大大减少测温元件本身导热产生的测温误差。

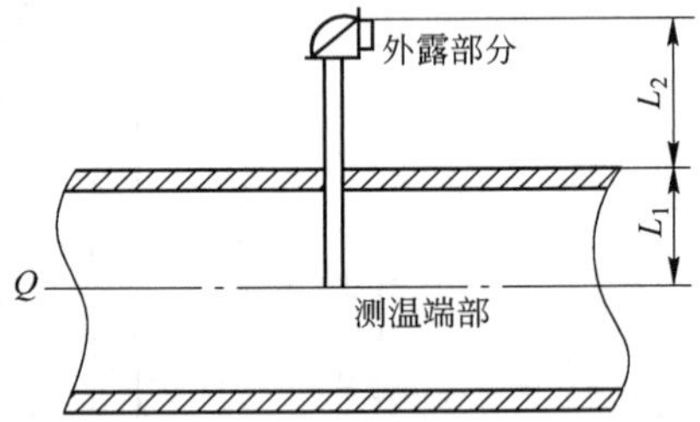

图 2－40　测温元件插入深度示意图

（3）在管道上安装热电偶或热电阻时，测温元件应与被测介质形成逆流（至少应与被测介质流束方向成 90°），切勿顺着被测介质的流动方向安装。无论测量何种介质的温度，测温元件应放置于管道中介质流速最大区域内，该区域为管道直径 1/3 的中心区域。热电阻安装时，其保护管的末端应越过流速的中心线 50～60mm，这样可以减少测温误差，如图 2－41 所示。

（4）为了避免液体、尘埃渗入热电偶或热电阻接线盒内，应将其接线盒朝上，出线孔螺栓朝下，尤其是在雨水溅落的场合应特别注意。

（5）避免热辐射所产生的测温误差。在高温测量场合，应尽量减小被测介质与管道（或

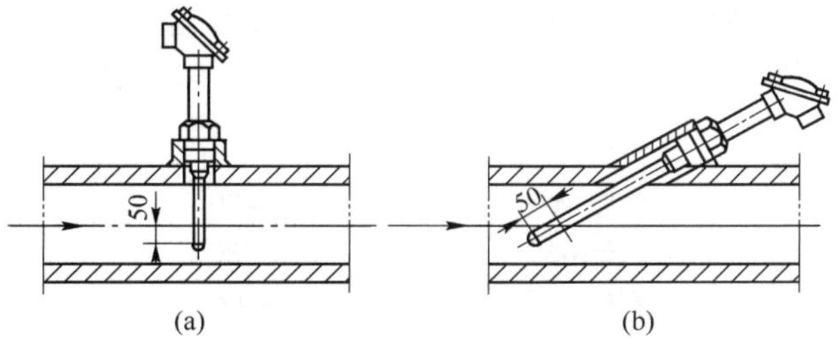

图 2-41 管路上热电阻的安装
（a）垂直于管路轴线；（b）迎着被测介质流向

设备）壁表面之间的温差。对器壁暴露于空气的场合，应在其表面加保温层，以提高器壁温度，减少介质与器壁之间热辐射的热量损失。必要时，可在测温元件与器壁之间加防辐射罩，以消除测温元件与器壁之间的直接热辐射作用，防辐射罩最好是用耐高温和反光性强的材料做成。

（6）测温元件安装于负压管道或设备（如烟道）中时，应保证其密封性，以免外界冷空气袭入，而降低测温指示值，如图 2-42 所示，也可用绝缘物质堵塞空隙。

（7）用热电偶测量炉膛温度时，应避免热电偶与火焰直接接触，否则会使测量值偏高。热电偶的冷端温度不能过高。

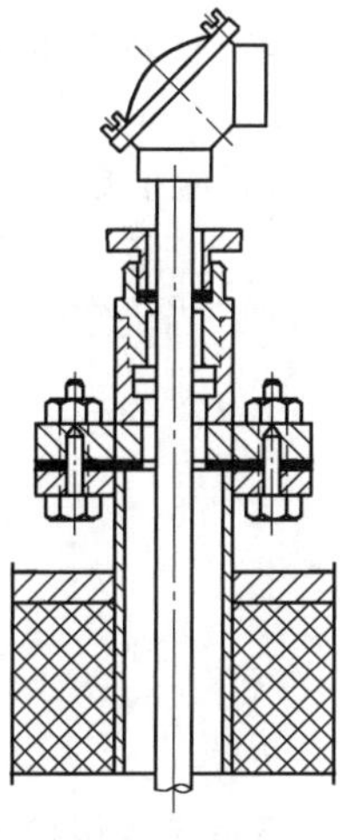

图 2-42 测温元件在烟道中的安装

2.5.1.2 测温元件的安装应确保安全、可靠

为避免测温元件损坏，应保证其有足够的机械强度；为保护感温元件不受磨损应加保护屏或保护管等，为确保安全、可靠，测温元件的安装方法应视具体情况（如待测介质的温度、压力、测温元件的长度及其安装位置、形式等）而定。下面仅举几例以引起注意：

（1）凡安装承受压力的测温元件，都必须保证其密封性。

（2）高温下工作的热电偶，为防止保护管在高温下产生变形，一般应垂直安装，若必须水平安装则不宜过长，并用支架保护热电偶，如图2-43所示。

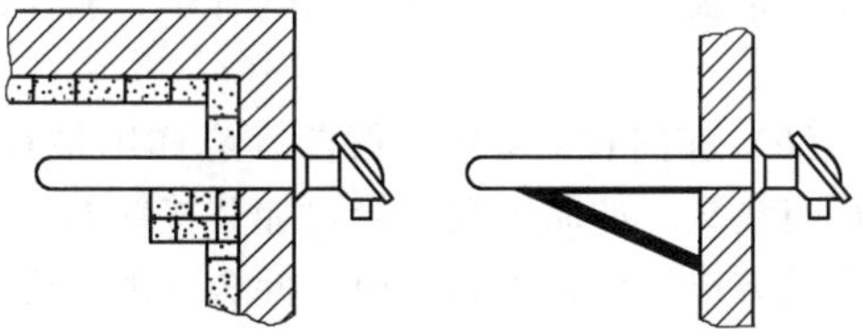

图 2-43 防止保护管弯曲的方法

（3）若测温元件安装于介质流速较大的管道中，则其应倾斜安装。为防止测温元件受到过大的冲蚀，最好安装在管道的弯曲处。

（4）当介质压力超过 10MPa 时，必须在测温元件上加保护外套。

2.5.1.3 测温元件的安装应便于仪表工作人员的维修和校验

测温元件的安装部位应考虑其拆装、维修、校验的足够空间和场地，具有较长保护套管的测温元件应能方便地拆装。对于重要的测温点，若在高空时，需装有平台和梯子等。

2.5.2 连接导线与补偿导线的安装

在工业生产中，热电偶与热电阻是应用得最多的感温元件，它们与显示仪表间的连接导线与补偿导线在导线穿管安装中有如下的要求：

（1）连接导线与补偿导线必须防止机械损伤，并应尽量避免高温、潮湿、腐蚀性及爆炸性气体与灰尘的作用，不准敷设在炉壁、烟道及热管道上。导线周围的最高允许温度与导线的绝缘材料有关：

橡胶绝缘	+70℃
纸绝缘	+80℃
石棉绝缘	+125℃

（2）为防止连接导线和补偿导线受到机械损伤，同时为削弱外界电磁场对电子式显示仪表的干扰，导线应加以屏蔽，可把连接导线或补偿导线穿入钢管内。钢管最好只有一个接地点，以避免地电位干扰的引入。

（3）一般可采用普通的焊接钢管作为导线的保护管。钢管必须经过防锈处理，管壁厚度不应小于1mm。装于潮湿、腐蚀场合时，应采用壁厚不小于2.5mm的钢管。

管径应根据管内导线（包括绝缘层）的总面积决定，一般后者不应超过保护管截面积的2/3。

（4）当确定保护钢管内导线的芯数时，必须考虑备用导线的数量。备用芯线数大致为：

工作线数	备用芯线数
4～8	1
8～15	2
15～20	3
20～30	4
30以上	5

（5）导线保护管的连接，一般宜采用丝扣连接，不准使用对焊方法连接管子，因为焊接时管内总难免要流入熔化的铁水。同时在穿线前应把管内的铁锈、砂子及碎末等清除干净，管口毛刺必须锉掉，以免导线穿管时绝缘层被破坏。管子内、外都应该刷油，通常刷沥青。但是埋设在楼板、墙壁及混凝土内的管子，管子外壁可以不刷漆。如果管内已镀锌，则内壁也无须刷漆。

（6）在向管内穿配导线前，应详细检查导线的绝缘或外层保护皮有无破损。在管内导线不得有接头，如需中间连接要加装接线盒。补偿导线不应有中间接头，若必须有接头时，应用气焊的方法连接，焊条应使用同极性的补偿导线。

（7）在穿线时，管内及导线上都必须撒上滑石粉，而当穿铅皮电缆时，则应抹上干黄油。导线在管内不得拉得过紧，穿线工作必须按顺序进行。同一管内的导线，不论多少根，必须一次穿入。

（8）在穿补偿导线前，一定要在实验室里试验，并标注补偿导线的型号、极性、安装号等，以免弄错。补偿导线在引向仪表或热电偶时，也应注意不要把极性接错。

（9）补偿导线最好与其他导线分别敷设，尤其必须注意不得与强电电线并排敷设。在有爆炸危险的场合，管子必须用管卡固定在角钢支架上，并妥善接地。

（10）配线与穿线工作结束后，必须进行校线与绝缘试验。管内各导线之间，以及每根芯线与地之间都应进行绝缘试验。在进行绝缘试验时，导线必须与仪表断开。

2.6　非接触式测温仪表

由前述可知，温度测量仪表按其测温元件是否与被测介质直接接触分接触式和非接触式两类。接触式的各类测温仪表前面各节已作了详细介绍，它们具有测量精度高、使用方便等优点，是工业上应用最广泛的测温仪表。但在某些工业生产过程中，受到测温现场条件的限制，如高温或腐蚀等恶劣环境、运动物体、微小目标、热容量小的对象以及不允许因测温而破坏被测对象温度场等情况下的温度测量，都得用非接触式测温仪表才能实现。与接触式测温法相比，它具有如下特点：

（1）传感器和被测对象不接触，不会破坏被测对象的温度场，故可测量运动物体的温度并可进行遥测。

（2）由于传感器或热辐射探测器不必达到与被测对象同样的温度，故仪表的测温上限不受传感器材料熔点的限制，从理论上说仪表无测温上限。

（3）在检测过程中传感器不必和被测对象达到热平衡，故检测速度快，响应时间短，适于快速测温。

目前最常用的非接触式测温仪表是热辐射式测温仪表。它是利用受热物体的热辐射作用来测量该物体本身的温度。任何受热物体都有一部分热能转变成辐射能。在热辐射时，热能是以电磁波的形式传递的，不同的物体是由不同的原子组成的，因此能发出不同波长的波。各种波长的光波性质不同，有的光波能够被物体吸收，并且重新转变为热能，具备该性质最显著的是波长从 0.77 ~ 40μm 的红外线，其次是 0.4 ~ 0.77μm 的可见光，这种射线叫做热射线，它的传播过程就是热辐射。

物体受到热辐射后，视其本身的性质，能将它吸收、透过或反射。而受热物体放出的辐射能的多少，与它的温度有一定的关系。热辐射式测温仪表就是根据这种热辐射原理制成的。

常用的热辐射式测温仪表有：光学高温计、光电高温计、辐射高温计、红外测温仪及比色温度计等。

2.6.1 物体热辐射能力与温度的关系

任何物体都会以电磁波形式向外放射能量，这就是热辐射。对于外界其他物体辐射来的能量，物体也具有吸收、反射、透射的性质，吸收部分的辐射能又可转化为热能，从而使物体温度升高。如果物体能全部吸收外界辐射到其表面上的辐射能，该物体就称为绝对黑体，简称黑体。实验证明，吸收辐射能力强的物体，其辐射能力也强。

物体在单位时间内每单位面积辐射出的所有波长的总辐射能称为物体的全辐射力；而每一定波长的辐射能称为物体的单色辐射力，因此，物体全辐射力是各单色辐射力的积分。

通过大量实验及理论研究，总结出了黑体辐射规律，并有以下定律：

（1）普朗克定律：黑体单色辐射力随温度及波长而变化，其关系为

$$E_{0\lambda} = C_1\lambda^{-5}\left(e^{\frac{C_2}{\lambda T}} - 1\right)^{-1} \tag{2-14}$$

式中 λ——波长，m；

T——黑体温度，K；

e——自然对数的底；

C_1——普朗克第一辐射常数；

C_2——普朗克第二辐射常数；

$E_{0\lambda}$——黑体波长为 λ 的单色辐射力，W/m^3。

当温度 $T<3000$K 时，式 2 - 14 可近似为

$$E_{0\lambda} = C_1\lambda^{-5}e^{-\frac{C_2}{\lambda T}} \tag{2-15}$$

由式 2 - 15 可知，在一定温度下，不同波长的单色辐射力不同，温度上升时单色辐射力均有所增大，但波长不同其增大的幅度不同。

（2）全辐射定律（斯蒂芬 - 玻耳兹曼定律）：该定律描述了在任意给定温度下，全波长范围内总的辐射能量与给定温度之间的定量关系，即

$$E_0 = \int_0^{\infty} E_{0\lambda} \mathrm{d}\lambda = \sigma_0 T^4 \tag{2-16}$$

式中　σ_0——玻耳兹曼常数，也称为黑体辐射常数。

该定律指出，黑体全辐射力与其绝对温度的四次方成正比。这一结论不仅对黑体是正确的，而且对任何实际物体（即非黑体或灰体）也是成立的。所不同的是，实际物体的全辐射力要低于相同温度的黑体全辐射力。实际物体的全辐射力为：

$$E = \varepsilon E_0 = \varepsilon \sigma_0 T^4 \tag{2-17}$$

式中　ε——实际物体的总发射率。

2.6.2　辐射高温计

辐射高温计是根据全辐射定律实现测温的仪表。它以热电堆作检测元件，由于热电堆对不同波长辐射能的响应率是均匀的，因此该仪表曾被称为全辐射高温计。

图 2 - 44 为辐射高温计的原理结构。当通过目镜及物镜用眼瞄准被测对象后，对象的辐射能通过物镜 1 聚焦，再经光阑 2 投射到玻璃泡内的热电堆 4 上。热电堆是由多支热电偶顺序串联，并将热端集中在一起但相互间绝缘的感温元件，由于热电势串联，其输出灵敏度较高。辐射高温计中的热电堆由 4 支热电偶串联构成，其热端集中夹在玻璃泡中心十字形的铂箔上。铂箔涂以黑色，以增大黑度，加强对辐射的吸收能力。投射到热电堆上的辐射能，经铂箔吸收后转化为热能，使之温度升高，通过热电堆又转变为热电势输出，送至显示仪表指示出被测物体的温度值。

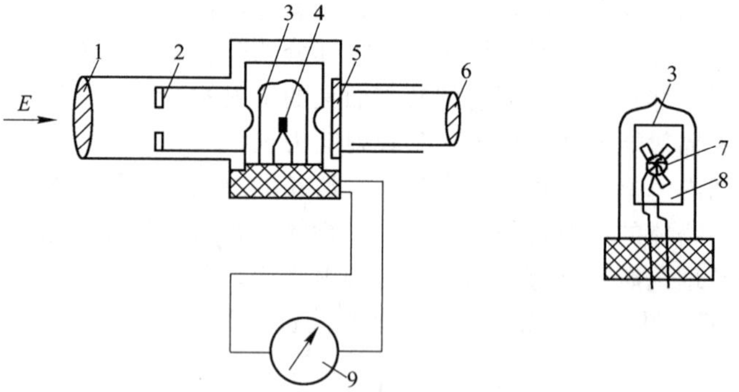

图 2 - 44　辐射高温计的原理结构

1—物镜；2—光阑；3—玻璃泡；4—热电堆；5—灰色滤光片；
6—目镜；7—铂箔；8—云母片；9—显示仪表

目镜前的灰色滤光片可以在瞄准被测对象聚焦时，减弱辐射以保护眼睛。

由于被测对象全辐射力不仅与温度有关，还与其黑度有关，故辐射高温计只能规定被测对象为黑体时的辐射 - 温度关系刻度。因而在使用时，如果被测对象不是黑体，则因其辐射力低于同温度下的黑体辐射力，仪表指示将偏低。若被测对象黑度已知，则可根据黑度修正仪表指示的温度。

使用辐射高温计时应注意以下几点：

（1）物体为非黑体时若不知其黑度，则可以在被测对象内加装窥视管，窥视管长度 L_1 为其直径 D 的10倍以上，其底部封闭，如图2－45所示，因此管底近似于黑体。当用辐射高温计瞄准管底时，由于管底温度与被测对象温度相同，其辐射力又相当于黑体，故可减小测量误差。

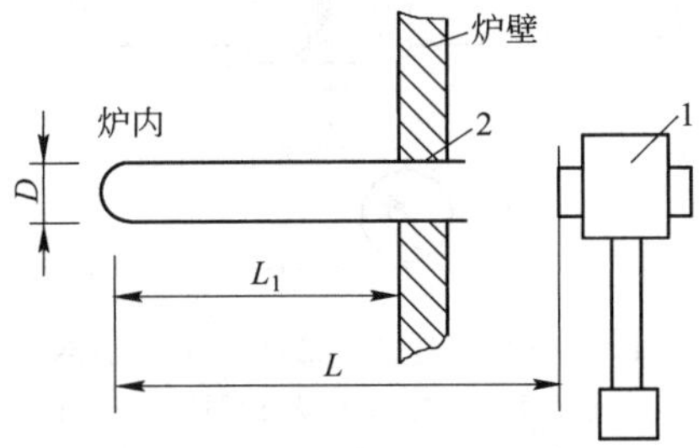

图2－45 窥视管
1—辐射高温计；2—窥视管

（2）中间介质的影响：被测对象与仪表之间的空间，由于有水蒸气、灰尘、二氧化碳等介质，它们不能视为透明体，所以对被测对象辐射能有所吸收，从而使仪表指示偏低。为了减小该项误差，仪表的安装距离不宜离被测对象太远，一般以不超过1m为好。

（3）环境温度的影响：仪表内热电堆的冷端温度随环境温度而变化，使其输出热电势发生变化而引起测量误差。为此，仪表内装有双金属片补偿光阑，光阑可随着仪表安装环境温度的高低开大或关小，自动调整进入热电堆的辐射能量。但仪表仍不宜在太高的环境温度下使用，一般应不超过100℃，必要时应装设水冷套。

（4）D/L 比值的影响：不同型号的辐射高温计，要求被测对象直径 D 与测温距离 L 有一定的比值，否则因物体在热电堆上成像太小而使仪表指示偏低。

2.6.3 光学高温计

物体温度变化时，某些单色辐射力的变化比全辐射力的变化更为显著，因此利用单色辐射力与温度的关系实现测温时，仪表灵敏度较高。

光学高温计是利用 $\lambda=0.65\mu m$ 单色辐射力与温度的关系实现测温的，但由于单色辐射力测量很困难，实际上在光学高温计中，是采用了单色亮度的比较法。

根据物理学理论，绝对黑体的单色亮度与单色辐射力成正比，即

$$B_{0\lambda}=KE_{0\lambda} \tag{2-18}$$

式中 $B_{0\lambda}$——黑体单色亮度；

K——比例常数。

光学高温计的特点是结构简单、使用方便、量程比较宽、可以做到较高的精度，广泛用于测量700～3200℃温度范围内金属熔炼、浇铸、热处理、锻轧等生产过程的温度。但这种温度计只能测量亮度温度而不能直接测量真实温度。此外，它是通过人眼的瞄准和对亮度进行比较实现测温的，测量结果带有人为的主观误差，且不能自动记录和控制温度。

光学高温计的原理结构如图2－46所示。测温时，用眼通过目镜4和物镜1瞄准被测对象，调节目镜使眼睛清晰地看到仪表中的钨丝灯灯丝后，再调节物镜，使对象成像于灯丝平面上，以便与灯丝亮度进行比较，由于红色滤光玻璃的吸收作用，眼睛只能看到对象与灯丝的红色光（$\lambda=0.65\mu m$）。

聚焦图像清晰后，由目镜可以看到如图2－47所示的某一种图像，图2－47（a）背景（即被测对象）亮度大于灯丝亮度，灯丝发暗；图2－47（b）灯丝亮度高于背景亮度；图2－47（c）两者亮度相等，看上去好像灯丝中断一样。当出现图2－47（a）、（b）情况时，可以用手调节图2－46中的滑线电阻6，改变灯丝电流，使得灯丝亮度与被测对象亮度相等后，即可由指示仪表7上的温度刻度读出被测温度值。

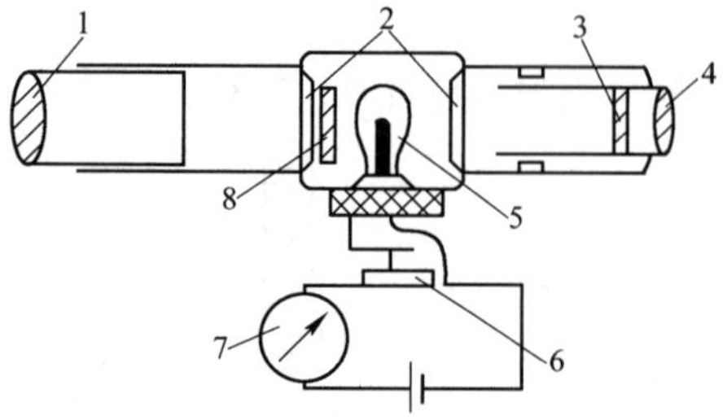

图 2－46　光学高温计的原理结构
1—物镜；2—光阑；3—滤光玻璃；4—目镜；
5—钨丝灯；6—滑线电阻；7—指示仪表；
8—吸收玻璃

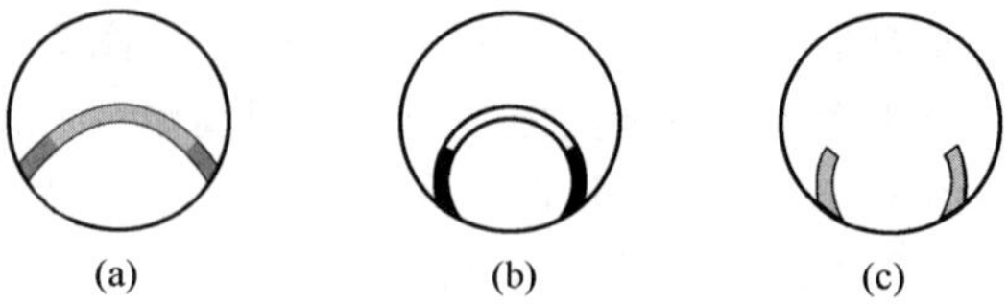

图 2－47　光学高温计亮度比较的三种情况
（a）钨丝亮度低；（b）钨丝亮度高；
（c）钨丝与对象亮度相同

仪表中灰色吸收玻璃可减弱对象亮度，从而扩展仪表量程。当不使用灰色吸收玻璃时，仪表量程为 700～1400℃；当使用灰色吸收玻璃时，仪表量程可扩展为 1200～2000℃。

使用光学高温计时应注意以下问题：

（1）物体为非黑体时的测量误差：与辐射高温计一样，因为不同黑度的物体，在同温度下的单色辐射力或单色亮度是不同的，光学高温计只能以对象为黑体的条件进行温度刻度。所以被测对象为灰体时，指示温度必然低于被测对象的实际温度。若已知被测物体的单色黑度，则可根据单色黑度修正仪表指示的温度。也可采用窥视管人为造成黑体辐射条件，以减小测量误差。

（2）中间介质吸收的影响：为了减小这一影响，仪表与被测对象距离以 1～2m 为好。

（3）不能测量反射光很强的物体温度，这是因为反射辐射会引起测量误差。

2.6.4　红外线温度计

波长在 0.8～100μm 范围的辐射称为红外辐射。红外辐射能被物体吸收并转换成热能。因此，它也是热辐射，并且在一定波长下，红外辐射强度与温度 T(K) 及波长 λ(μm) 之间的关系，仍然可由普朗克定律来描述。这样可通过一定波长下的红外辐射强度来确定物体的温度，这就是红外线温度计的测温原理。现以国产 WDL－31 型红外线温度计为例介绍。

国产 WDL－31 型光电红外线温度计的组成原理如图 2－48 所示。它由感温器和显示仪表两大部分组成。被测物体的表面辐射能量由物镜会聚，经调制盘（又称切光片）反射到滤光片，一定波长的红外线透过滤光片到达探测元件上而被接收。仪器中用作参考辐射源——参比灯的辐射能量通过另一路聚光镜 6，经反射镜 5 反射到调制盘并被调制后，也到达探测元件上被接收。被测物体辐射能量和参比灯辐射能量是交替地被红外探测元件接收的，从而产生两个相位相差 180°的电信号。从探测元件输出的脉冲信号是这两个信号的差值。此信号经放大，相敏检波成直流信号，再经直流放大处理，以调节参比灯工作电流，使其辐射能量与被测能量相平衡。参比灯的辐射能量始终精确跟踪被测辐射能量，保持平衡状态，再将参比灯的电参数经过电子线路进一步处理，输出 4～20mA DC 统一信号送显示仪表，指示、记录被测的温度值。为了适应辐射能量变化的特点，电路设有自动增益控制环节，在量程范围内，保证仪器电路有适当的灵敏度，保持正常工作。

仪表的测量范围分为 150～300℃、200～400℃、300～600℃、400～800℃、600～1000℃、800～1200℃、900～1400℃、1100～1600℃（可扩展至 2500℃）等几档。在 400～800℃及以下各量程，采用硫化铅光敏电阻作探测元件，并配合锗滤光片，工作波长在 1.8～1.7μm。在 600～1000℃及以上量程，采用硅光电池作探测元件，并配合有色光学玻璃滤光片，工作波长

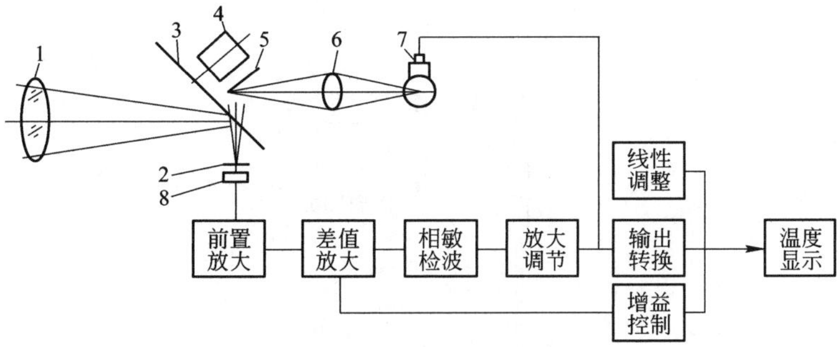

图2-48　红外线温度计组成原理

1—物镜；2—滤光片；3—调制盘；4—微电机；5—反射镜；6—聚光镜；7—参比灯；8—探测元件

在1.1～0.8μm。仪表的准确度可达测量上限的±1%。

2.6.5　光纤温度计

光纤温度计是利用了强度调制型光纤荧光激励式原理制成的，如图2-49所示。

LED将0.64μm的可见光耦合投射到入射光纤中。感温壳体左端的空腔中充满彩色液晶，入射光经液晶散射后耦合到出射光纤中。当被测温度 t 升高时，液晶的颜色变暗，出射光纤得到的光强变弱，经光敏三极管及放大器后，得到的输出电压 U_0 与被测温度 t 成某一函数关系。光纤温度计特别适合于远距离防爆场所的环境温度检测。

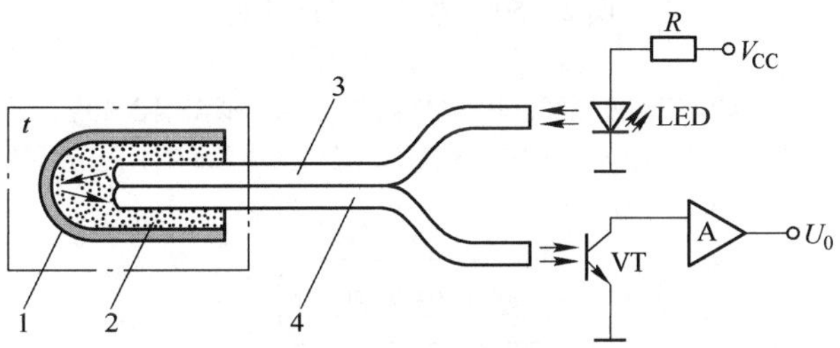

图2-49　光纤温度计

1—感温黑色壳体；2—液晶；3—入射光纤；4—出射光纤

2.6.6　光纤高温计

光纤高温传感器是利用了强度调制型光纤接收光辐射式原理制成的。光纤高温计包括端部掺杂质的高温蓝宝石单晶光纤探头、光电探测器和辐射信号处理系统，如图2-50所示。

当光纤温度计端部达到400℃以上时，由于黑体腔被加热而引起热辐射（红外光），蓝宝石光纤收集黑体腔的红外热辐射，红外线经蓝宝石高温光纤传输并耦合进入低温光纤，然后射入末端的光敏二极管（两者轴线对准）。光电二极管接收到的红外信号经过光电转换、信号放大、线性化处理、A/D转换、微机处理后给出待测温度。为实现多点测量，加入多路开关，通过微机控制，选择测点顺序。

该光纤高温计的测温上限可达1800℃。在800℃以上时，灵敏度优于1℃；在1000℃以上，可分辨温度优于0.1℃，对于铸造、热处理的工艺和质量控制具有积极的意义。

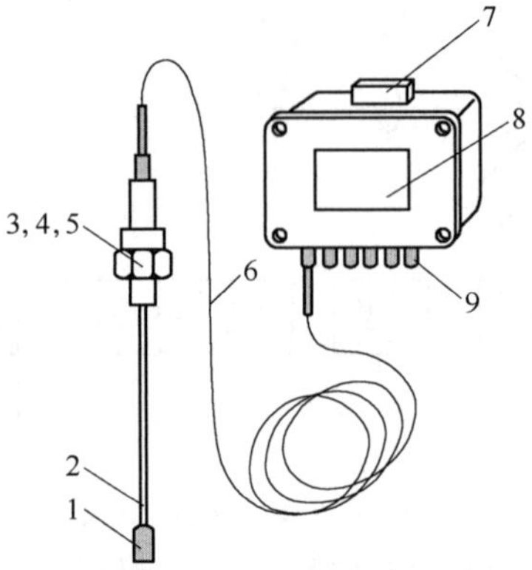

(a)

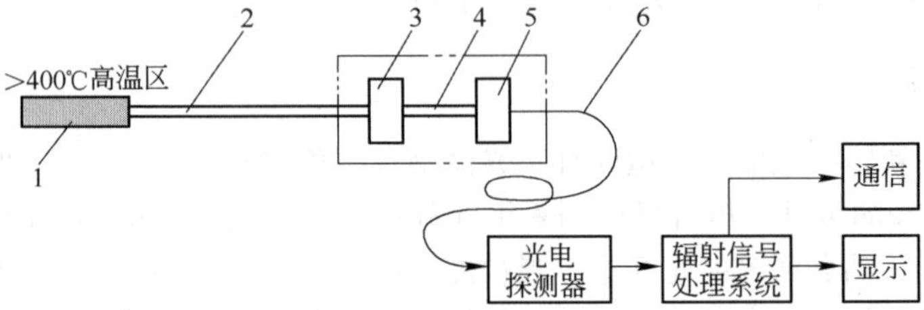

(b)

图 2－50　光纤高温计外观

（a）外观；（b）信号处理

1—黑体腔；2—蓝宝石高温光纤；3—光纤耦合器；4—低温耦合光纤；5—滤光器；
6—传导光纤；7—通信接口；8—辐射信号处理系统及显示器；9—多路输入端子

复习思考题

2－1　什么是温标，常用温标有哪几种，现在执行的是哪种国际实用温标，各温标之间的转换关系如何？

2－2　填空：

（1）在热电偶测温回路中，只要显示仪表和连接导线两端温度相同，热电偶总电势值不会因它们的接入而改变。这是根据（　　）定律而得出的结论。

（2）热电偶产生热电势的条件是：（　　）；（　　）。

（3）热电偶热电势的大小与（　　）及（　　）有关，与热偶丝的（　　）和（　　）无关。

（4）铠装热电偶是把（　　）、（　　）和金属套管三者加工在一起的坚实缆状组合体。

2－3　铠装热电偶有何优点？

2－4　热电偶测温时为什么需要进行冷端补偿？

2－5　电阻温度计是借金属丝的电阻随温度变化的原理工作的。下述有关与电阻温度计配用的金属丝的说法，哪一条是不合适的？

（1）经常采用的是铂丝；

（2）也有利用铜丝的；

（3）也有利用镍丝的；

（4）通常不采用金丝；

（5）有时采用锰铜丝。

2-6 什么是铠装热电阻，它有什么优点?

2-7 热电阻常见故障有如下一些，试分析其产生原因：

（1）显示仪表指示值比实际值低或示值不稳。

（2）显示仪表指示无穷大。

（3）显示仪表指示负值。

（4）阻值与温度关系有变化。

2-8 温度变送器的作用是什么，一体化温度变送器有什么特点?

2-9 什么是辐射高温计，它有什么特点?

2-10 使用辐射高温计时，应注意哪些事项?

2-11 光学高温计是怎样工作的，它有什么特点?

3 压力测量仪表及其维护

3.1 概述

在冶金生产过程中，某些熔炼炉和加热炉要求恰当地控制炉膛或烟道的压力，以获得良好的热工效果。许多冶金物理化学反应，对反应空间的压力有一定的要求，如某些常压下不能发生的反应，在高压或一定的真空度下则可顺利进行；某些金属材料采用可控气氛或真空热处理，可有效地改善材料的性能；有些过程的压力检测（例如煤气管道的压力测量）乃是生产安全所必需的。此外，生产过程的一些其他参数（如流量、液位等）的检测，有时也转换为压力或差压的测量。可见，压力和真空度是生产过程中一种常见而又重要的检测参数。

3.1.1 压力的单位及其表示方式

物体单位面积上所承受的垂直作用力，工程技术上称为压力，物理学中称为压强。在国际单位制（SI）和我国法定计量单位中，压力的单位是帕［斯卡］（Pascal）简称帕，符号 Pa，它的物理意义是1N 的力垂直作用于$1m^2$的面积上所形成的压力，即 $1Pa = 1N/m^2$。工程上惯用的非法定压力计量单位有工程大气压、标准大气压、毫米水柱（mmH_2O）及毫米水银柱（mmHg）等，下面对它们作一简单介绍。

物理大气压（又称标准大气压）：物理大气压是科学技术中最早采用的压力单位。其定义为在温度为0℃（此时水银密度为 $13.5951g/cm^3$）和标准重力加速度（$980.665cm/s^2$）下，760mm 高的水银柱作用于底部水平面上的压力，用 1atm 表示。

工程大气压：工程大气压是工程技术中应用最广泛的一种压力单位，一个工程大气压等于$1cm^2$面积上均匀垂直地承受着 1kgf 力时形成的压力，即 $1kgf/cm^2$。

毫米水柱（mmH_2O）及毫米水银柱（mmHg）：这是一种在实际使用中很直观的单位。这两种压力单位常用来表示低压。它们相当于重力加速度为 $980.665cm/s^2$，温度为 0℃（水银）或 4℃（水）时，液柱高度为 1mm 的水银或水作用在底面积上的重力压力。用 1mmHg 或 $1mmH_2O$ 表示。

非法定压力计量单位之间及其与法定压力计量单位的换算关系列于表 3－1。

表 3－1 压力计量单位换算表

单位名称	帕［斯卡］（Pa）	标准大气压（atm）	工程大气压（kgf/cm^2）	毫米水柱（mmH_2O）	毫米水银柱（mmHg）
1 帕（Pa）	1	9.86924×10^{-6}	1.01972×10^{-5}	1.01972×10^{-1}	7.50064×10^{-3}
1 标准大气压（atm）	1.01325×10^{5}	1	1.03323	1.03323×10^{4}	7.60×10^{2}
1 工程大气压（kgf/cm^2）	9.80665×10^{4}	0.967841	1	1×10^{4}	7.35562×10^{2}
1 毫米水柱（mmH_2O）	9.80665	9.67841×10^{-5}	1×10^{-4}	1	7.35562×10^{-2}
1 毫米水银柱（mmHg）	133.322	1.31579×10^{-3}	1.35951×10^{-3}	1.3595×10^{1}	1

由于地球上总是存在着大气压，为便于在不同场合表示压力数值，根据取零标准不同，压力有三种表示方式：绝对压力、表压力和差压。以完全真空作为零标准表示的压力称为绝对压力；以大气压作为零标准表示的压力称为表压力。表压力为正时简称压力，表压力为负时称负压力或真空度。负压力的绝对值愈大，即绝对压力愈小，则真空度愈高。因为各种工艺设备和测量仪表都处于大气之中，所以工程上大都用表压力来表示压力的大小，无特别说明时，均指表压力；除大气压以外的两处压力之差称为差压。

所谓“真空”并不是空洞无物，实际上只不过是一种低压空间。为了方便起见，通常把“真空”分为几个区间。$p=101.325\sim1.333$kPa 时空气性质与常压相差不大，叫做“粗真空”。在 $p=1.333$kPa 左右，气体开始导电，一般旋转式真空泵能达到 0.1333Pa 的负压，所以 $p=1.333$kPa ~ 0.1333Pa 叫做“低真空”。一般扩散式真空泵能达到 1.333μPa 的负压，所以 $p=0.133$Pa ~ 1.333μPa 叫做“高真空”。1.333μPa 以下叫做超高真空。目前人们已能获取 133.3Pa 以下的真空。不过这样的划分方法不是唯一的，不同的文献上有不同的划分法。

3.1.2 压力表的分类

测量压力的仪表称压力表。工业上所需测定的压力范围极宽，同时由于使用条件和环境的要求不同，压力仪表的种类很多。压力表有多种分类方法，如按作用原理、被测压力的种类、显示方式和使用环境分类等。

3.1.2.1 根据作用原理分类

A 静重式

静重式压力计包括液柱式压力计和活塞式压力计。液柱式压力计可将被测压力转换成液柱高度差进行测量，它有 U 形管压力计、单管压力计及斜管压力计等。活塞式压力计可将被测压力转换成活塞上所加平衡砝码的重量进行测量。它是一种标准型压力测量仪器，用来对其他的一些压力计（如弹簧管压力计）进行校验。

B 弹性式

弹性式压力表可将被测压力转换成弹性元件变形所引起的位移而进行测量，它有弹簧管式、波纹管式、膜片式和膜盒式等。

C 电测式

电测式一般为远程传送式压力表，可将被测压力转换成电量进行测量。压力变送器属于这一类。压力变送器分位移式、力平衡式等。按其信号转换方式可分为电阻式、电感式、电容式、频率式等。压力变送器除电动式外，还有气动式。

3.1.2.2 按被测压力的种类和大小分类

按被测压力的种类，可分为表压压力表、绝对压力表、差压压力表等。表压压力表包括压力表、真空表、真空压力表等。按被测压力大小可分为真空表、微压表、中压及高压压力表等。

3.1.2.3 按显示方式分类

按显示方式分类，可分为指示式、记录式、信号式等。

3.1.2.4 按使用环境分类

按使用环境分类，可分为普通型、耐振型、禁油型、耐酸型、隔爆型和高温型等。

3.1.2.5　其他分类方式

按安装方式，可分为盘装型和就地安装型；按外部形状，可分为方形和圆形；按准确度等级，可分为0.2～4级等。

3.1.3　压力表的选择

为了使压力表充分发挥作用，应综合考虑测量目的、测量环境、维护管理难易程度、可靠性和经济性等要求选择最适用的压力仪表。

3.1.3.1　一般选择条件

A　仪表种类的选择

根据监视的要求，可分别选择现场指示型、报警型和控制盘指示型。对于电动或气动压力变送器的应用，则应综合考虑它们各自的特点。例如，对于气动压力变送器，不需要考虑防爆、防噪声等问题，但是要考虑到它的传送距离受限制的缺点；电动压力变送器一般不受传送距离的限制，但是存在着防爆、防噪声问题，还要考虑统一输出信号的问题。

B　仪表规格的选择

根据被测介质压力的大小，参照压力表系列中规定的压力测量范围进行规格的选择。对于弹性压力表，一般规定是，被测参数额定值为压力表的满量程值的2/3，如被测压力额定值为10MPa，则应选择0～16MPa的压力表，这是指稳定负荷条件下的情况；如在波动负荷情况下，压力表的经常指示范围则不应超过满量程的1/2。对于最低压力，不论是稳定负荷或是波动负荷的情况，压力指示范围都不应该低于满量程的1/3。

选用压力表时，还要考虑其准确度等级。工业用弹性压力表的准确度级一般为1～4级，气动和电动压力变送器的准确度级为0.2～0.5级。应根据要求选择所需准确度的压力表。

3.1.3.2　特殊条件的选择

A　按环境条件选择

在受机械振动影响大的场所，应选用具有耐振结构的压力表。

环境温度很高时，可选用结构上耐高温的压力表。

对腐蚀性环境，原则上应尽量避免。如无法避免时，则应采取防腐蚀措施。如对外壳涂耐腐漆或使用耐腐蚀材料制成的压力表，并且要求密封性强，以免损伤仪表内部机件。

对于易燃易爆等危险环境，如油泵房、制氢站等场所，必须选用防爆型仪表。

B　按被测介质的性质选择

被测介质具有腐蚀性时，应选用耐腐蚀材料制成敏感元件的压力表，或者选用带耐腐蚀材料隔膜的压力表。

测量氧气时，必须使用有禁油标记的压力表，这是因为氧气直接接触油脂，会发生剧烈的氧化反应而引起爆炸。因此，即使感压元件中残存很少一点油脂都是十分危险的。对这种禁油压力表，应进行严格的管理。

对于脉冲压力，例如活塞泵出口压力，不仅难以准确测量，而且由于指示机构磨损和感压元件疲劳，压力表很易失效。在这种场合，可选用带有缓冲装置的压力表。

在测量蒸汽或气体压力时，为了防止弹簧管损坏而使压力表正面损坏，应选用外壳背面有排气孔的压力表。这种类型的压力表一般称为安全型仪表，但此种要求不适用于不允许被测介质逸出表外的压力表。

3.2 液柱式压力计

液柱式压力计是利用液柱高度产生的压力和被测压力相平衡的原理制成的测压仪表。它具有结构简单、使用方便、制造容易、测量精度较高和价格低廉等特点，常被用来测量工业中的液体、气体和蒸汽的低压、负压和差压。

3.2.1 液柱式压力计的结构形式

液柱式压力计的结构形式有三种：U 形管压力计、单管压力计（又称杯形压力计）和斜管压力计。

3.2.1.1 U 形管压力计

U 形管液柱压力计由 U 形玻璃管、封液及刻度尺组成，如图 3 -1 所示。其内部封液可以用水、汞、四氯化碳或其他液体。一般使用时，U 形管一端用胶管与被测对象接通，另一端通大气。如果另一端不通大气而是用胶管与另一对象接通，就可以测量两对象的压差。

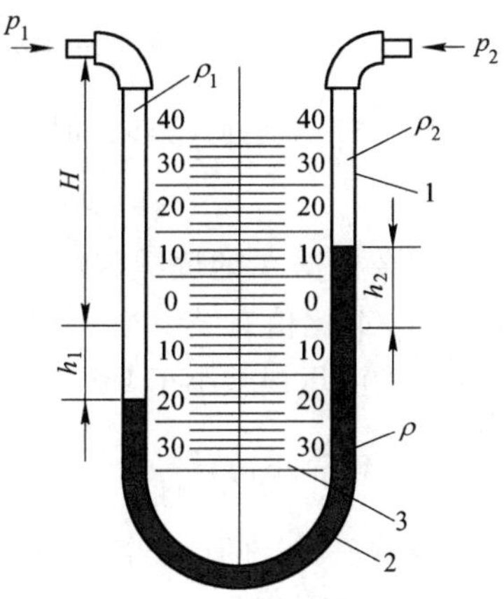

图 3 -1 U 形管压力计

1—U 形玻璃管；2—封液；3—刻度尺

由静压力平衡方程可以列出图 3 -1 所示压力计压差与封液垂直液柱高差的关系：

$$\Delta p = p_1 - p_2 = g(\rho_2 - \rho_1)(H - h_2) + g(\rho - \rho_1)(h_1 + h_2) \tag{3-1}$$

式中 ρ_1，ρ_2，ρ——分别为两肘管内传压介质密度及封液密度；

H——压力计接口至刻度标尺零点处的高度；

g——重力加速度。

若 $\rho_1 = \rho_2$，则

$$\Delta p = g(\rho - \rho_1)(h_1 + h_2) \tag{3-2}$$

若传压介质密度比封液密度小得多，即 $\rho_1 \ll \rho$ 则式 3 -2 又可简化为

$$\Delta p = g\rho(h_1 + h_2) \tag{3-3}$$

若 p_2 为大气压力，则 Δp 为被测对象绝对压力 p_1 与大气压力（p_{amb}）之差，即表压力（p_e），这时式 3 -2、式 3 -3 可写成

$$p_e = g(\rho - \rho_1)(h_1 + h_2) \tag{3-4}$$

$$p_e = g\rho(h_1 + h_2) \tag{3-5}$$

即被测压力 p_e 与一定种类封液的液柱高度成正比。

3.2.1.2 单管压力计

为了避免 U 形管压力计测量时要进行两次读数（h_1 及 h_2）的麻烦，可将液柱式压力计做成如图 3 -2 所示的单管压力计。

由图 3 -2 可知，在压力 p_e 作用下，h_1 下降所减少的封液体积应等于 h_2 上升所增加的容积。即

$$h_1A_1 = h_2A_2$$

式中　A_1，A_2——分别为宽口容器及测量管的横截面积。

因此，由式3-5及上述关系式可得

$$p_e = g\rho(h_1 + h_2) = g\rho\left(\frac{A_2}{A_1} + 1\right)h_2$$

当宽口容器截面 $A_1 >> A_2$ 时，上式可近似为

$$p_e = g\rho h_2$$

即只要根据 h_2 的读数就可以确定被测压力 p_e。其误差与 A_2/A_1 比值有关。当 $A_2/A_1 \leq 0.01$ 时，因为只读 h_2 而引起的测压误差小于1%。

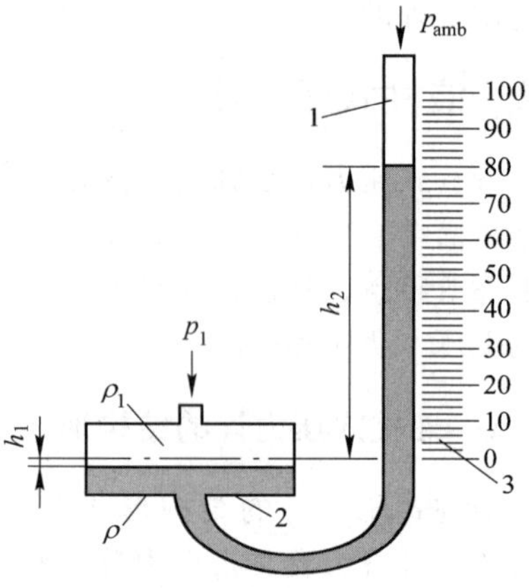

图3-2　单管压力计

1—测量管；2—宽口容器；3—刻度尺

3.2.1.3　斜管压力计

将单管压力计的玻璃管做成倾斜的形式，就是斜管压力计，如图3-3所示。测量压力时，被测介质接杯形容器，斜管一端通大气。由于玻璃管的倾斜，使液面的位移距离加长，也就是使按压力单位刻度的标尺刻度实际长度加大。即 $h_2 = l\sin\alpha$。标尺刻度的增大，不仅可用来测量微小压力，而且提高了仪表的读数精度。

由图可知：

$$p_e = p_1 - p_{amb} = g\rho(h_1 + h_2) = g\rho\left(\sin\alpha + \frac{A_2}{A_1}\right)l \approx g\rho h_2 = g\rho l\sin\alpha \tag{3-6}$$

式中　l——斜管上的液柱长度（读数）；

α——斜管倾斜角；

A_1，A_2——分别为宽口容器及测量管的横截面积。

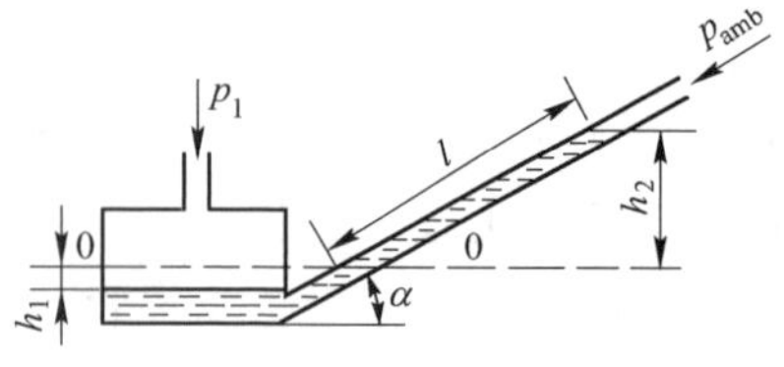

图3-3　斜管压力计原理结构

斜管倾斜角 α 越小，读数放大倍数越大。但 α 过小，则因倾斜内液面拉长，且易冲散，反而影响读数准确性，因此，α 角一般不小于15°。

斜管压力计一般用来测量2000Pa以下的各种气体的微小压力、负压或差压，所以斜管压力计也称斜管微压计。

3.2.2　液柱式压力计的维护

3.2.2.1　使用注意事项

（1）为了提高读数的精度，可采用多种的辅助装置，如放大尺、游标尺或光学读数装置。

（2）为了减小视差，须正确读取液面的位置。如用浸润液体做工作介质（如水、酒精等），须读其凹面的最低点；反之，如用水银等非浸润液体做工作介质，则须读其凸面的最高点。

（3）测量较大压力时，可采用重度较大的工作液，如水银；反之，测量较小压力时，可采用重度较小的工作液，如水、乙醇等。

（4）使用的工作液须注意其性质，以防止中毒或产生其他事故。

（5）从测压点到压力计之间的连接管应尽量短，一般在3～50m之间。

（6）充填工作液时，应注意其重度，必须与原来压力计所标称的相一致，必要时可进行换算，否则将影响仪表的精度。

（7）U形管压力计一般使用的液柱高度不超过1.5m。

（8）单管压力计作为标准仪器使用时，需根据使用条件进行温度和重力加速度的修正。

3.2.2.2　安装

（1）液柱式压力计应避免安装于过热、过冷和有振动的地方。因为过热时，工作液容易蒸发掉，过冷时工作液可能冻结，振动太大会把玻璃管震破，造成测量误差，或根本无法测量。

（2）需水平放置的仪表，测量前应将仪表放平，再校正零点。如果工作液面不在零位上，可调零位器或移动可变刻度标尺，或灌注工作液体，使零位对好。

（3）灌注工作液的重度必须与制作仪表刻度标尺时的液体重度一致。否则将会产生测量误差。

（4）工作液为水时，可以在水液中加入一点红墨水或其他颜料，以便于观察读数。

（5）温度变化，将使工作液（水或酒精）蒸发，液体压力计零点的位置会改变，此时可将带切口的标尺沿固定螺钉移动，使标尺对准零点，无须再灌入工作液。

（6）被测压力不能超过仪表测量范围。有时因生产上突然停电或操作不注意会造成压力突增，使工作液被冲走。若是水银工作液被冲走，既带来损失，还可能造成水银中毒的危险。在这种情况下，可采用接长玻璃管或装设收集瓶的方法。

如图3－4所示，收集瓶为一只玻璃瓶，用橡皮管或塑料管与U形管压力计连接，另一端插入瓶内。瓶内装一部分水，瓶口与大气相通。收集瓶可挂在仪表盘背面上部或放在不碍事的地方。

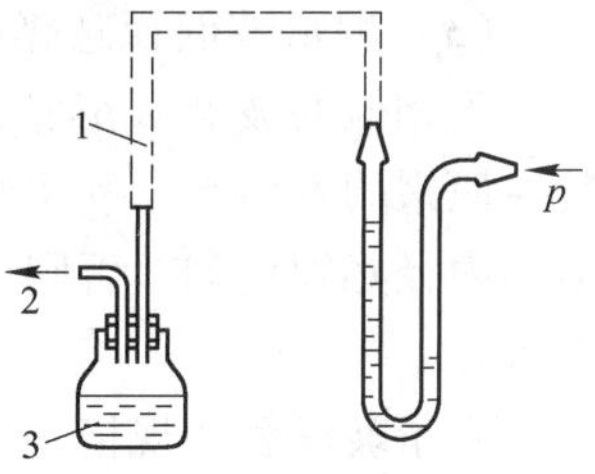

图3－4　水银收集瓶装置
1—软管；2—大气；3—水

（7）被测介质不能与工作液混合，或起化学反应。如被测介质能与水或水银混合，或发生反应时，则应更换其他工作液或采取加隔离液的方法。工业生产中各种工艺介质的隔离液列于表3－2。

表3－2　工业中某些介质的隔离液

被测介质	隔离液	被测介质	隔离液
氯气	98%的浓硫酸或氟油、全氟三丁胺	氨气、水煤气、醋酸、碱	变压器油
氯化氢	煤油	苛性钠	磷酸三甲酚酯
硝酸	五氯乙烷	氧气	甘油
三氯氢硅	石蜡液	重油	水
氨氧化气	稀硝酸		

（8）液柱式压力计的安装，应根据水平仪校正垂直安装位置，不可倾斜安装。安装地方必须有良好照明，以便清晰读数。

3.2.2.3　日常维护工作

（1）一端通大气的玻璃管不得堵塞。

（2）保持测量管和刻度的清晰，至少每月要定期更换或清洗工作液。

（3）经常检查玻璃管和连接管线是否有泄漏现象，对于较脏或易老化的取压管线应定期清洗或更换。

（4）取压管也要每月清洗一次。

（5）定期检查零位，若工作液蒸发或被冲走，应及时添加，以保证仪表的指示准确性。

（6）仪表指示有显著差异时，应进行全面校验和校正。

3.2.2.4　常见故障与处理

液柱式压力计的结构比较简单，没有什么可动部件，所以修理也十分容易。一般常见的故障和处理方法如下：

（1）工作液脏或变质后，使仪表读数困难：此时可更换工作液、清洗测量管。有的测量管上附着一层污物很难清洗时，可加入一些酸或碱液。对于那些铁制容器和接头，应尽量改用玻璃容器和塑料接头，或者干脆去掉接头直接采用软管连接。以避免铁器生锈后，使工作液变质或堵塞通道。

（2）刻度标尺受腐蚀、刻度不清晰：液柱式压力计应安装在周围环境腐蚀性气氛少的地方。若是制酸或腐蚀性严重的场合，液柱式压力计的刻度标尺最好采用搪瓷做的。

（3）测量玻璃管碰碎：若是单管则按原样长度、直径，另换一根玻璃管。如果是U形管，一时无相似的玻璃U形管，则可用两根内径相近的玻璃管，用橡皮管或塑料管连接成U形管，装在原来的木板上，利用原来的刻度标尺，以便继续使用。在配置测量管时，应注意所选用的玻璃内径必须均匀，否则会造成测量误差。修配后的液柱压力计可用标准液柱压力计进行校对检查。

测量玻璃管的规格：U形管压力计内径一般为 $\phi5\sim8$mm，单管压力计为 $\phi5\sim12$mm，斜管压力计为 $\phi2.5\sim5$mm。

液柱式压力计在工作中的常见故障及处理方法列于表3－3中。

表3－3　液柱式压力计在运行中的故障与处理方法

故　障	原　因	处理方法
仪表指示不正常，小于或反应不出被测介质的变化	1. 引压管密封性不良，有泄漏现象； 2. 测量管连接管不密封	1. 检查管线的泄漏处，并加以消除； 2. 选用内径小于玻璃管外径的橡皮管或扎紧原橡皮管
仪表无指示	1. 引压管堵塞； 2. 通大气一端堵塞； 3. 容器底部接头堵塞； 4. 连接橡皮管因折弯而阻塞	1. 逐段检查并加以疏通； 2. 排除通口上的堵塞物； 3. 切除引压管，拆开容器，吹洗清理接头； 4. 调整橡皮管长度、放大曲率半径，固定好橡皮管
接头连接处渗水	1. 连接橡皮管内径太大，不够紧密； 2. 橡皮管老化	1. 选用内径小于玻璃管的橡皮管； 2. 更换橡皮管
刻度不清楚	工作液或测量管脏	更换工作液或清洗测量管

3.2.2.5　校验

液柱式压力计除了定期更换或清洗工作液和测量管外，在实际使用中一般不需要进行校验。对于自己制作的液柱式压力计，或经过修配后的液柱式压力计以及测量要求精确度较高的场合，可用定值控制加压，或利用血压计上的气压球人工加压，与0.5级标准液柱式压力计相比较的方法加以校验，其方法如下：

（1）将被验测量管内灌入与标准液柱式压力计相同的工作液至刻度标尺的零位。U形管压力计垂直放置，倾斜管压力计平放。

（2）用三通接头和橡皮软管连接好标准压力计与被验压力计。

（3）单管与斜管压力计放置好以后，校验前应再检查一次零位，必要时需进行调零。

（4）加压进行刻度校验。

U形管、单管压力计可每隔50mm液柱校对一点；斜管压力计在25mmH_2O以下需每1mm校对一点，25～80mmH_2O的每5mm校对一点，80～150mmH_2O的每10mm校对一点。

（5）每一校验点应分别作正、反行程校验各二次，并加以记录。如果误差超出1%，则其主要原因可能是：

1）测量玻璃管内径粗细不一或管内有收缩孔。

2）刻度标尺不均匀和不准。

此时则应重新配制测量玻璃管或更换刻度标尺。

3.3　弹性式压力表

弹性式压力表是利用各种形式的弹性元件，在被测介质压力的作用下，使弹性元件受压后产生弹性变形的原理而制成的测压仪表。这种仪表具有结构简单、使用可靠、读数清晰、牢固耐用、价格低廉、测量范围广以及有足够的精度等优点。若增加附加装置，如记录机构、电气变换装置、控制元件等，则可以实现压力的记录、远传、信号报警、自动控制等。弹性式压力表可以用来测量几百帕到数千兆帕范围内的压力，因此在工业上是应用最为广泛的一种测压仪表。弹性式压力表根据压力显示和传递方式的不同分为两类，一类是把弹性元件的应变转换成电的或气压的变化，即有两次变换的压力表；另一类是把压力引起的弹性元件的位移，直接用机械机构放大并指示被测压力的压力表。

3.3.1　弹性元件

弹性元件是一种简易可靠的测压敏感元件。它是弹性式压力表的测压元件。当测压范围不同时，所用的弹性元件也不一样，常用的几种弹性元件的结构如图3－5所示。

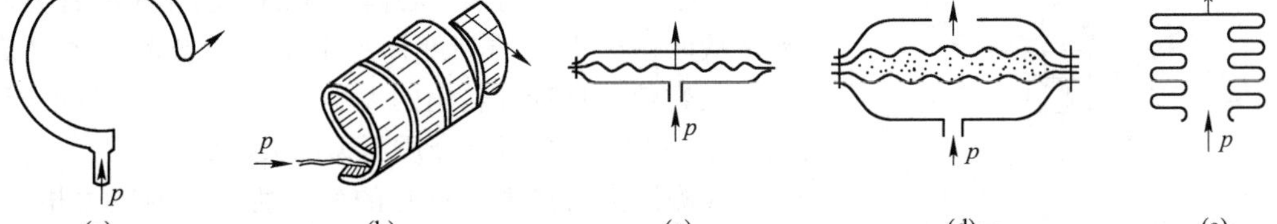

图3－5　弹性元件示意图

（a）单圈弹簧管；（b）多圈螺旋弹簧管；（c）膜片；（d）膜盒；（e）波纹管

3.3.1.1　弹簧管式弹性元件

弹簧管式弹性元件的测压范围较宽，可测量高达1000MPa的压力。单圈弹簧管是弯成圆弧形的金属管子，它的截面做成扁圆形或椭圆形，如图3－5（a）所示。当通入压力p后，它的自由端就会产生位移。这种单圈弹簧管自由端位移较小，因此能测量较高的压力。为了增加自由端的位移，可以制成多圈螺旋弹簧管，如图3－5（b）所示。

3.3.1.2　薄膜式弹性元件

薄膜式弹性元件根据其结构不同还可以分为膜片与膜盒等。它的测压范围较弹簧管式偏小。图3－5（c）为膜片式弹性元件，它是由金属或非金属材料做成的具有弹性的一张膜片（有平膜片与波纹膜片两种形式），在压力作用下能产生变形。有时也可以由两张金属膜片沿周口对焊起来，成一薄壁盒子，称为膜盒，如图3－5（d）所示。

3.3.1.3　波纹管式弹性元件

波纹管式弹性元件是一个周围为波纹状的薄壁金属筒体，如图3－5（e）所示。这种弹性元件易于变形，而且位移很大，常用于微压与低压的测量（一般不超过1MPa）。

3.3.2　弹簧管压力表

按弹簧管形式不同，有多圈及单圈弹簧管压力表，多圈弹簧管压力表（又称螺旋管压力表）灵敏度高。单圈弹簧管压力表（简称弹簧管压力表）可用于高达10^9Pa的高压测量，也可用于真空度测量，它是工业生产中应用最广泛的一种测压仪表，精度等级为1.0至4.0级，标准表可达0.25级。下面以单圈弹簧管压力表为例进行介绍。

3.3.2.1　弹簧管压力表的结构和工作原理

弹簧管压力表主要由弹簧管、齿轮传动放大机构，指针、刻度盘和外壳等几部分组成，如图3－6所示。弹簧管1是一根弯成圆弧形的空心金属管子，其截面做成扁圆或椭圆形，它的一端封闭（称自由端，即弹簧管受压变形后的变形位移的输出端），另一端（称固定端，即被测压力p的输入端）焊接在固定支柱上，并与管接头9相通。当被测压力的介质通过管接头9进入弹簧管的内腔中，呈椭圆形的弹簧管截面在介质压力的作用下有变圆的趋势，弯成圆弧形的弹簧管随之产生向外挺直的扩张变形，从而使弹簧管的自由端产生位移。此位移牵动拉杆2带动扇形齿轮3作逆时针偏转，指针5通过同轴中心齿轮4的带动作顺时针方向转动，从而在面板6的刻度标尺上指示出被测压力（表压力）的数值。指针旋转角的大小与弹簧管自由端的位移量成正比，也就是与所测介质压力的大小成正比。

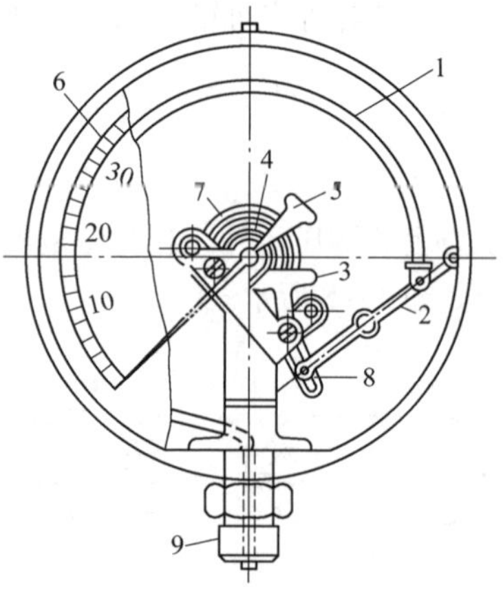

图3－6　单圈弹簧管压力表

1—弹簧管；2—拉杆；3—扇形齿轮；4—中心齿轮；5—指针；6—面板；7—游丝；8—调整螺钉；9—接头

被测压力与弹簧管自身的变形所产生的应力相平衡。游丝7的作用是用来克服扇形齿轮和中心齿轮的传动间隙所引起的仪表变差。调整螺钉8可以改变拉杆和扇形齿轮的连接位置，即可改变传动机构的传动比（放大系数），以调整仪表的量程。

3.3.2.2 电接点压力表

在生产过程中，常常需要把压力控制在某一范围内，即当压力高于或低于给定的范围时，就会破坏工艺条件，甚至会发生事故。利用电接点压力表，就可简便地在压力超出规定范围时发出报警信号，提醒操作人员注意或者通过自控装置使压力保持在给定的范围内。

如图 3-7 所示是电接点压力表的结构和工作原理示意图。电接点压力表由测压部分（即弹簧管压力表）和电接点装置所组成。压力表指示指针上有动触点 2，表盘上另有两个可调节的指针，一根称下限给定指针，另一根称上限给定指针，在它们上面有静触点 1 和 4。压力上限给定值由上限给定指针上的静触点的位置确定，当压力超出上限给定值时，动触点 2 和静触点 4 接触，红灯 5 的电路接通而发红光。压力下限值由下限给定指针上的静触点位置确定，当压力低于下限规定值时，动触点 2 与静触点 1 接触，使绿灯 3 的电路接通而发出绿色信号。静触点 1、4 的位置可根据需要灵活调节。

3.3.3 膜片压力表

膜片压力表是利用金属膜片作为感压弹性元件，如图 3-8 所示，金属膜片 3 固定在两块金属盖中间，上盖 4 与仪表表壳 7 相接，下盖 2 则与螺纹接头 1 连成一个整体。

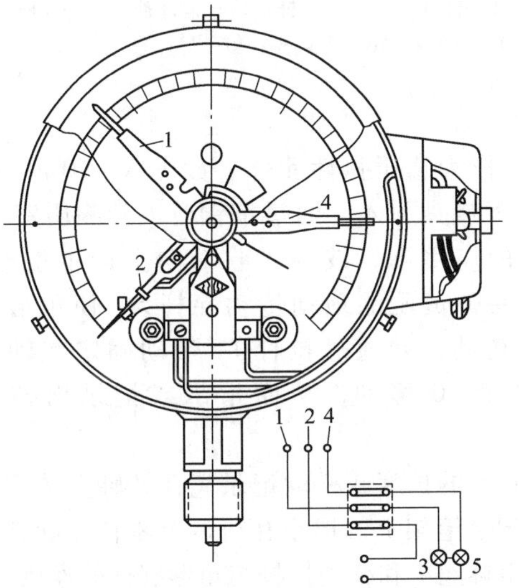

图 3-7 电接点压力表

1，4—静触点；2—动触点；3—绿灯；5—红灯

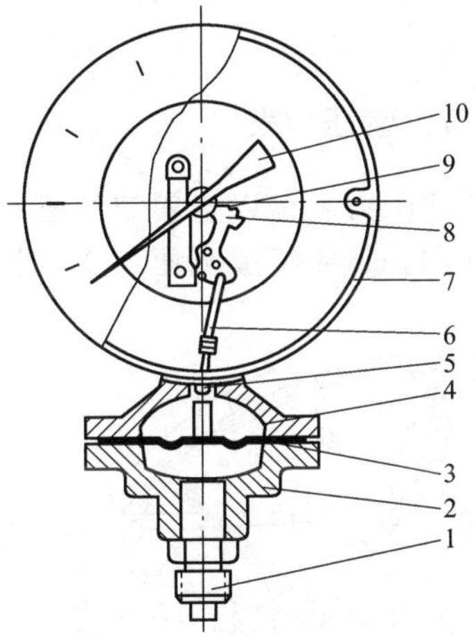

图 3-8 膜片压力表

1—接头；2—膜片下盖；3—膜片；4—膜片上盖；5—球铰链；6—顶杆；7—表壳；8—扇形齿轮；9—中心齿轮；10—指针

当被测介质从接头传入膜室后，膜片下部承受被测压力，上部为大气压，因此膜片产生向上的位移。此位移借固定于膜片中心的球铰链 5 及顶杆 6 传至扇形齿轮 8，从而使中心齿轮 9 及固定在它轴上的指针 10 转动。这样，在刻度盘上就可以读出相应的压力数值。

膜片压力表的最大优点是可用来测量黏度较大的介质压力。如果膜片和下盖是用不锈钢制造或膜片和下盖内侧涂以适当的保护层（如 F-3 氟塑料），还可以用来测量某些腐蚀介质的压力。

3.3.4　膜盒压力表

用两个同心波纹膜片焊接在一起，构成空心的膜盒作为膜盒压力表的感压弹性元件。如图 3－9 所示，当被测介质从管接头 16 引入波纹膜盒时，波纹膜盒受压扩张产生位移。此位移通过弧形连杆 8，带动杠杆架 11 使固定在调零板 6 上的转轴 10 转动，通过连杆 12 和杠杆 14 驱使指针轴 13 转动，固定在转轴上的指针 5 在刻度板 3 上指示出压力值。

指针轴上装有游丝 15 用以消除传动机构之间的间隙。在调零板 6 的背面固有限位螺钉 7，以避免膜盒过度膨胀而损坏。为了补偿金属膜盒受温度的影响，在杠杆架上连接着双金属片 9。在机座下面装有调零螺杆，旋转调零螺杆 1 可将指针调至初始零位。

膜盒压力表按外形有圆形和矩形两种。矩形膜盒压力表有指示式和电接点式两种。膜盒压力表适用于测量空气和对铜合金不起腐蚀作用的气体的微压和负压。

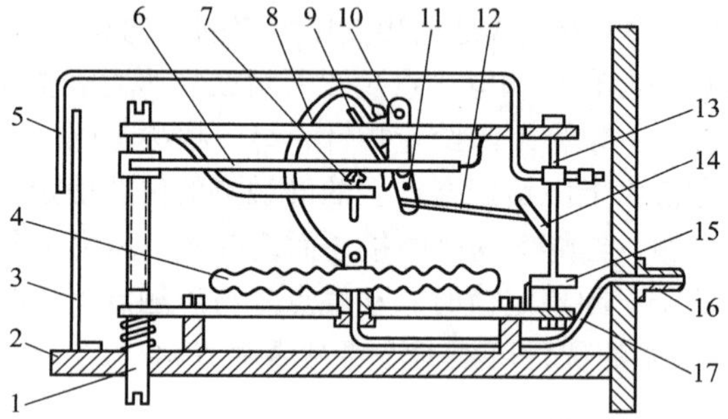

图 3－9　膜盒压力表

1—调零螺杆；2—机座；3—刻度板；4—膜盒；5—指针；6—调零板；7—限位螺钉；8—弧形连杆；9—双金属片；10—转轴；11—杠杆架；12—连杆；13—指针轴；14—杠杆；15—游丝；16—管接头；17—导压管

3.3.5　波纹管压力表

波纹管压力表是以金属波纹管（又称皱纹箱）作为感压弹性元件。如图 3－10 所示，波纹管 3 和弹簧 4 组成测压室 2。当被测介质从仪表接头引入，通过细铜管 1 到测压室 2，在介质压力的作用下，波纹管收缩向上产生位移。与此同时，将弹簧压缩顶动传动导杆 5，使角形杠杆 9 绕支点转动，并通过拉杆 11 带动固定在轴上的桥形记录笔 10 移动，从而指示或记录出被测压力。

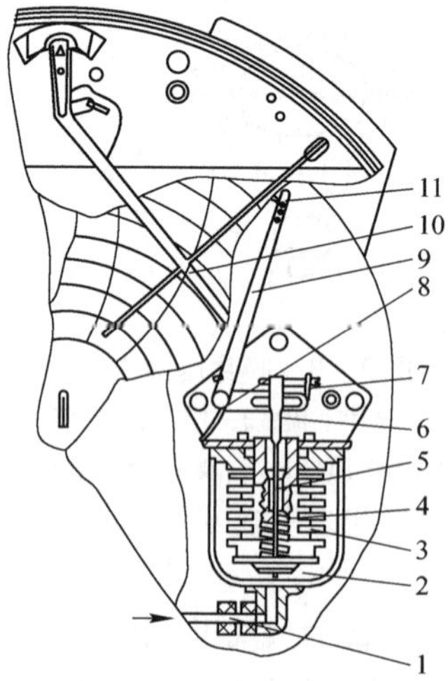

图 3－10　波纹管压力表

1—细铜管；2—测压室；3—波纹管；4，8—弹簧；5—传动导杆；6—滑块；7—调整螺丝；9—角形杠杆；10—记录笔；11—拉杆

调节导杆 5 的长度或松动记录笔在转轴上的固定螺丝和转动记录笔架上△形小孔可调节零位。旋转滑块 6 上的调整螺丝 7 和移动拉杆与角形杠杆的连接点，能增长或缩短角形杠杆 9 的长度，可改变传动比的大小。

波纹管压力表由于波纹管在压力的作用下位移较大，除指示型外，一般都做成自动记录仪表。记录纸由钟表机构或同步电机驱动。还有的波纹管压力表带电接点装置和调节装置。

波纹管压力表常用来测量对黄铜和碳素钢无腐蚀作用、低黏度、洁净、不结晶和不凝固介质（0～4）$\times 10^5$Pa（0～4kg/cm^2）的压力。

3.3.6 弹性式压力表的维护

3.3.6.1 日常维护与使用

（1）仪表应在封装完好的情况下，在保证期限内使用，否则需要重新检定。

（2）仪表安装的正常工作位置是与盘面垂直放置。仪表在测量平稳压力时，不得超过仪表测量上限的3/4；测量脉动、冲击压力时，不得超过仪表测量上限的2/3。

（3）仪表调整校对时的温度是+20℃±5℃，当在周围环境温度为-40～+60℃范围内使用时，应考虑温度附加误差。

（4）仪表在下列条件下使用时，应安装附加装置：

1）被测介质温度高于环境温度时，应安装充满隔热液体的弯管装置，使进入表内的介质温度不大于+60℃。

2）被测介质对仪表零件有腐蚀作用时，应安装充满中性液体的隔离容器，要求中性液体与工作介质不发生化学反应。

3）测量高黏性介质时，应装设灌入低黏性液体的隔离容器，要求填充液体之压力变化不得比工作介质的压力变化迟缓。

4）被测介质的压力有激烈变化或脉动时，应安装缓冲器，使弹性元件承受的压力变化均匀。

5）用于冲击和振动时，应安装缓冲器与弯管，使传导到仪表的冲击不大于$20m/s^2$及每分钟不超过100次以上。

（5）仪表在使用中应作定期的检查，如压力仪表发生故障，应立即进行修理。

（6）仪表经长期使用后，由于灰尘侵入内部，可能出现指针跳动现象。这时需将仪表拆开，仔细清理指针机构，并在各转动轴处涂以钟表油。重新装好后，需进行示值校验。

（7）仪表长期使用后，如达不到精度要求时，应及时修理或更换新仪表，不得勉强使用。

（8）氧气压力表严禁测量一切含油成分的气体或液体，否则有爆炸危险。

3.3.6.2 弹簧管压力表的检修

压力表在修理前，应先检查外表的损坏情况，如零件是否齐全，油漆是否损坏，接头螺丝是否良好等，然后按下述步骤进行修理：

A 修理前的故障检查与判断

修理前，将被修表装在压力表校验器上加压检查，找出故障的部位和原因，再确定修理方法或更换部件。

（1）当所加压力达到压力表测量上限刻度值时，压力表的指针仍不动或很少移动，则说明压力未传到弹簧管。应先检查压力表校验器连接的密封垫片，是否把接头处通道堵死。若连接处没有问题，则说明压力表内部堵塞，应予以清洗。

（2）当压力加到某一数值时，指针逐渐往回下降。此时，首先应检查压力表与压力表校验器的连接处是否漏油，如果没有漏油，校验器又是好的，说明弹簧管有漏洞或裂缝，应拆下刻度板作进一步检查。

（3）在加压过程中出现压力表指针跳动、呆滞、变差大等现象。这种现象大多属于传动机构有摩擦，需拆开仪表检查传动机构啮合情况，进行必要的修理。

（4）除去压力后，压力表指针回不到零点，并超过仪表的允许误差。经调整后，示值误差仍不成比例地变化，这说明弹簧管已变形，需加以更换。

B　压力表的拆法

初步判断了弹簧管压力表的故障所在部位，然后拆开压力表作进一步检查。但拆表必须按一定的步骤去拆，否则会拆坏仪表，带来不必要的损失。弹簧管压力表的拆法如下：

（1）将压力表的盖子拆去：因为各种压力表的盖子与壳体的接合都不相同，有的是螺纹结合，有的是紧闭结合，有的是滚边结合，故其拆法也不一样：

1）螺纹结合的盖子的拆法：将压力表接头方形端夹在台钳上，夹时要注意使压力表盖子向上。两手握住压力表的盖子，用力向逆时针方向拧动，如遇结合过紧而拧不动时，可用小锤垫以软金属，向盖子周围轻敲，使螺纹配合松动，再施力旋动盖子即可旋出。如壳体和盖子是非金属的材料做成，则不可用此法，而应该用扳手扳动。

2）紧闭结合的盖子的拆法：将压力表直立地夹在台钳上，用螺丝刀卸下螺丝，然后用敲棒，轻轻敲击盖子螺丝两侧，使盖子慢慢向外移动，待外移至2/3时，则可摇动取下。

3）滚边结合的盖子的拆法：将压力表放在工作台上，使盖子滚边向上，用左手握住压力表壳体，用右手握住螺丝刀拆滚边周围，待滚边四周均拆开，就可拿下盖子。

（2）拆去压力表的指针：在拆指针时，必须注意不要把指针或针轴弄坏，一般可用起针器拉拔，或用两只螺丝刀拉拔：

1）用起针器拆法：用起针器拔取指针时，可将起针器夹脚套在指针铜轴颈上，旋钮端头对准中心齿轮轴，然后用手顺时针方向旋动起针器上的旋钮，指针就会被慢慢地拉出。

2）用螺丝刀拆法：若没有起针器时，也可以用两把螺丝刀，刀口面对面地接触在指针轴颈上，其刀杆搁在壳体平面上。两手握住刀柄。均匀向上旋转取下。用这种方法取针时，要防止指针弹出，打在脸部而发生事故，也要防止用力不均，将引出轴弄弯。

（3）用螺丝刀卸下刻度盘上的接合螺丝，取下刻度盘。

（4）用螺丝刀卸开弹簧管自由端与连接杆的接合螺丝。

（5）用中型木螺丝刀卸开下夹板与表机底板的接合螺丝，取出传动齿轮夹板。

（6）用平口钳子夹出游丝外桩销子，用中型木柄螺丝刀卸开上夹板的接合螺丝，卸下上、下夹板和扇形轮及中心轮等。

（7）用中型螺丝刀卸下表机底板与外壳的接合螺丝。因为这种螺丝旋得较紧，而且拆下的机会较少，故常有锈死或咬牢等现象，往往不易拆下来。这时可用铁柄螺丝刀敲击螺丝，然后即可旋出。

（8）将所有拆下来的零件，分别放干盘内，并用罩子罩好。至此整个拆卸工作即告完成。

C　零部件的检查

修理好压力表的先决条件，就是应该对已拆下的零部件进行仔细的检查：

（1）弹簧管的检查：首先试验弹簧管的密封性。将弹簧管装在压力表校验器上，加上比被校压力表原来额定压力要大5%～10%的压力，检查弹簧管有无漏洞或破裂，外形有无皱瘪现象。

（2）传动齿轮的检查：

1）轮轴与孔径间隙的检查，应观察中心轮指针轴端是否弯曲，扇形轮两轴端是否弯曲，然后检查中心轮轴和扇形轮轴与夹板配合孔径的间隙，一般间隙以轮轴放在夹板孔径上，其与垂线所成的倾斜角 α 以不超过10°为标准。如超过10°，则夹板与轮轴的孔径配合间隙过大，应缩小孔径或镶套。

2）齿轮检查：要先检查中心轮与扇形轮的磨损情况和缺牙及卧牙情况，然后检查中心轮与扇形轮之间啮合情况，如齿顶隙和齿间隙等。

3）游丝检查：先检查游丝框距是否均匀，再检查游丝各框间平面起伏情况，最后再作出修理决定。如缺陷程度较轻，则可按游丝修整一节所叙处理。如果损坏情况严重，则应更换新的游丝。

4）刻度盘检查：比较简单，只要检查刻度盘的平直度，及刻度线的情况，提出更换与否的意见。

5）指针检查：先检查指针与轴的结合紧度，再检查与刻度盘的距离，一般指针轴皆露出于刻度盘，指针与刻度盘的距离应为1.6～2.4mm。如果小于1.6mm，说明指针铜轴颈孔径太大了，需更换。最后检查指针套筒的垂直度，看指针与轴线是否处于90°状态，否则需更换指针套筒或弄直指针，矫正其垂直度。

6）壳体密封性检查：先检查盖子与玻璃的结合情况，如垫片和玻璃边缘有无破裂情况等；再检查壳体周围有无漏洞和裂痕，如壳体与盖子是用螺丝结合的，应检查其螺纹旋合情况。

D 零部件的清洗

压力表经过拆卸并进行零部件检查后，应进行彻底的清洗，因为各种零部件不清洁就会增加磨损，从而影响压力表的正常工作，严重时会使压力表失去作用。下面简述各种零部件的清洗工作：

（1）弹簧管的清洗：主要是清洗弹簧管的内壁。取一只小型清洗盘，盘内放些四氯化碳或汽油作为清洗剂。将弹簧管放入盘内，浸没在清洗剂溶液中，使弹簧管内部充满清洗剂。浸泡15～30min，使弹簧管内壁淤积的污物为清洗剂所溶解而逐渐离开壁面。取出弹簧管，将其接头装入吸气唧筒，进行抽吸，把弹簧管内污物吸出。

若弹簧管内壁污物淤积过多，用上述方法不能见效时，应于弹簧管两端的焊锡接合处，分别用烙铁将焊锡熔化，将弹簧管取下，用钢丝伸入管内壁疏通，用压缩空气吹去管内壁所存在的污物。然后再把弹簧管浸入清洗剂进行清洗。洗后再次用钢丝和压缩空气疏通。这样反复地做，直到内壁的污物全部清洗干净为止。清洗毕，端部仍用锡焊好。

（2）齿轮和夹板的清洗：清洗时，将被清洗的齿轮分别放入盛有汽油的小型清洗钵中，浸泡10～20min，使齿间污物与汽油混合。取出齿轮，用毛刷清理齿间污物，再用削尖的柳木棒，进一步清剔齿间污物，然后把齿轮再浸入汽油中，取出后用毛刷清刷，再吹干即可。

齿轮夹板清洗工作比较简单，只要把夹板浸入清洗剂中，经少许时间，将夹板取出，用刷子清刷其四周。然后用削尖的柳木棒，剔除各孔径所存在的剩余污物即可。

（3）刻度盘的清洗：搪瓷面和漆面的刻度的清洗方法略有不同。清洗搪瓷面的刻度盘，可将搪瓷面刻度盘浸入装有汽油的清洗盘中一定时间，然后取出刻度盘清刷，再用质地柔软的布轻揩即可。而清洗漆面刻度盘，就不宜用汽油清洗，因为这样容易使刻度盘上的漆老化，所以只宜用细软布沾水轻揩，再用干的细软布揩干就行。

E 弹簧管的焊接

在检查弹簧管时，如弹簧管的堵头或固定座的焊接处发现有漏洞，可以进行补焊。如果弹簧管本身有裂缝，一般不应补焊，而应该更换新的弹簧管。弹簧管焊接的方法如下：

（1）焊接前，首先将焊接部位的脏物刮干净，并在电炉上或烘箱里预热到100℃左右，以便焊接。

（2）用砂纸除去弹簧管两端焊接部位表面的氧化物，涂上适量的氧化锌或焊油，然后用烙铁搪一层锡。

（3）在固定座的插孔内放入细的食盐，以免焊锡漏入，把孔堵死。

（4）把弹簧管插入固定座接头的孔内，使其自由端与固定座的中心夹角约为90°，最好将焊接件固定在模具上进行焊接。

（5）焊接要用较大的烙铁，焊接速度要快，以免影响弹簧管的弹性。

（6）弹簧管焊好后，应用热水冲洗，再用四氯化碳或汽油擦洗，以免焊剂腐蚀。

（7）把焊好的弹簧管放在压力表校验器上，加压至测量上限的1.5倍，并保持15min，表压力不应下降。否则必须检查渗油处并加以补焊或重新焊接。

（8）试压合格后，在两端焊锡处涂上黑色防腐漆。

F　游丝的修整

压力表的游丝起着消除中心齿轮与扇形齿轮啮合间隙和帮助指针回零点的作用。游丝常会出现不平，不同心或变形等毛病。若出现向一边倾斜或不同心的现象，可用镊子夹住游丝外圈的根部，再用另一把镊子向倾斜或不同心的方向轻轻施力加以矫正。如果游丝严重变形无法修整时，则应按同种规格进行更换。修整后的游丝应平整，圈距应均匀并有足够的反力矩。

3.3.6.3　常见故障与处理

弹性式压力表常见的故障原因与处理方法分别列于表3－4～表3－6。

表3－4　弹簧管压力表故障处理

故障	原因	处理方法
压力表无指示	1. 引压管上切断阀未打开； 2. 引压管有污物堵塞； 3. 弹簧管接头内污物淤积过多而堵塞； 4. 弹簧管裂开； 5. 中心齿轮与扇形齿轮磨损过多，以致不能啮合； 6. 弹簧管的自由端与连接杆的接合螺丝没有或松脱	1. 打开切断阀； 2. 拆下引压管除去污物； 3. 疏通弹簧管接头； 4. 更换新的弹簧管； 5. 更换两齿轮，如扇形齿轮的个别轮齿磨损可镶补； 6. 如没有则配制，如松脱则拧紧
指针走动呆滞	1. 指针表面与盖子的玻璃面接触； 2. 指针表面与刻度盘面接触； 3. 中心齿轮轴弯曲与刻度盘相碰或摩擦； 4. 中心齿轮与扇形齿轮啮合处有污物	1. 增大玻璃与扼圈间的距离； 2. 应放长指针铜轴颈长度或缩小铜轴颈孔径； 3. 校正齿轮轴或将刻度指针轴孔铰大一点； 4. 拆下两齿轮进行清洗
指针跳跃转动	1. 弹簧管的自由端与连接杆的接合螺丝处不活动； 2. 连接杆与扇形轮的接合螺丝不活动； 3. 扇形轮与中心轮轴和夹板接合面不平行； 4. 轮轴的两端轴径不同心，有弯曲现象	1. 矫正弹簧管自由端与连接杆和扇形轮接合端的平行度； 2. 用锉刀锉薄连接杆厚度； 3. 将轮轴的触碰面用小平板锉或锉刀锉去； 4. 矫正轮轴弯曲
指针快速抖动	1. 引入管的控制阀开得太大； 2. 压力表安装处周围的振动大； 3. 引压管的控制阀接头进入孔太大	1. 应适当关小控制阀； 2. 应装减振阻尼器； 3. 需缩小其孔径
指针不能恢复到零	1. 指针呈现弯曲； 2. 游丝力矩不足； 3. 指针松动； 4. 传动齿轮有摩擦； 5. 仪表本身指针不能对准零位； 6. 弹簧管扩展移动与齿轮牵动距离长度没有调好	1. 用镊子弄直； 2. 增大游丝转矩； 3. 校验后敲紧； 4. 调整传动齿轮啮合间隙； 5. 应将指针对准零位； 6. 需作弹簧管自由端至扇形轮之间连接杆长度调整

续表3－4

故障	原因	处理方法
示值误差不均匀	1. 弹簧管的扩展移动与压力不成比例； 2. 弹簧管自由端与扇形轮间连接杆传动比调整不当； 3. 刻度盘的刻度不等分； 4. 刻度盘与中心轴不同心	1. 弹簧管需作校正； 2. 应作机件传动比调整； 3. 应更换均匀刻度盘； 4. 调整刻度盘与中心轴
指针达不到上限值	1. 弹簧管焊接位置不对； 2. 弹簧管自由端与扇形轮的连接杆太短； 3. 机芯固定与机座位置不正确； 4. 传动比不正确； 5. 仪表刻度盘角度过大	1. 重新焊接正确； 2. 调整或更换连接杆； 3. 重新安装机芯； 4. 重新调整传动比； 5. 按要求重新绘制刻度
表内有液体	1. 壳体与盖子水密性不够，没装胶片垫片； 2. 弹簧管本身焊接端不良，有漏洞； 3. 弹簧管壁有裂纹、漏洞	1. 配制盖子垫片； 2. 应焊补弹簧管接端； 3. 更换或焊补弹簧管
示值偏低	1. 传动比失调； 2. 弹簧管有渗漏； 3. 指针与传动机构间有摩擦； 4. 导压管线有泄露	1. 重新加以调整； 2. 更换或补焊弹簧管； 3. 找出摩擦部位加以清除； 4. 逐段检查，予以排除
仪表变差大	1. 游丝力矩不足； 2. 活动部位轴孔磨大； 3. 活动部位发生摩擦或过紧； 4. 中心齿轮与扇形齿轮间有污物	1. 加大游丝力矩； 2. 用冲子缩小轴孔； 3. 消除摩擦和过紧部件； 4. 消除污物或清洗两齿轮

表3－5 电接点压力表故障处理

故障	原因	处理方法
指针到规定值时不发信号	1. 电源开关未合上； 2. 电源开关接触不良或损坏； 3. 保险丝烧断； 4. 接触点太脏； 5. 接触点位置不正，没有接触上； 6. 信号器（灯泡电铃线圈等）烧断； 7. 连接导线内部断线； 8. 接线端子导线脱落或未连接好	1. 合上电源开关； 2. 切断电源修理，或更换开关； 3. 更换保险丝； 4. 切断电源，擦洗触头； 5. 调整触点位置； 6. 找出原因，更换灯泡或电铃线圈； 7. 仔细找出导线断头并连接好； 8. 重新连接并固紧
触点经常烧坏	1. 触点容量小； 2. 负载容量大； 3. 触点太脏、接触电阻增大； 4. 压力波动大，动作频繁	1. 选用大一点的触点； 2. 减少负载容量； 3. 用砂纸擦或用酒精清洗； 4. 在压力表前装缓冲器
信号动作误差大	1. 压力表本身不准； 2. 触点位置不准； 3. 触点金属杆松动	1. 重新加以调整； 2. 矫正接触点； 3. 增加游丝反力矩

表 3－6　膜盒式压力表故障处理

故 障	原　因	处 理 方 法
仪表无指示	1. 导压管路或接头堵塞； 2. 膜盒有漏洞或破裂； 3. 指针杆脱落； 4. 传动部分与膜盒连接处脱落； 5. 传动部分过紧或卡住	1. 用钢丝疏通堵处并清洗； 2. 更换或补漏； 3. 切断压力，按零位固定好指针杆； 4. 连接好脱落处； 5. 调整过紧或卡住部分，并加油润滑
指针转动不灵活	1. 导管或接头处因脏物堵塞，时通时断； 2. 指针与刻度盘或玻璃面相碰； 3. 传动机构的活动部位有摩擦或卡住； 4. 轴承有裂痕	1. 清除脏物； 2. 平整指针； 3. 清除摩擦或卡住部位，并加钟表油润滑； 4. 更换新轴承
示值偏低	1. 导管和接头处有泄漏； 2. 膜盒有漏洞或破裂； 3. 活动部件有摩擦或卡住； 4. 连杆和拉杆的传动比不正确； 5. 调节螺丝调整不合格	1. 消除泄漏处； 2. 焊补或更换膜盒； 3. 消除摩擦或卡住并加钟表油润滑； 4. 重新调整两杆的夹角； 5. 重新调整调节螺丝
指针达不到上限	1. 导管或接头处有泄漏； 2. 膜盒有漏洞或破裂； 3. 连杆和拉杆的传动比不正确； 4. 调节螺丝调整不合适； 5. 传动部位有摩擦或卡死	1. 消除泄漏处； 2. 更换或焊补膜盒； 3. 重新调整两杆的长度和夹角； 4. 重新调整调节螺丝； 5. 消除有摩擦或卡死部位
仪表变差大	1. 导管或接头处因污物堵塞，时通时断； 2. 连杆和拉杆的连接孔磨损而增大； 3. 游丝力矩不足； 4. 指针与刻度盘摩擦； 5. 传动部位有摩擦或轴承过紧； 6. 膜盒失效	1. 用钢丝疏通并清洗； 2. 用冲子紧缩轴孔或更换连杆与拉杆； 3. 增大游丝力矩； 4. 消除摩擦部位； 5. 消除摩擦部位，并加钟表油润滑； 6. 更换新的膜盒

3.3.6.4　校验

一般弹性式压力表的校验工作采用比较法居多。比较法就是把被验压力表与标准压力表在压力表校验器上进行逐点比较。一般压力表常用油压来进行校验，因为油压校验器使用比较方便。校验时有两种方法：一种是与标准表比较的适用于0.5级以下的普通压力表；另一种是与砝码比较的适用于0.5级以上的标准压力表。但氧气压力表不能用油压来校，因为氧气压力表禁止与油接触，否则会引起爆炸。所以校验氧气压力表应该用气压校验器。

A　校验中的主要技术要求

(1) 仪表示值的基本误差不应超过仪表精度等级所允许的误差值。

(2) 仪表的变差不应超过基本允许误差的绝对值。

(3) 在指示范围内指针应平稳偏转在任何位置上，用手轻敲仪表外壳时，指针的示值变动不应超过基本允许误差绝对值的一半。

(4) 当弹簧管内无压力时，而仪表又处于垂直位置时，对于无零点限止钉的压力表，其指针尖端应指在刻度盘的零位分度线上；对于有零位限止钉的压力表，指针应紧靠在限止钉上。

B 弹簧管压力表的校验

弹簧管压力表一般都是采用比较法来进行校验的。需用一台压力表校验器和一只精度至少比被校表高二级的标准压力表。比较法校验压力表的步骤如下：

（1）首先把传压介质（一般可用无酸变压器油，在10MPa以上的压力计用蓖麻油）注满油杯，打开单向阀门，缓慢地旋转手轮，以检查油路是否畅通，然后装上标准压力表于左边的接头上，把被校压力表装在右边的接头上。

（2）打开油杯的阀门，关闭单向阀门，反时针旋转手轮，将传压介质吸入手摇泵内。

（3）关闭油杯上的阀门，打开单向阀门，顺时针旋转手轮压缩油液，使油压作用于标准压力表和被校压力表上，在平稳地升降压力过程中，检查压力表指针有无跳动或卡住等现象。

（4）根据标准压力表和被校压力表的指示值进行比较。先检查零点：如被校压力表有零位限止钉的，指针应紧靠此钉；如没有零位限止钉的，指针的刀锋应对准零位刻度线。

（5）如零点检查合格后，下面就可以做线性刻度校验。一般选择三个点，即25%，50%与75%处各一点，包括零点在内共为四点。通过这四点的校验，就可以大致看出一只压力表的误差程度。如果这四点线性较好，则其他的点也将如此，即可做整组校验。

（6）仪表在做整组校验时，校验点应不少于5点，并均匀分布在整个刻度的范围内。先对准被校表，误差看标准表。各点读数应读两次，第一次是在到达预定压力点时进行，然后是轻敲表壳后进行读数并记录数值。误差计算应是上升和下降两次轻敲误差的平均值。如出现故障就应立即修理。

C 弹簧管压力表的调整

在校验过程中，如发现压力表的一些故障，或误差超差等情况，就应该予以调整和修理。压力表可以调整的部位如下：

（1）弹簧管：如出现非线性误差或蠕变现象，在没有备品的情况下，可把管子调头使用，重新焊接。若满量程误差偏向一边，如全是正误差，或全是负误差，则可将弹簧管自由端闷头左右移动。

（2）指针安放：在校验和调整过程中，指针经常拿上拿下。如何正确安放指针也是减少误差的一个重要因素。对于有挡针柱的仪表，指针也可以借它来调整误差。如果误差一致稍偏大或偏小，则指针可对准接近标准值的压力点上安装上后再回零。如指针仍能紧靠挡针柱，则已达到了调整目的。一般来讲，小误差都能用此法调整。

对于没有挡针柱的仪表，则不能采用上述方法。指针的安放只能是在没有压力的情况下进行，而且指针刀口要对准零刻度线。如果要借助零点调整误差，也不能超过仪表等级规定的零点偏差值，否则将影响检修质量和美观。

（3）扇形齿轮与连杆是主要的调整部件：如果传动比不对，会出现各种不同的误差。调整时，如果指示值比标准值大，调整螺丝向外调；如指示值比标准值小，调整螺丝向里调。但位移过多，仪表的指示就会出现非线性误差。连杆的位置，一般是在全指示值的1/2压力时，它与扇形齿轮的中心线成直角。

（4）游丝：如前所述，它是起反力矩作用，在压力表中很重要。如不回零或达不到上限，就与游丝没有盘紧有关。如盘得太松和放得太小，就不能到达上限值。这是因为未到上限值的时候，游丝就到了平衡状态。如果继续升压，就能克服游丝本身的力矩，以及克服与原来两倍的机械间隙，因此所加的压力几乎都消耗在阻力上了。

（5）底板：主要用来固定仪表的传动机构，它能使连杆和扇形齿轮的传动角固定。如果各部位都已调好，但指针还未到上限值，扇形齿轮与中心齿轮就脱开，这时需要把底板的两只制动螺丝放松，转一角度，增加扇形齿轮与中心齿轮向大方向啮合的齿数，直至不使扇形齿轮与中心齿轮脱开为止。如果前后有小跳跃现象，可能是扇形齿轮及中心齿轮有毛刺或缺损，可用底板旋转的方法，避开这只轮齿即可。如果出现上大下小的误差，可把底板上下移动，改变连杆和扇形齿轮的角度，以达到调差作用。

D　电接点压力表的校验

与弹簧管压力表的校验方法是一样的，只不过是多了一步电接点装置的校验工作和增加了电接点装置的检查设备如灯泡、干电池组合或万用表等。其校验方法如下：

（1）将被校表装在压力表校验器上，把灯泡和干电池（或万用表）连接好。用调整钥匙将两控制指针拨到仪表刻度两端以外一点，然后按校验弹簧管压力表的方法和要求进行示值的基本误差与变差校验。

（2）示值的基本误差、变差校验合格后，将控制指针分别拨在10%、50%、90%三个分度点上，缓慢地增加或降低压力。当压力指针与上限或下限控制指针接触时，触点应该接通。此时用万用表测量电阻值应为零；如用灯泡指示，则灯泡应该亮。触点接通时的压力表指示值与标准表的指示值的误差不得超过被校表的基本允许误差的绝对值。

如果发现误差超过基本允许误差的绝对值时，需检查触点的互相垂直情况，并进行修理。

E　膜盒式压力表的校验

膜盒式压力表的校验方法与弹簧管压力表的校验方法大致相同。但因膜盒压力表的测量范围较小，一般用血压计上的气压球，人工产生压力来加压校验。若是膜盒吸力表，则需用真空泵或水位升降装置来校验。

一般被校表的范围在0～1.6kPa（0～160mm H_2O）以下，可选用1级或0.5级；0～2kPa（0～200mm H_2O）的可用倾斜微压计作为标准表；高于1.6kPa（160mm H_2O）压力的，可采用U形管压力计作标准表。

校验时，对于膜盒压力表用血压计气球加压或放压；对于膜盒吸力表则用升降玻璃瓶的办法抽空，将标准表的示值与被校表的读数进行比较，然后依次校验各校验点，而每一校验点上需进行二次读数，即需做正、反行程的校验。在校验上限刻度点的反行程前，要再增加一点压力使指针超出上限刻度一段距离，然后再减压到上限刻度线上。同样，对于吸力表要再降低一点压力，使指针低于下限刻度线一段距离，然后再至下限刻度线上。当最大的误差超出仪表精度等级的允许误差要求时，需进行调整。

F　波纹管压力表的校验

校验的基本方法可参照弹簧管压力表的校验，但波纹管压力表的外形较大，不能直接装在压力表校验器接头上，需要另外固定在支架上。用一根两端焊有与压力表校验器接头和被校表接头相配的螺丝或螺帽的退过火的紫铜管加以连接。在紫铜管内充满传压工作介质，以排去管内空气，减少误差。测量上限为0.1MPa以下的，可用定值器控制压缩空气，以U形管压力计作标准示值进行校验。

记录式波纹管压力表刻度误差校验合格后，再对记录装置进行检查。具体步骤如下：

（1）在同步电动机停止运转的情况下，检查记录笔尖从刻度上限移到下限或相反情况下所划的弧线不得偏离时间弧线0.5mm。否则需调整笔杆长度，使笔尖从起点到终点的运行弧线与时间弧线基本重合。

（2）检查记录纸速度的误差。检查时，加压并保持记录笔指在测量上限位置，对准某条时间曲线做上记号，然后接上电源，让记录纸运转24h后，记录纸应转一圈，其误差不得超过±5min。若误差超过5min，应找出原因并加以排除。

3.4 压力、差压变送器

压力、差压变送器可把被测压力、差压信号变换为电信号，并能对电信号进行远距离传送和测量。由于其测量范围宽，准确度高，在自动检测、报警和自动控制系统中应用较多。

压力、差压变送器一般都是由压力敏感元件、传感元件、测量电路和辅助电源等组成。

敏感元件——也称感压元件，是直接感受压力并把压力信号转换为位移信号的元件，如弹簧管、膜片、膜盒和波纹管等。

传感元件——也称转换器，可以直接感受压力，也可以不直接感受压力，可把敏感元件所产生的非电（如位移）信号转换为电信号。

测量电路——电路能把传感元件输出的电信号进行加工和处理，如放大、运算，使之成为能显示、记录或控制的统一标准信号。

电动压力、差压变送器的发展，按工作原理划分，经过了三个阶段：

第一阶段从20世纪40年代后期开始，采用位移平衡原理，其中美国波顿公司的双波纹管差压变送器是基于这种原理的典型产品。差压作用于测量元件——双波纹管，产生位移而压缩弹簧，最终达成平衡。该位移同时带动差动变压器的铁芯，进而转换成电信号输出。

20世纪50年代起，电动变送器进入了第二阶段，出现了力平衡原理变送器，美国福克斯波罗公司的矢量机构变送器就是基于这种原理的典型产品。测量压力作用于测量元件产生测量力，经转换部分变换为输出电流；与此同时，经反馈装置产生反馈力与测量力相平衡。

第三阶段从20世纪70年代初期开始，被测压力作用于敏感部件而使其参数（如电容、电感、电阻或张力）发生变化，经测量电路转换为输出电流。这种变送器的位移量一般在0.1mm以下，所以又称为微位移原理变送器，典型的产品有电容式、电感式、扩散硅式和振弦式等变送器。

力平衡原理和位移原理框图见图3－11。

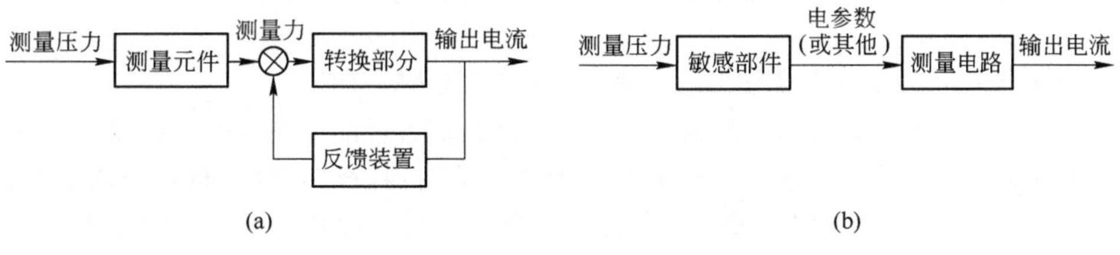

图3－11 原理框图

（a）力平衡原理框图；（b）位移平衡原理框图

3.4.1 力平衡原理变送器

力平衡式变送器由检测部件、转换部件两部分组成。各种品种、规格的力平衡式变送器除了检测部件各有差异外，其他部分都是通用的。变送器的测量元件根据测量压力的高低而不同，测量高、中压力用弹簧管，测量低压力用波纹管，测量微压力用膜片。图3－12为矢量机构差压变送器的结构原理图。变送器由压力测量部分、力传递（平衡）系统，检测变压器、反馈动圈和低频位移检测放大器等组成。被测差压作用于膜盒的两侧，所产生的测量力等于膜片的有效面积乘以被测差压。该力推动主杠杆绕轴封膜片旋转，传到矢量机构。

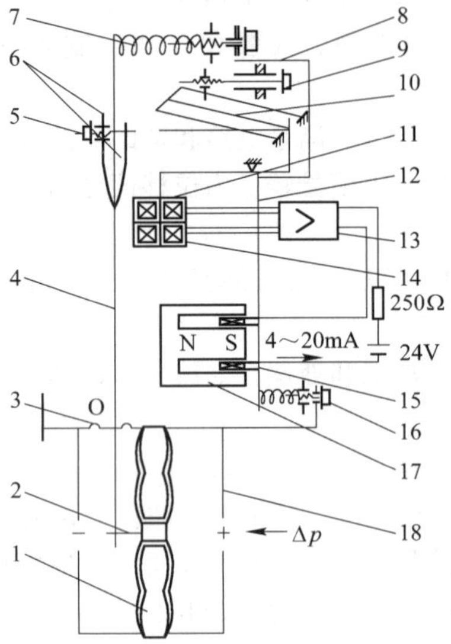

图 3－12　矢量机构差压变送器

1—测量元件；2—连接簧片；3—轴封膜片；4—主杠杆；5—静压调整螺钉；6—过载保护簧片；7—迁移机构；8—平衡锤；9—量程调整机构；10—矢量机构；11—检测片；12—副杠杆；13—低频位移检测放大器；14—检测变压器；15—反馈动圈；16—调零机构；17—磁钢；18—正负容室

矢量机构是量程调整装置，矢量角的大小决定了传递给副杠杆的力，当矢量角增大时，垂直力 F_2增加，量程降低，数值关系如图 3－13 所示。

垂直力 F_2推动副杠杆绕支点旋转使检测片移动，改变流过检测器的变压器绕组的电流，该电流经整流、放大输出。

与此同时，输出电流流过磁钢中的动圈，产生与输出电流成精确比例的反馈力。反馈力作用于杠杆上，与测量力相抗衡，起着负反馈作用，使杠杆系统保持平衡。于是，变送器的输出电流始终与被测差压保持比例关系。

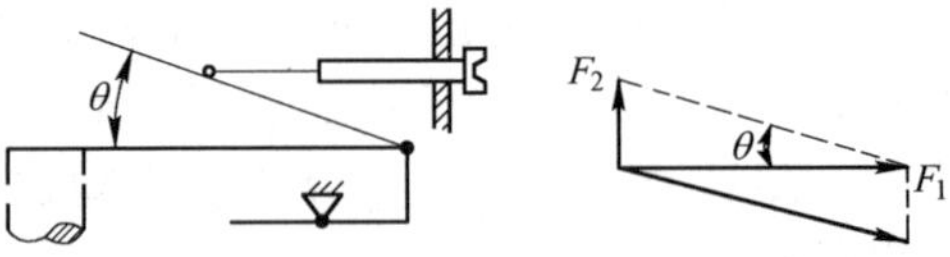

$F_2 = F_1 \tan\theta$

图 3－13　量程调节

力平衡式变送器具有以下特点：

（1）变送器能用于化工、石油等易燃易爆场所，防爆级别有安全火花型或安全火花与隔爆复合型。

（2）变送器采用二线制传输方式，传输信号为 4～20mA，DC。

（3）变送器通用性强，只需更换检测部件，就能构成各种品种规格的变送器。

（4）变送器稳定可靠、精度高、抗干扰能力强，其结构设计合理，材料选用适当，加工工艺先进。当被测介质温度达 120℃时，可把放大器部件移出放置在 150m 以内的地方，变送器仍能正常工作，从而适应温度较高的介质。

但它也有一些不足之处：

（1）由于采用力平衡原理，传动杠杆、动圈、磁钢、导磁体等机械零件必不可少，并且要求变送器有一定数值的平衡力矩，这就限制了仪表的小型化、轻量化、也不利于抗冲击、振动。

（2）由于机械零件多且结构复杂，零件热膨胀、老化变形、装配应力诸因素影响了变送器的长期稳定性。

（3）由于轴封膜片要承受工作压力，而拉条装配不当或相关尺寸偏离，均会导致明显的静压误差。

（4）调整费事，维护工作量大。

3.4.2 微位移原理变送器

变送器是直接与被测介质接触的现场仪表，常常在高温、低温、腐蚀、振动、冲击等环境中工作。由于工艺流程的大型化、复杂化及电子计算机的应用，对检测仪表的精度、稳定性、可靠性提出了更高的要求。

面对这种情况，世界各国竞相研制新型原理的变送器，这种变送器以崭新的姿态加入工业仪表的行列。

新型变送器不需要笨重的反馈及传动装置，敏感元件有电容式、扩散硅式、电感式和振弦式。其动作原理十分简单，被测压力使敏感元件产生微小位移，引起电容、电阻、电感或张力的变化，再经电子测量线路转换为标准电流信号。新型变送器不仅小型化，还避免了力平衡变送器的固有缺点。

典型的新型变送器有：

1151 系列电容式变送器，美国罗斯蒙特公司研制（Rosemount）；DST 型扩散硅式变送器，美国霍尼威尔公司研制（Honeywell）；8600 系列电感式变送器，美国贝克曼公司研制（Beckman）；823 系列振弦式变送器，美国福克斯波罗公司研制（Foxboro）。这四种变送器，精度在 0.2～0.25 级，质量 5.4～7kg，稳定性、可靠性及维护、校验都优于力平衡原理变送器。

3.4.2.1 电容式压力、差压变送器

电容式变送器突破了力平衡式变送器的复杂结构，为微位移式变送器。变送器的唯一可动部件是测量膜片，利用测量膜片的微位移产生电容量的变化，经测量电路转换为统一的标准输出信号。测量准确度可达 0.2%，可靠性很高，使用维护方便，并可做到小型化、轻量化。

电容式变送器由测量部分和转换部分组成。测量部分的作用是将被测差压（或压力）转换为电容量的变化。测量部分按照充液室的数量可分为“一室”和“两室”两种结构形式。1151 型变送器采用两室结构，固定极板为球面，如图 3－14 所示。这种结构没有中心轴，由测量膜片 2 分隔成完全相同且对称的两室。玻璃与金属杯体烧结后，磨出球形凹面，然后在玻璃表面蒸镀一层金属薄膜，构成固定极板 3（球面）。测量膜片焊接在两个固定极板之间成为活动极板。固定极板外侧焊有隔离膜片 1，在两室的空腔内灌上硅油（或氟油）以传递压力。当被测差压（或压力）作用于隔离膜片上时，通过内部所充硅油传送到固定在本体上的中心测量膜片上，测量膜片发生挠曲变形。作为测量膜片的电容活动极板和其两边球面固定极板的相对位置发生变化，引起电容 C_1 和 C_2 发生变化，经电子线路变换为与被测差压（或压力）成正比的 4～20mA 标准直流电流信号。当发生过压时，测量膜片比隔离膜片更早地得到保护，与球面固定极板相贴合。固定极板表面涂覆一层绝缘漆。隔离膜片的过压保护是“全型面”的，即过压时隔离膜片全部紧贴本体。

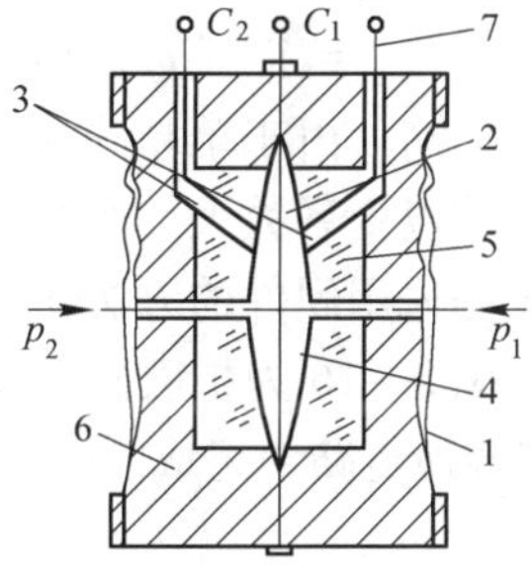

图 3－14 两室结构

1—隔离膜片；2—测量膜片（可动极板）；3—球面固定极板；4—硅油；5—绝缘体；6—壳体；7—引线

转换部分的作用是将电容的变化转换为 4～20mA DC 的标准电流输出信号，以及实现零位调整、量程调整、正负迁移、阻尼调整等功能。转换电路由解调器、振荡器、振荡控制放大器、调零电路、调量程电路、电流控制放大器、电流转换器、电流限制电路、电压调节器等组

成。其原理框图示于图 3－15。

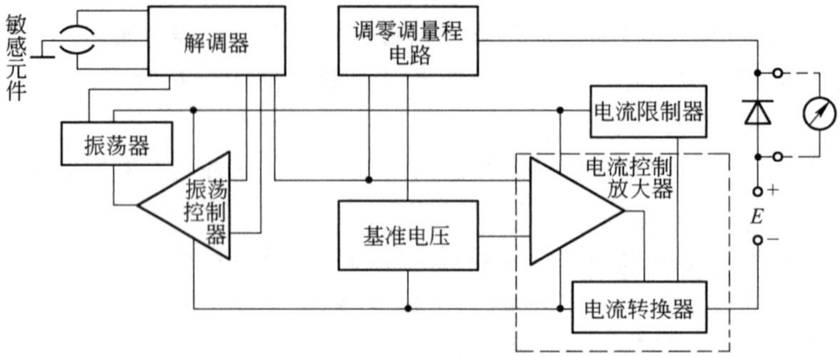

图 3－15　转换电路框图

3.4.2.2　扩散硅式压力、差压变送器

随着固体物理学的发展，人们发现固体受到作用后，其电阻率（或电阻）就会发生变化，这种效应称为压阻效应。压阻式变送器就是利用固体的压阻效应的原理制成的。压阻式变送器有两种类型：一类是利用半导体材料的体电阻做成应变片，粘贴在测压的弹性元件或悬臂梁上，作为应变－电阻的交换元件，称为粘贴型压阻式变送器；另一类是在半导体材料的基片上用集成电路工艺扩散电阻，既作为压力测量敏感元件，又作为应变－电阻变换元件，称为扩散型压阻式变送器。由于所使用的半导体为单晶硅，所以也称为扩散硅式变送器。

扩散硅式变送器采用集成电路工艺制成，其有效面积可以做得很小，这就可以使变送器更加小型化，因而质量也相应减小。这种变送器的动态性能好，能测量几十千赫的脉动压力，频率响应高。由于单晶硅的弹性性能好，滞后和蠕变很小，所以测量准确度也很高。由于硅材料存在着温度系数大、非线性等缺点，所以必须采取补偿措施。随着电子技术的发展，温度补偿不论是采用硬件的方法还是使用计算机技术的软件方法，都可获得满意的结果。

图 3－16 为扩散硅压力、差压变送器结构示意图。它由隔离膜片 1、半导体敏感元件硅杯 3 和转换电路 4 组成。图中的半导体敏感元件由单晶硅制成，因其形状像杯而称为硅杯。当被

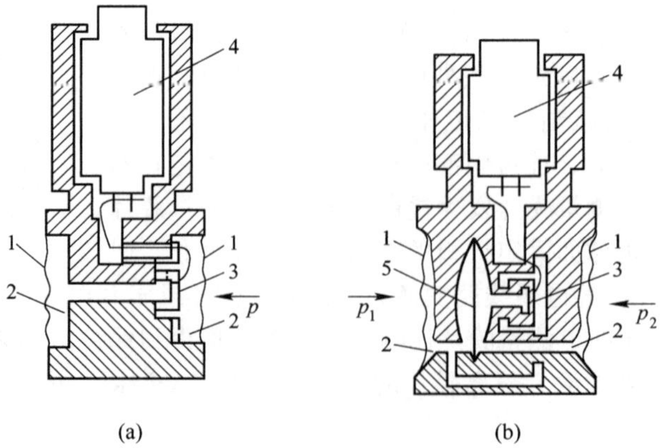

图 3－16　扩散硅压力、差压变送器结构示意图

（a）压力变送器；（b）差压变送器

1—隔离膜片；2—充液；3—硅杯；4—转换电路；5—中心膜片

测介质压力加入时，压力作用在密封隔膜上，密封隔离膜片推动充填液体（硅油或氟油），将压力传递至硅杯，硅杯膜片因受压力作用而产生弹性应变，此应变引起扩散在硅膜片上的四个电阻值发生变化（该四个电阻组成惠斯顿电桥），因而使电桥回路输出改变，电桥输出的变化与压力变化成比例。

硅杯上的应变电阻桥路以及温度补偿回路、恒流源回路、输出放大及转换电路等组成的原理框图如图 3－17 所示。

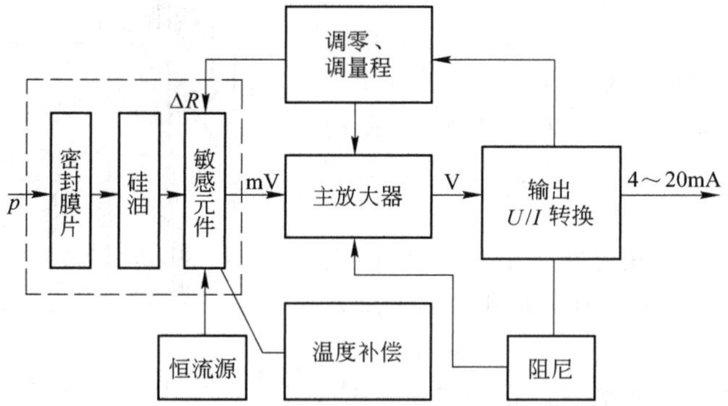

图 3－17 扩散硅式变送器原理框图

扩散硅式变送器为了保护硅杯和隔离膜片，设有过载保护装置，免得它们在变送器受到过载压力时被损坏。

3.4.2.3 振弦式压力、差压变送器

振弦式压力、差压变送器与振筒式、振动膜式、振动梁式（石英晶体谐振器）压力变送器等，都属于频率敏感型变送器。因为时间和频率均为能获得最高测量准确度的物理量参数，并且频率信号在传输过程中可以忽略电缆的电阻、电感、电容等的影响，所以频率测量具有相当高的准确度。这种变送器还具有较强的抗干扰能力，零漂小、温度特性好、结构简单（没有复杂机构的传动部件）、分辨率高、性能稳定，以及便于数据传输、处理和存储，容易实现仪表数字化和智能化，所以它是传感技术发展的方向之一。

振弦式压力变送器是以被拉紧了的钢弦作为敏感元件的。元件的固有频率与拉紧力的大小有关。当弦的长度确定后，弦的振动频率的变化量即可表征拉力的大小，即输入是力信号，输出是频率信号，这是振弦式变送器的基本机理。

820 系列振弦式变送器，包括 821 型压力变送器和 823DP 型差压变送器。变送器的构成包括两部分，上部构件为一涂环氧树脂的铝壳，内有两个独立的小室，一个小室装置电子模块，另一个安置接线端子，供安装时连线用，这样在安装时就不用打开电子模块室，可使模块室保持很好的密封。下部构件为敏感元件组合体（传感器）。上部构件可以方便地按 90°转到四个方向的任意一个位置，这一特点使得安装时能很方便地选择指示表的最大视域，并能灵活地决定仪表管和电缆管线的走向。上部构件设有防止过分转动的止挡装置，防止过转和避免损伤传感器至电子模块的连接导线。

A 结构

图 3－18 为 823DP 型差压变送器的传感器结构图（821 型压力变送器结构相同）。振弦 1 在一定张力下固定在永久磁铁组件 3 中，振弦是振荡器的组成部分，振荡器使振弦不停地

振动。

振弦置于金属管 2 内，一端固定在金属管密封端（传感器高压侧），另一端固定在靠近传感器低压侧的夹紧装置 5 上。初始张力弹簧 6 用于给振弦施加初始张力。

传感器基座法兰 10 与膜片 11（12）之间，液体通道 9 及金属管 2 内都充满硅油。当压力（差压）加入时，高压侧膜片 11 向基座法兰方向移动，硅油则经液体通道流向低压侧，使膜片离开低压侧基座法兰，因此增加了振弦的张力，提高了振弦的谐振频率，亦即压力（差压）变化，振弦频率相应地变化。

应注意，振弦的张力只能在一个方向上施加，即在振弦上施加拉力，这点在实际使用中对处理零位正迁移很重要。

传感器具有过量程保护装置。正向过量程时，过载弹簧 8 变形，以预防过大的张力加在振弦上。负向过量程时，振弦夹紧装置从垫圈 7 处滑开，以避免振弦受压缩力。

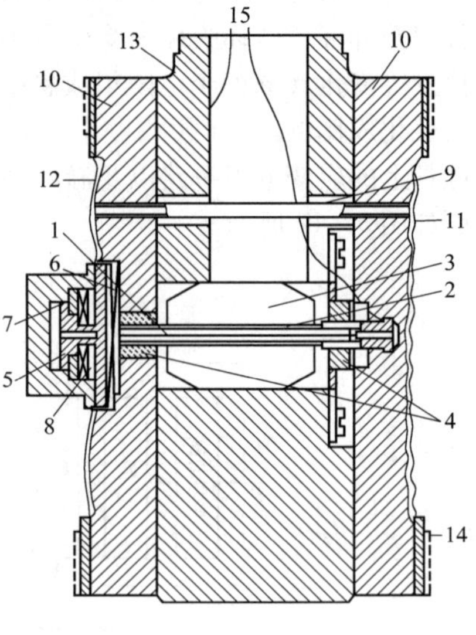

图 3 – 18　振弦式差压变送器的传感器结构图

1—振弦；2—金属管；3—磁铁；4—绝缘垫；5—夹紧装置；6—初始张力弹簧；7—垫圈；8—过载弹簧；9—液体通道；10—基座法兰；11—高压侧膜片；12—低压侧膜片；13—本体；14—法兰垫圈；15—引线（至振荡器）

B　测量电路

820 型变送器的输出信号分为电流输出型和频率输出型。电流输出型的测量电路框图示于图 3 – 19。振弦是振荡器的组成部分，在此回路中振弦以其谐振频率不停地振动，当被测压力（差压）变化时，频率变化使振荡器输出变化。振荡器输出信号经转换器转换后，成为直流 4 ~ 20mA 或 10 ~ 50mA 的标准信号。

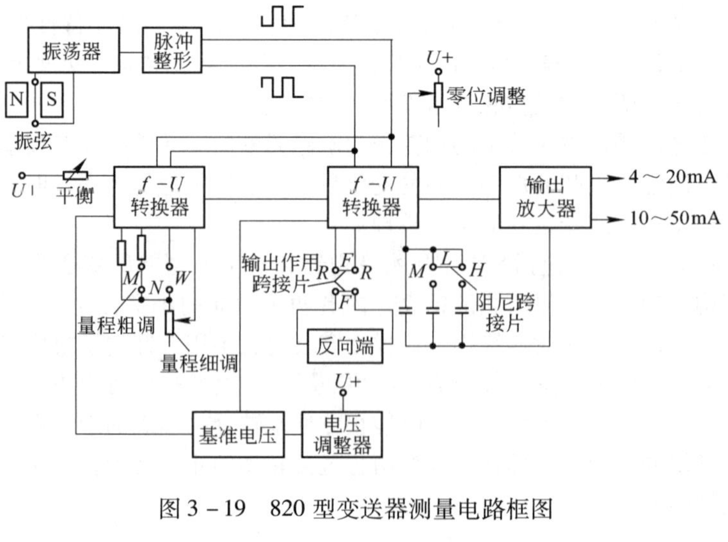

图 3 – 19　820 型变送器测量电路框图

振荡器的输出频率信号送入脉冲整形回路，在脉冲整形回路中处理后输出两个互补的频率信号，分别加至两个转换器（$f-U$ 转换器）。每个转换器产生一个正比于所加频率和输入电压乘积的输出信号，第二级转换器的输出电压，正比于频率的平方，因此正比于振弦上的张力。由于压力（差压）与频率之间的实际关系与理想关系总有差异，这就需要增加补偿线路以保证输出的线性化，这种补偿线路通常是加在第二级转换器中。

第二级转换器的输出电压经输出放大器转换为直流4～20mA或10～50mA的标准信号。电压调整器用来保证工作电压稳定和给转换器提供稳定的基准电压。所有这些回路，包括振荡器，都封装在一个电子模块中。

测量电路中有下列调整方式：

（1）零位：通过零位电位器进行零位调整。

（2）量程：量程调整分粗调和细调。粗调用三个位置跨接片实现，三个位置为*N*（窄）、*M*（中间）和*W*（宽）。细调则用量程电位器实现。

（3）阻尼：通过改变阻尼跨接片的位置，来实现不同的阻尼时间。阻尼跨接片有三个位置，标记*L*、*M*、*H*分别代表低、中、高阻尼。

（4）输出作用调整：输出作用调整有两个跨接片位置，标记F、R分别代表正作用和反作用。当跨接片在R位置时，第二级转换器的输出电压通过反向器回路使输出反向（即差压增加，输出信号减小）。

频率输出型变送器的输出为频率信号，需与SPEC 200调节系统中的频率－电压转换组件配套使用。转换组件有两种，一种为开方输出，即输出与差压成开方关系。一种为线性输出，即输出与压力成线性关系。转换组件将变送器输出的频率信号按比例地转换成0～10V，DC信号，送至指示、记录或调节单元。频率输出型变送器的零位、量程、阻尼等调整是在转换组件上进行的，转换组件都是集中安装在控制室内，所以调整比较集中。电流输出型变送器的零位、量程等调整是在变送器本体上直接进行的，由于变送器多是就地安装，所以调整比较分散。

尽管新型的变送器性能优良，使用方便，但制造上却有一定难度，以1151型电容式变送器为例，由于测量膜片的位移量很小（约为0.1mm），这就必然地对零件加工精度的要求很高。由于采用开环原理，各环节的误差均按1:1关系传递到后级，所以膜片的微小蠕变、测量电路的误差，对整机性能均有不可忽视的影响。另外，为使测量电路稳定、可靠、灵敏度高，必须采用精密的、温度系数小的分立式电子元件，以及低功耗、高灵敏度的线性集成电路。总之，电容式变送器的研制是与现代精密加工工艺、冶金及电子技术息息相关的。

3.4.3 智能型变送器

随着电子技术的发展，工业发达国家于20世纪80年代推出智能型变送器。现阶段的智能型变送器，输出量仍为直流模拟信号4～20mA。但是，由于引入数字技术，扩展并提高了变送器的性能，尤其表现为：

（1）远程通讯功能：借助遥控器可从控制室对现场变送器调零调量程；

（2）很宽的量程比：不低于30:1，甚至达400:1；

（3）高精度：精度可达0.1级；

（4）自诊断功能；

（5）温度、静压补偿。

智能型变送器的典型产品有1151型智能变送器，3051型智能变送器，ST－3000型智能变送器，820型智能变送器等。

3.4.3.1　1151 型智能变送器

1151 型智能变送器采用的电容式敏感元件与 1151 型变送器相同；电路方面使用了数字技术，确保变送器技术性能的可靠性。借助于 268 远程通讯接口，可从控制室调整远在现场的 1151 型智能变送器的零点量程；除此之外，也可借助于变送器内的零点量程调整按钮在现场直接调零点量程。对于同一台 1151 型智能变送器，用户既可选择线性输出，也可选择平方根输出。

1151 型智能变送器的数字信号是叠加在 4～20mA 传输线上的，进行询问和自诊断时不会中断向控制系统传输 4～20mA（模拟）信号，可以从控制室进行远程查询和组态。

1151 型智能变送器原理框图见图 3－20。

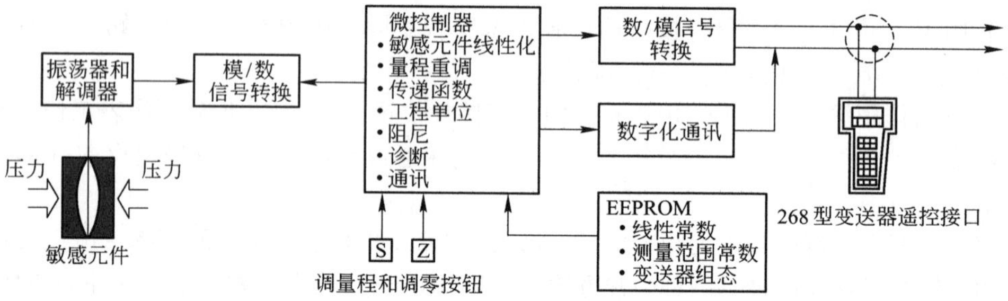

图 3－20　1151 型智能变送器原理框图

3.4.3.2　3051 型智能变送器

3051 型智能变送器和 1151 型智能变送器一样，具有远程通讯能力和自诊断功能。除此之外，它具有更高的精度和更宽的量程比，以及温度、静压补偿。

3051 型智能差压变送器的原理框图如图 3－21 所示。

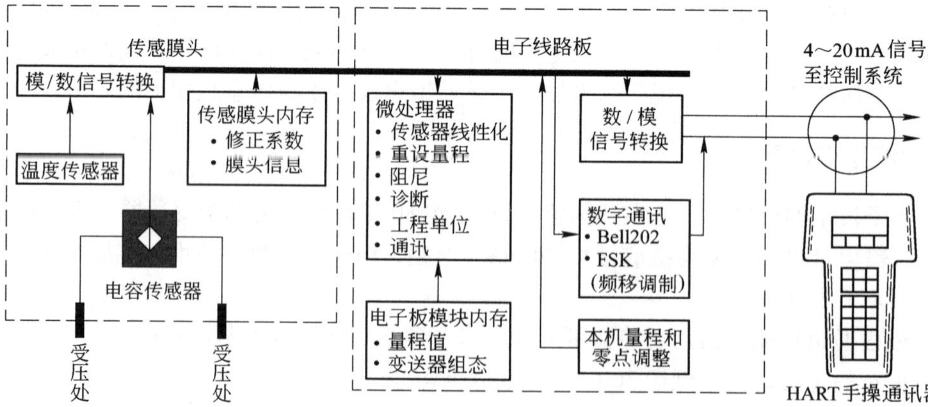

图 3－21　3051 型智能差压变送器的原理框图

A　基本组成

3051 型智能差压变送器由传感膜头（剖面图见图 3－22）、电子线路板、HART 手操通讯器（即现场通讯器）组成。其结构如图 3 – 23 所示。

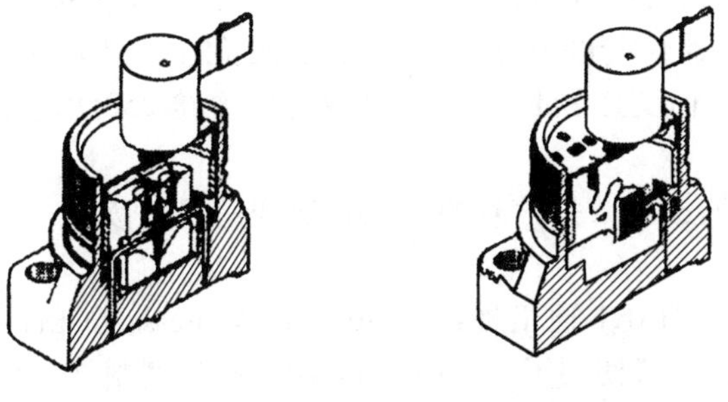

图 3 – 22 传感膜头剖面图

（a）差压与表压传感膜头；（b）绝对压力传感膜头

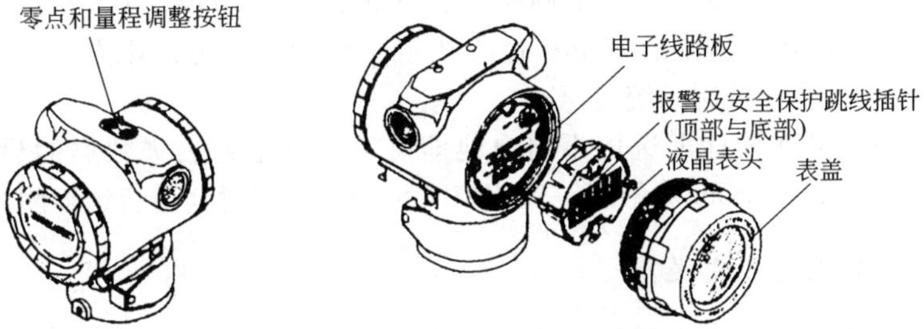

图 3 – 23 3051 型智能差压变送器结构图

输入差压作用于感压膜片，使其产生位移，从而使感压膜片（即可动电极）与固定直流电极所组成的差压变送器的电容量发生变化，此电容变化量再经电容 – 电流转换电路转换成电流信号，电流信号与调零信号的代数和同反馈信号进行比较，其差值送入放大电路，经放大得到 4 ~ 20mA 直流电流后输出。

（1）传感膜头：在工厂的特性化测试过程中，所有的传感器都经受了整个工作范围内的压力与温度循环测试，根据由此得来的数据产生修正系数，然后将其储存于传感膜头的内存（PROM）中，从而可保证变送器运行过程中能精确地进行信号修正。

传感膜头的线路板将输入的电容与温度信号直接转换成可供电子线路板进一步处理的数字信号。

（2）电子线路板：电子板采用专用集成电路（ASIC）与表面封装技术。该板接收来自传感膜头的数字输入信号（过程变量）及其修正系数，然后对信号进行精确地修正、线性化与工程单位转换。电子板模块的输出部分将数字信号转为 4 ~ 20mA 的模拟信号输出，并与 HART 手操通讯器进行通讯（低功耗变送器为电压输出 1 ~ 5V 或 0. 8 ~ 3. 2V）。

组态数据存储于变送器电子模块的永久性 EEPROM 存储器中。可选液晶表头插在电子板上，以压力、液位、流量工程单位或模拟量程值百分比显示数字输出。

（3）HART 手操通讯器：HART 手操通讯器是带有小型键盘和显示器的便携式装置，不需敷设专用导线，借助原有的两线制直流电源兼信号线，用叠加脉冲法传递指令和数据，使变送器的零点及量程、线性或开方都能自由调整或选定，各参数分别以常用物理单位量显示在现场通讯器上。调整或设定完毕，可将现场通讯器的插头拔下，变送器即按新的运行参数工作。

HART 手操通讯器为便携式，既可在控制室接在某个变送器的信号导线上远程设定或检查，也可到现场接在变送器信号线端子上就地设定或检查。只要连接点与电源间有不小于 250Ω 电阻就能进行通信，而变送器传来的信号线肯定要接 250Ω 电阻以便将 4 ~ 20mA 变为 1 ~ 5V的联络信号。

HART 手操通讯器可直接以数据信号的方式存取变送器的读数，不经过数/模转换以得到更高的精度。

HART 手操通讯器采用 HART 通讯规约（Highway Addressable Remote Transducer 总线可寻址远程转换通信协议）。该协议使用了工业标准 Bell202 频移调制（FSK）技术，在模拟输出上叠加高频信号可以进行远程通讯，能在不影响回路完整性的情况下，实现同时通讯和输出。

B　整机特性

3051 型智能变送器的特点是变送器带单片微机，因此功能强，性能优越，灵活性、可靠性高。测量范围从 0 ~ 1. 24kPa 到 0 ~ 41. 37MPa，量程比达 100: 1；可用于差压、压力（表压）、绝对压力和液位的测量，最大负迁移为 600%，最大正迁移为 500%；0. 1% 以上的精确度长期稳定可达 5 年以上；具有一体化的零位和量程按钮及自诊断能力；压力数字信号叠加在 4 ~ 20mA 输出信号上，适合于控制系统通讯。

3051 型智能变送器在设计上选用不需电池即可工作且不易丢失数据的只读存储器 EEPROM，同时可以利用 Rosemount 集散系统和 HART 手操通讯器对其进行远程测试和组态。

3. 4. 3. 3　ST – 3000 型智能变送器

ST – 3000 系列智能压力、差压变送器由传感部件、变换部件和现场通讯器组成。传感部件是硅杯，在硅杯上除制作了感受压力（差压）的应变电阻外，还同时制作出感受温度和静压的元件，即把差压、温度、静压三个传感器中的敏感元件，都集成在一起组成带补偿电路的传感器，将差压、温度、静压这三个变量转换成三路电信号，分时采集后送入微处理器。变换部件采用微处理器进行 A/D 转换，数字运算和 D/A 转换，把传感部件的信号转换成 4 ~ 20mA，DC 信号输出。

A　变送器

变送器包括传感部件和变换部件，图 3 – 24 为其原理结构图，图 3 – 25 为变送器敏感元件示意图。被测介质差压（压力）作用在隔离膜片 1 上，通过密封液 2 传递到复合芯片 4（即硅杯）上，使复合芯片上的应变电阻随被测压力而改变，再经微处理器转换成 4 ~ 20mA，DC 电流信号或数字信号。

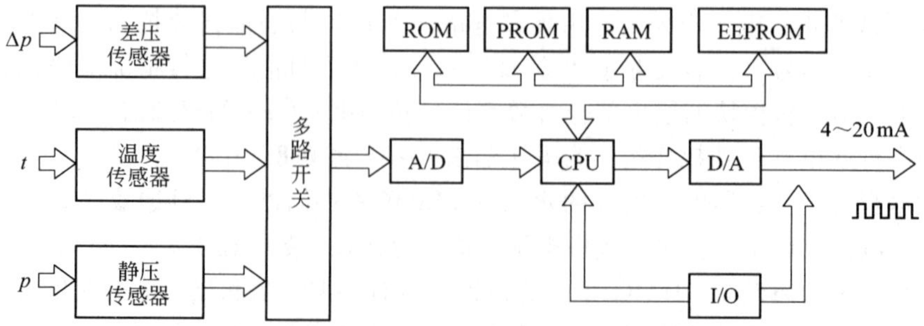

图 3 – 24　ST – 3000 系列变送器原理结构图

ST-3000 型变送器和通常的硅压力变送器相比，其不同点是敏感元件为复合传感芯片，引入了微处理器和软件补偿方式。

复合传感芯片使用无弹性后效的单晶硅材料，采用先进的硅平面微细加工工艺和离子注入技术，形成压敏电阻，成为精确、稳定的传感芯片，使变送器的整体漂移在±0.03%之内。这种复合型的硅压阻效应芯片厚为10mil（密尔）（1mil=0.0254mm），根据量程不同，芯片截面边长为135~175mil（3.43~3.75mm）的正方形，如图3-26所示。

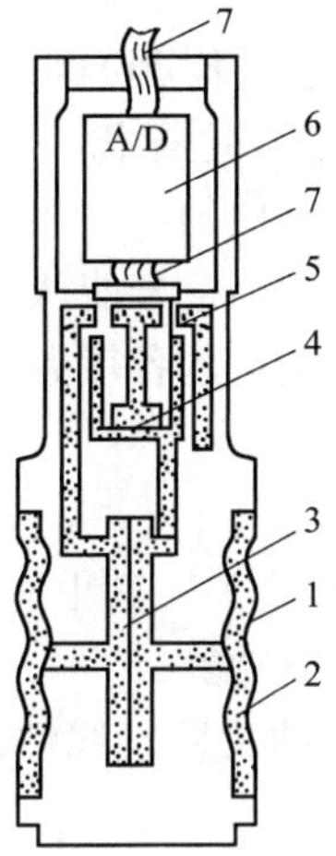

图3-25 变送器敏感元件示意图
1—隔离膜片；2—密封液；3—中心膜片；4—复合芯片；5—引线；6—接口；7—密封引线

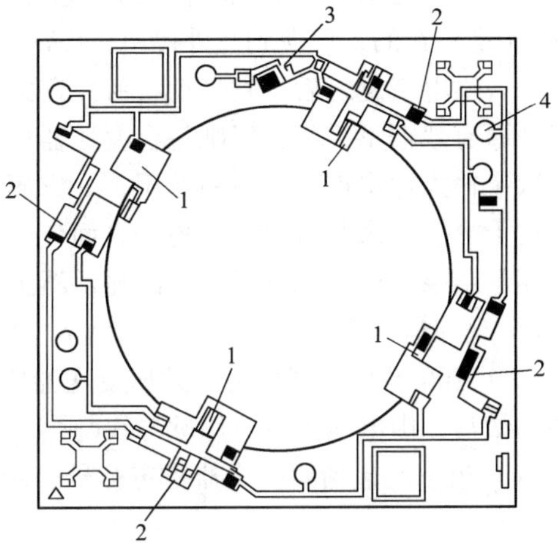

图3-26 复合传感芯片
1—差压（压力）敏感电阻；2—静压敏感电阻；3—温度电阻；4—引线

芯片的制作过程是，先在硅衬底材料上，用刻蚀方法形成硅杯（也可用气相外延法），再用离子注入法，按版面设计形成压阻元件，最后用金属镀膜方法，把各压敏电阻连接形成惠斯顿电桥。用离子注入法形成的压敏电阻，其阻值能精确控制，位置也很准确，体积小，温度系数比扩散法小两个数量级，零位漂移小。用离子注入法形成的电阻，不像扩散法那样由于层积作用而有滞环特性，因而芯片对压力作用的反应有很好的单值性、高重复性和长期稳定性，为微处理器高精度补偿提供了很好的条件。

差压（压力）敏感电阻置放在圆形膜片（硅杯）的边缘（见图3-26），圆周上相邻的电阻取向不同，在差压（压力）作用下，由膜片受力而产生的压阻系数符号相反，信号由惠斯顿电桥检出。由于硅单晶的许多方向都对压力敏感，不同静压条件下，相同的差压值不能保证输出相同的信号，因而需对静压进行校正。静压敏感电阻置放在紧靠玻璃支撑管的地方。由于玻璃与硅片的压缩系数不同，静压敏感电阻就可感受到静压信号。信号仍由惠斯顿电桥检出。温度敏感元件就是普通的热敏电阻。传感芯片连同导压部分，用真空密封法封装成为一体，信号由一束密封线引出，送至多路开关（见图3-24）进行处理。

经多路选通器的信号经A/D转换后送至微处理器。复合信号的采集方式由微处理器控制。测差压时，静压、温度信号变化很慢，且只是作补偿信号，采样次数就少些。

图3-24中ROM里存有微处理器工作的主程序，它是通用的。PROM里所存内容则根据每台变送器的压力特性、温度特性而有所不同。它是在加工完成之后，经过逐台检验，分别写入各自的PROM中，使其依照自有特性自行修正，保证在材料工艺稍有分散性因素下仍然能

获得较高的精确度。此外，传感器所允许的整个工作参数范围内的输入输出特性数据，也都存入 PROM 里，以便用户对量程或测量范围有灵活迁移的余地。

RAM 是微处理器运算过程中必不可少的存储器，它也是通过现场通讯器对变送器进行各项设定的记忆硬件。例如变送器的标号、测量范围、线性或开方输出、阻尼时间常数、零点和量程校准等，一旦经过现场通讯器逐一设定之后，即使把现场通讯器从连接导线上去掉，变送器也应该按照已设定的各项数值工作，这都靠 RAM 把指令存储起来。

EEPROM 是 RAM 的后备存储器，它是电可擦除改写的 PROM。在正常工作期间，其内容和 RAM 是一致的，但遇到意外停电，RAM 中的数据立即丢失，不过 EEPROM 里的数据仍能保存下来。供电恢复之后，它自动将所保存的数据转移到 RAM 里去。这样就不必用后备电池也能保证原有数据不丢失，否则每台变送器里都装后备电池是十分不便的。

数字输入输出接口 I/O 的作用，一方面使来自现场通讯器的脉冲信号能从 4 ~ 20mA DC 信号导线上分离出来送入 CPU。另一方面使变送器的工作状态、已设定的各项数据、自诊断的结果、测量结果等送到现场通讯器的显示器上。

B　现场通讯器

ST - 3000 系列智能压力、差压变送器所用的现场通讯器为 SFC 型，其上有液晶显示及 32 个键的键盘，由电池供电，用软导线与测量点连接。它可实现以下功能：

（1）组态。包括给变送器指定标号、测量范围、输出与输入的关系（线性或开方）、阻尼时间常数。

（2）测量范围的改变。不需到现场调整。

（3）变送器的校准。不必将变送器拆到实验室，也不需要专用设备便可校准零点和量程。

（4）自诊断。包括组态的检查、通信功能检查、变送功能检查、参数异常检查，诊断结果以不同的形式在显示器上出现，便于维修。

（5）变送器输入/输出显示。以百分数显示当时的输出，以工程单位显示当时的输入。

（6）设定恒流输出。这一功能是把变送器改做恒流源使用，可任意在 4 ~ 20mA 范围内输出某一直流电流，以便检查其他仪表的功能，这时输出电流恒定不变，与输入差压无关。

智能变送器与现场通讯器配合起来，给运行维护带来很大方便。不必往返于各个生产现场，无须攀登塔顶或探身地沟去拆装调整，在远离高温等危险场所时能进行一般的检查和调整。这样，既节省了时间和人力，也保证了维护质量。

微处理器的应用也直接提高了变送器的精确度，主要体现在 PROM 中存入了针对本变送器的特性修正公式，使其能达到 0.1 级的精确度。而且在较大的量程和 50% 以上的输出时，平方根输出的精确度也能达到 0.1 级，这在常规差压变送器是很难做到的。

3.5　调校、安装和维护

3.5.1　力平衡式差压变送器的调校、安装和维护

3.5.1.1　调校

变送器在出厂前，根据用户的要求，调校在预定的量程上，并在铭牌上注明。在安装使用前，对一些基本性能如基本误差、密封性、静压误差（对差压变送器）等按“安装使用说明书”规定的方法，必须进行重新调校。复检合格的仪表，才能进行安装。

以典型的差压变送器为例，其调校步骤如下：

（1）将仪表安装在支架上。用内六角扳手和螺丝刀将外壳的防爆紧固螺钉和接线盒紧固螺钉松开。

（2）按图3－27连接好电路及测试设备。

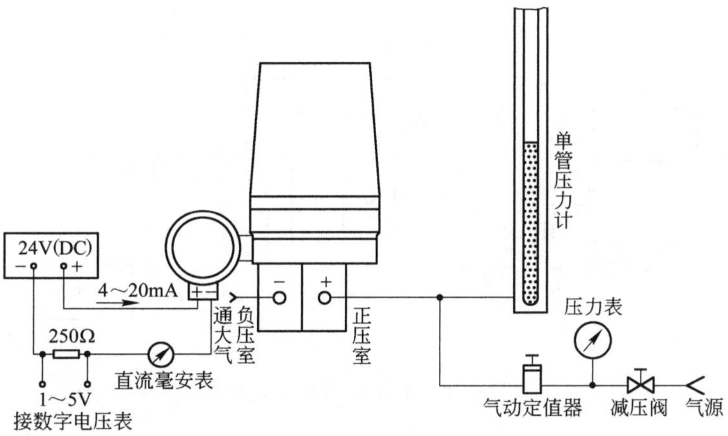

图3－27　基本误差等性能测试连接图

（3）接通电源，在输入差压为零的情况下调整仪表零点，使输出为4mA。顺时针转动调零螺钉时输出增大，反之，则减小。

（4）向正压容室通入压力，缓慢地增加到满量程值时，仪表输出应为20mA，不为此值时，应进行量程调整。顺时针调整量程螺杆（α角增大）使量程缩小，反之，使量程增大。调整量程时对变送器的零点有一定影响，故应反复进行调零调量程，直到校准为止。力平衡式变送器改变量程用变化矢量板角度（细调）和改变反馈线圈的匝数（粗调）来实现。改变反馈线圈匝数是在转换部件接线板上进行。矢量角增大，量程变小，一般矢量角在4°～15°范围内变化。

（5）以量程范围的4～5等分点作为检验点，将压力均匀加到各检验点的数值。先后记下各检验点的正反行程的输出电流值，其基本误差和变差等应符合技术标准规定的范围内。

（6）附有迁移机构的仪表，首先校验其量程，量程校正后，改变迁移力，使仪表量程迁移到所需要的地方去。

（7）按图3－28连接校验设备，进行静压和密封性试验。试验步骤如下：

1）通常用液压源产生高压力进行试验。首先向正负压容室充灌液体，使其充满，否则容易引起零位误差。

2）密封性试验：在正负压容室同时加入规定静压值，待压力稳定后，切断压力源，观察差压变送器是否有泄漏现象，此时压力表的指示值在5min内不得下降2%。

3）在输入差压为零，输出为4mA时，向正负压容室同时加压到规定的静压的20%、40%、80%、100%，依次读取压力上升和下降过程中各点的电流变化值，其电流变化值应符合规定要求。此变化值即为仪表的静压误差，超差时应进行调整。静压误差调整步骤如下：首先除去静压，使膜盒连接簧片和引出轴下部杠杆松开（用内六角扳手），然后松开静压调整螺钉的锁紧螺母，当静压误差超差值为正值时，逆时针方向旋转调整螺钉，恢复原有紧固状态，加入静压再试，直到合格为止。

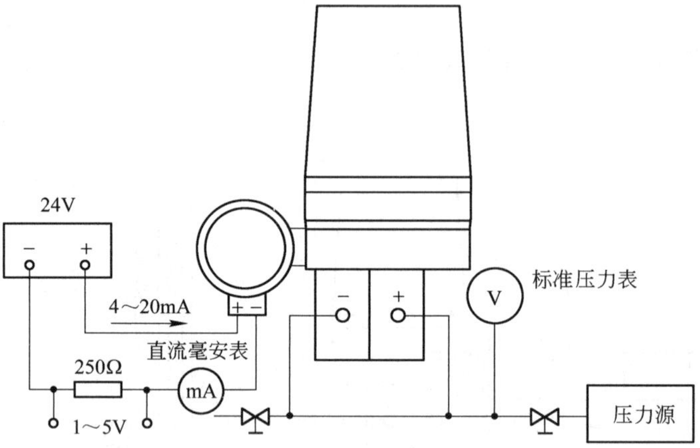

图 3－28　静压误差检验连接图

当静压误差进行重新调整后，还应重新检验基本误差。当变送器更换测量元件或转换部件进行拆装后，都必须重新检验。

3.5.1.2　安装

A　安装的基本要求

（1）变送器的安装环境应符合技术标准中仪表工作条件的要求。

（2）外接配线：安全火花型仪表要求采用单独的电缆，电缆应为两芯，外径在 9 ~ 10mm，电缆通过防爆引线结构进入内部，由紧固螺母压紧。电缆线布设尽可能减少影响仪表安全火花性能的外部干扰，尽量直线布设，不得打卷，不得与高压电缆捆成一束。电缆长度要受其分布电容的限制，外接电缆分布电感、电容最大允许值见表 3－7 所示。

表 3－7　分布电感、电容最大允许值

防爆级别	允许最大电感值 /mH	允许最大电容值 /μF	防爆级别	允许最大电感值 /mH	允许最大电容值 /μF
Ⅰ	15	5	Ⅲ	1.5	0.2
Ⅱ	5	2			

（3）接地：接地线应通过接地螺栓，牢固可靠地接地。接地电阻不大于 2Ω。

（4）在需要防爆的现场，变送器安装应符合防爆电气设备有关安装的各项规定。

（5）变送器的固定：变送器由两个环形夹固紧在 ϕ50 ~ 60mm 垂直或水平走向的管状支架或管道上。

B　输入接管形式

对于差压变送器和压力变送器一般有两种接头形式：

（1）压垫式接头：须与 ϕ14 ~ 16mm 外接钢管对焊，其中微差压变送器须与 ϕ8.5mm × 1.5mm 钢管对焊。

（2）卡套式接头：须与 ϕ14mm × 2mm 无缝钢管接合。

C 变送器接线

所有品种规格的力平衡式变送器的接线方法相同。具体接线图如图3－29所示。安全火花型防爆系统的力平衡式变送器由检测端安全栅供电，非防爆系统的力平衡式变送器由配电器供电。

变送器接线盒内端子板如图3－30所示。端子1^+和2^-接安全栅（或配电器）。端子3^+和4^-供仪表现场检验用。一般情况下，用短路片短接。现场校验时，打开短路片，串接电流表，现场校验完毕仍用短路片串接。

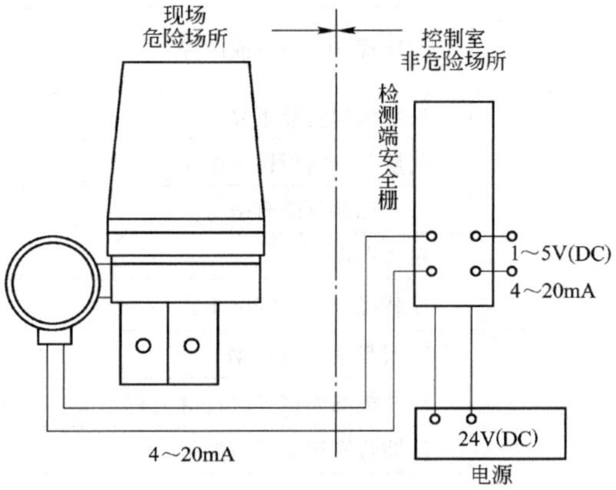

图3－29 接线图

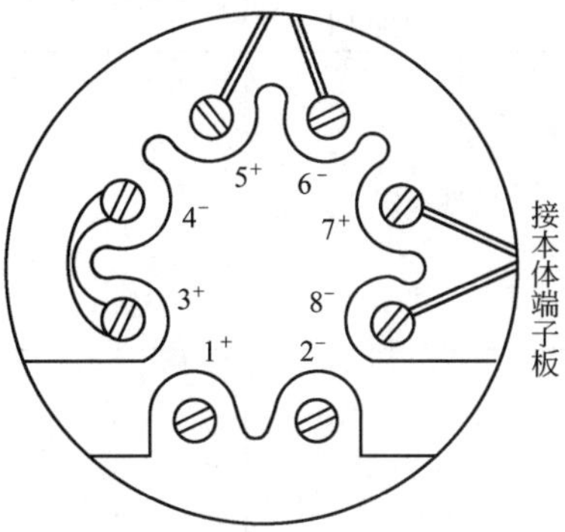

图3－30 端子盒接线图

3.5.1.3 维护

变送器运行后，须对其基本特性进行定期检查，校正零点和量程。更换失效密封件，排除产生故障的可能性，保证仪表运行正常、可靠。一般故障及产生原因分析见表3－8，供维护时参考。

表3－8 变送器故障现象分析表

故障现象	故障可能产生范围	产生原因
$I=0$ 仪表无输出	接线盒端子7、8无电压	没有电源
	接线盒端子7、8为－24V	电源极性接反
	接线盒端子7、8电压正常，而线路板上无电压	反馈线圈断路
输出小于4mA 零点调不了	检测变压器副端为零，电阻器R_5压降小于0.72V	检测变压器副端开路或C_2损坏
	三极管BG_1：$U_{be}=1.25$	BG_1损坏或虚焊
	三极管BG_1：$U_{be}=0.3$ 三极管BG_2：$U_{be}=2.3$	BG_2损坏或虚焊
	放大器工作正常	检测片位置离检测变压器太远
输出最大约30mA左右	线路板上无电压	检测变压器原端开路
		原端和副端短路，线路板上输入短路，BG_1管脚短接

续表 3－8

故 障 现 象	故障可能产生范围	产 生 原 因
输出两位或突变，零位不稳定	放大器工作正常，手感可动部件有摩擦	装配不当
		反馈线路和磁钢有卡
	放大器工作正常，反馈线圈和磁钢间无摩擦	反馈线圈短路
		反馈线圈接反
$I=12$mA 左右 差动变压器啸叫	三极管 BG_1：U_{be}为负值	三极管 BG_3损坏或虚焊
线性不好		矢量机构安装不妥
		测量部分密封性可能不好
		可动部件可能有碰、卡
		膜盒有损坏
		过载保护簧片安装不紧
变 差 大		机械紧固部分松动
		反馈线圈引线和杠杆部分有摩擦
		反馈线圈运动时有摩擦
		膜盒有损坏
输出达不到 20mA		膜盒连接簧片松动
		静压螺钉松动
		电压低负载过大
输出振荡		高量程时，电阻 R_1 未接入
		电容器 C_4 损坏
		放大器灵敏度太高
现场指示不准确		指示表头零漂
		指针有卡

3.5.2　1151 系列变送器的调校、安装和维护

3.5.2.1　调校

为了使变送器工作在最佳状态，必须按量程、精度将变送器调校好。调校的目的是使变送器输入压力与输出电流信号建立起符合精度要求的线性关系及其他使用指标。要做好此项工作必须备有精密仪器、掌握良好的调校方法。

A　调校准备工作

a　校验所用仪器

压力变送器校验需标准压力计及电气仪表。1151 型电容式变送器的精度为 0.2% 或 0.25%，校验它的各种仪器的精度都不能低于 0.05%。如果达不到，则不能作为精密调校仪器使用。

标准压力计可选用浮球式压力计和活塞式压力计。浮球式压力计使用时需气源压力，由于用气量不大也可用氮气瓶，若用压缩空气，必须净化气体以免污染浮球气路影响精度。气源压力应达到浮球输出压力的 1.5 倍，但不能低于 0.3MPa。调校量程较大时，选择活塞压力计较方便、安全，但压力介质是油，对于禁油表调校后必须严格清洗。

电气仪器采用下列几种：

直流电源：规格为0～50V（DC）；

标准电阻：规格为500Ω，精度为0.01%；

数字电压表：规格为4位半，精度为0.05%。

b 测量气路、电路连接

按图3－31接电路和气路。1151有4个接线端，上部两个标有Signal接电源，下部两个标有Test，是接内阻小于8Ω的电流表的，也可不接。如果将电源接到下部将会烧坏二极管，造成断路。

在引压管口连接时一定注意密封，螺纹上必须缠密封带，必要时可以做密封实验，否则会造成压力不准不稳。

c 负载特性

图3－32为1151电容式变送器负载特性图。由图可知，其供电电压为12～45V（DC）。在12V（DC）时负载为0，即输入变送器端子的电压不得低于12V（DC），电压达不到12V（DC）时，电路电压不够，转换电路不能正常工作。当电压电源超过45V（DC）时，电子元件功耗过大易损坏，电路使用时必须根据图3－32选电源电压与负载电阻，也可以用下列公式计算电源电压$U_{电源}$与电路负载电阻$R_{负}$，有下列关系：

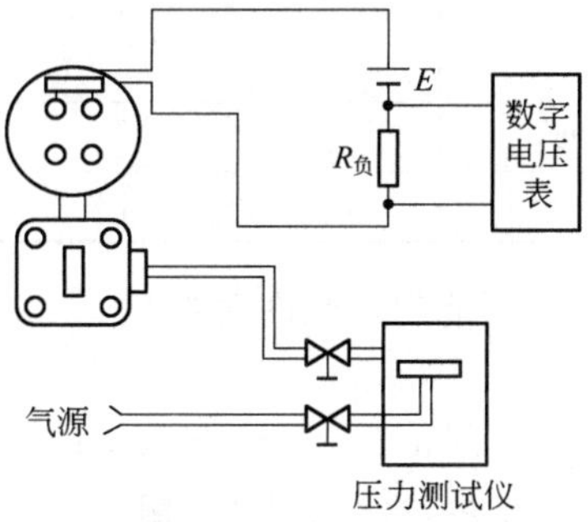

图3－31 接线图

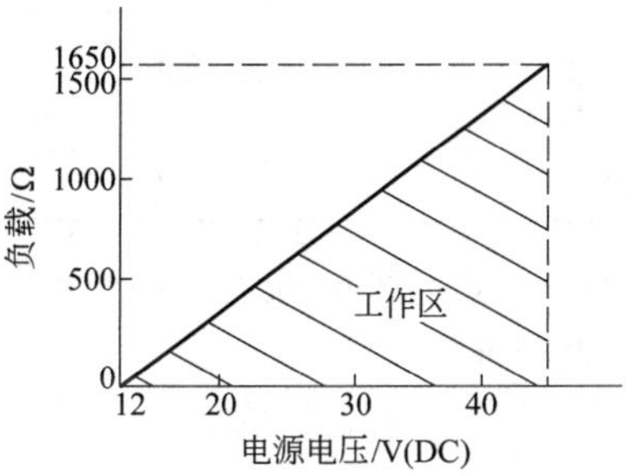

图3－32 1151电容式变送器负载特性

$$45V \geq U_{电源} \geq 12V + 20mA \times R_{负}$$

$$R_{负} \leq \frac{U_{电源} - 12V}{20mA}$$

正常情况下，使用直流24V电源，负载为500Ω。此时读数灵敏度最高。

B 调校

a 输出电流信号理论值的计算及调校记录表

设I为输出电流；$p_{输入}$为输入调校标准压力；$p_{量程}$为调校满量程压力。那么

$$I = 16mA \times \frac{p_{输入}}{p_{量程}} + 4mA$$

如果测量500Ω负载上的电压U，则公式为：

$$U = \left(16mA \times \frac{p_{输入}}{p_{量程}} + 4mA\right) \times 500\Omega$$

$$U = 8V \times \frac{p_{输入}}{p_{量程}} + 2V$$

调校记录见表3－9。记录的第一项测量点为输入压力，此项不得少于5个点，由于浮球式压力计输出值不是连续的，如果无满量程的压力砝码，也可不选满量程压力而选接近满量程的其他压力；第二项标准值，即输出理论值，计算时必须精确到0.01%，单位用mA也可用V。$R_{负}=500\Omega$ 时，输出电压值为2～10V；$R_{负}=250\Omega$ 时，输出电压为1～5V。允许误差计算是以最大变化量乘以精度得出如下：

$$(20-4)\text{mA}\times(\pm0.002)=\pm32\mu\text{A}$$

$$(10-2)\text{V}\times(\pm0.002)=\pm16\text{mV}$$

$$(5-1)\text{V}\times(\pm0.002)=\pm8\text{mV}$$

表3－9　1151系列电容式变送器校验表

项目 / 测量点	标准值（单位）	测试值		精　度	
		正	负	外　观	
				接地影响	
				密封性	
日　期		温　度	温　度	湿　度	
校验者				检验者	

测量的各点与理论值之差不能大于允许误差，回差值也不能超过允许误差。

b　调校方法

设表的调校量程范围为 p_1（压力下限值）～p_2（压力上限值），调校方法是：输入压力 p_1，得到4mA输出，输入压力 p_2、得到20mA输出，然后再根据所选各点的输入压力看线性、回差等。如何获得 p_1－4mA、p_2－20mA对应关系？只要反复调零点螺钉和量程螺钉即可。

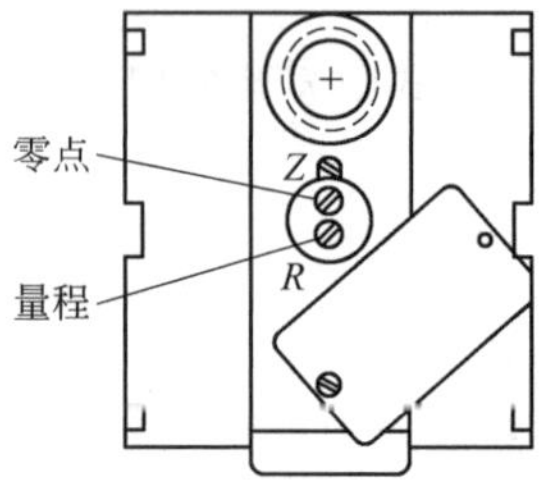

图3－33　零点和量程的调整

零点和量程调整螺钉位于电气壳体的铭牌后面，零点螺钉在上方标有 Z；量程螺钉在下方，标有 R（见图3－33）。移开铭牌即可进行调校。输入压力不变，顺时针转动调整螺钉，变送器输出电流信号增大，逆时针调整则输出减少。

零点调整和正负迁移对量程几乎没有影响，然而调整量程则会影响零点，对迁移影响较小，量程调整影响零点变化量和量程调整量的百分比大致相同。因此，变送器应先调为零到实际量程，然后调零（如果需要，还要换插正负迁移插座），达到所需的正负迁移量。

c　线性、阻尼调整

（1）线性调整：除零点和量程调整器外，放大器板的焊接面还有一个线性调整器（图3－34）。线性调整器在出厂时按产品的调校量程调到了最佳状态，一般不在现场调整。如果要求某一特定的测量范围有好的线性，应按下述步骤进行调校；

1）输入所调量程压力的中间值，记下输出信号的理论值和实际值之间的误差。

2）用6乘量程下降系数再乘步骤1中记下的偏差值：

$$量程下降系数 = \frac{最大允许量程}{调校量程}$$

输入满量程的压力，调整标有“线性”的微调器（图3－34），若是负的偏差值，则是将满量程输出加上这个数值；若是正的偏差值，则从满量程输出减去这个值。例如，量程下降系数为4，量程中点输出电流偏差值为－0.05mA时，调整线性微调器，使满量程输出增加1.2mA（0.05mA×6×4＝1.2mA）。

3）重调量程和零点。

（2）阻尼调整：4～20mA输出的放大器板焊接面有一微调阻尼器（见图3－34）。阻尼器用来抑制由被测压力引起的输出快速波动。其时间常数在0.2s（正常值）和1.67s之间，出厂时，阻尼器调整到逆时针极限位置上，时间常数为0.2s。最好选择最短的时间常数，时间常数调节不影响变送器，所以可在现场进行阻尼调整。顺时针转动阻尼器可达到实际需要的阻尼值。

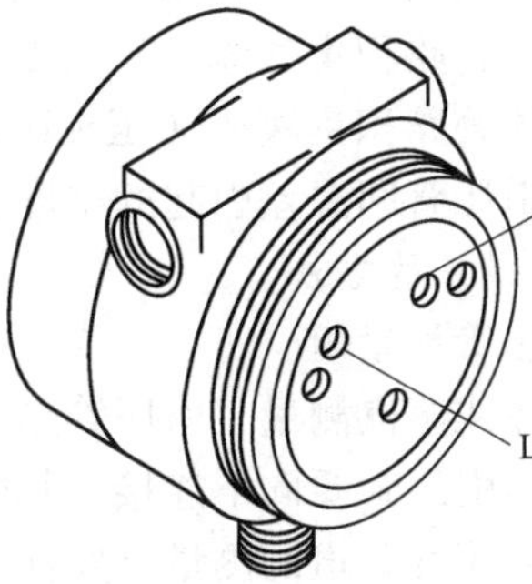

卸开电路板侧的盖即可调整阻尼和线性

图3－34 线性阻尼调整

注意：电位器两端有止挡，强拧电位器，会损坏阻尼调整器。

3.5.2.2 安装

A 本体安装

1151变送器如果直接安装在测量点上，可由连接管支撑，也可安装在表盘上或者用安装支架把它装在管子上。

B 引压管安装

变送器相对流程管道的正确安装取决于被测介质。考虑下面情况可决定最好的安装位置：

（1）腐蚀性的或过热的介质不应与变送器接触。

（2）防止渣子在引压管内沉淀。

（3）差压变送器两引压管里的液压头应保持平衡。

（4）引压管应尽可能短些。

（5）引压管应装在温度梯度和温度波动小的地方。

测量液体流量：取压口应开在流程管道的侧面，以避免渣子沉淀。变送器应装在侧面或取压口的下方，以便气体排入流程管道。

测量气体流量：取压口应开在流程管道的顶部或侧面，变送器应装在侧面或取压口的上方，以便液体排入流程管道。

测量蒸汽流量：取压口应开在流程管道的侧面，而变送器则装在取压口的下方，以便冷凝液流入引压管。

使用侧面有排气、排液阀的变送器时，取压口应开在流程管道的侧面。工作介质为液体时，排气/排液阀在上面，以便排除气体；工作介质为气体时，阀应在下面，以便排除积液。

应注意，测量蒸汽或其他高温介质时，不应使变送器的工作温度超过极限。用于蒸汽测量，引压管要充满水，以防变送器与蒸汽直接接触。由于变送器的容积变化量很小，不需要冷凝器。

变送器与测量介质连接管路是把取压口压力传输到变送器。在压力传输中可能引起误差的原因如下：

（1）泄漏。

（2）摩擦损失（特别使用喷吹系统时）。

（3）液体管路积集气体（压头误差）。

（4）气体管路积集液体（压头误差）。

（5）两引压管间温差引起的密度变化（压头误差）。

C 减小误差的方法

（1）引压管尽量短。

（2）液体或蒸汽测量，引压管路要向上连接到流程管道，其斜度不小于1/12。

（3）气体引压管要向下连接，其倾斜度不小于1/12。

（4）液体流程管道的测量点要低些，气体管道测量点要高些。

（5）两引压管应保持相同的温度。

（6）为避免摩擦影响，引压管管径要足够大。

（7）确保所有的气体能从液体引压管中排除。

（8）使用隔离液体时，两引压管液位要相同。

（9）采用喷吹系统时，喷吹系统应尽量靠近流程管道取压口。净化液体经过大小相同，长度一样的管路到变送器，要避免喷吹液体通过变送器。

（10）保证引压管具有足够的强度，以耐额定工作压力。

3.5.2.3 维护

1151系列变送器无机械传动部件，几乎不需要维护。测试（Test）端子可供仪表运行过程中检查用。拆下检查时，变送器可分为三个主要部件，敏感部件、放大板和调校板。

这节概述各部件的检查方法、装拆步骤及故障检查。

A 测试端子

测试端子与二极管并联，回路信号电流经此二极管。当表头或测试仪器与测试端子连接时，就和二极管并联，只要端子两端的电压保持低于二极管的起始电压就无电流通过二极管，为了保证二极管不漏电，在取测试读数或连接表头时，连接件或表头的内阻对于输出为4～20mA DC的不得超过10Ω，如果内阻达30Ω测试误差接近1%。测试端子螺钉上有插孔，可与微型香蕉插头连接。

B 敏感部件的检查

敏感部件在现场不可修理，拆下法兰后，如果发现损伤（例如：隔离膜片损坏或漏油），必须更换。如果不是明显的损坏可以用如下步骤检查：

（1）拆下补偿板，但敏感部件不需要从电气壳体中拆下来。

（2）把补偿板的接点1、2短接。

（3）检查短接点即高压侧电容极板和敏感部件壳体（测量膜片是接壳体的）之间的电阻。此电阻要大于10MΩ。

（4）检查接点与壳体之间的电容，此电容为（150±30）pF。

（5）在补偿板上短接3和4接点，重复3和4步骤，检查低压侧电容。

C 电路板的检查

电路板出现故障很容易检查，只要换上备用板即可。要排除电路板的故障，参阅电路图、电路板图。

D 拆卸步骤

a 敏感部件

（1）拆敏感部件前要把变送器从流程管道上拆下。

（2）拧下4个螺栓，就可取下法兰。小心别刮破或碰伤隔离膜片。

（3）用软布浸上中性的去污剂擦洗隔离膜片（不能用任何氯化物或含酸的溶液清洗），最后用清水漂洗。

（4）为了安装方便，接头和法兰可以转动。

b 电气壳体

（1）接线端子位于铭牌上标有“端子侧”的电气壳体内。拧下端子侧盖，即可看见端子——信号端子和试验端子。端子永久固定在壳体上不能拆卸，否则，壳体两侧间密封被破坏，并且壳体的防爆结构失效。

（2）电路板位于铭牌上标有“电路侧”的电气壳体内，拧下电路侧盖即可看见电路板，最好断开仪表的电源后再取电路侧盖。

（3）卸下3个固定螺钉，放大器板即可取出。

（4）补偿板永久地固定在敏感部件上，板上有温度补偿电阻，板的连接线足够长，拉出此板，就可以拆校验板。

（5）取下两个定位柱，使调零和调量程螺钉头上的一字槽垂直于校验板，校验板即可以拆卸，在4~20mA的校验板上有根安装拉杆，只要拉此杆就可以取下校验板。

（6）当取下铭牌和拆下卡圈后，零点和量程调整螺钉即可拆下。

c 从电气壳体拆下敏感部件

（1）如前所述，卸下放大器板和校验板。

（2）松开锁紧螺母。

（3）从放大器壳体上拧下敏感部件，注意不要损坏部件引脚。把补偿板线小心地从孔中穿出，特别注意，拧下敏感部件时不要损坏隔离膜片。

（4）敏感部件是全焊接件，不能再拆。

E 装配步骤

a 准备工作

（1）检查所有的O形圈，必要时更换。圈上薄薄涂上一层硅脂以保证良好的密封。

（2）检查丝扣，对于防爆结构要保证有六圈完好无损的啮合丝扣。

b 电气壳体与敏感部件的连接

（1）把补偿板穿入电气壳体内。

（2）在敏感部件丝扣上缠上密封带，以保证水漏不到电气壳体内。

（3）敏感部件拧到电气壳体上，要拧入6扣。小心，不要损坏或扭绞敏感部件的引线。

（4）为了装校方便，敏感部件由高低压侧定位。

（5）上紧锁紧螺母。

c 电气壳体

（1）检查电路板是否清洁。

（2）检查零点和量程调整螺钉上的O形圈、卡圈是否牢固。为了防爆，卡圈必须装好。

（3）连接板上的插针必须清洁。

（4）零点和量程螺钉的一字槽对准校验板上电位器的校整杆，然后把校验板推进插针里。

用三个定位柱固定校验板，靠右上方的定位柱接到电气壳体上作为接地，三个柱都必须装牢。

（5）将补偿板元件朝插针插入，把引线小心地放到校验板的后面。

（6）放大器板插入插针里用螺钉固定。

d　指示表

（1）为了便于读数，指示表可以转动。

（2）由于某种原因，指示表罩的玻璃要拆下来，重新装时必须保证玻璃后面的 O 形圈在原位置上。为了防爆，卡圈必须上紧。

e　变送器本体

（1）O 形圈小心地放入隔离环。

（2）按要求的方向装上法兰，用手拧紧 4 个螺栓。

（3）按照如下步骤装紧法兰：

1）先用手拧 4 个螺栓；

2）拧紧一个螺栓直到法兰就位；

3）用扳手拧对角线上的螺栓；

4）再返回拧第一个；

5）用扳手拧其余两个；

6）检查敏感元件相对法兰的位置，保证法兰不翘起；

7）四个螺栓的扭紧力矩应在 20～50N · m。

F　部件的互换

不管量程、刻度或输出如何，均可互换的机械部件有：法兰、接头、电气壳体、盖和安装支架。

放大器和敏感部件的互换应遵守以下条件：

（1）指示表是附加部件，不管量程如何，只要输出信号相同就可以互换。

（2）放大器板和校验板只要具有相同订货型号均可以互换，可不考虑量程的大小和变送器的型号。更换电路板后，输出可能改变，需要重新校验。

（3）敏感部件可以互换，并可以通过更换敏感部件改变测量范围。敏感部件更换后需重新校验。补偿板永久装在敏感部件上，不能更换。

G　三类故障检查与排除

a　输出过大

孔板等一次元件：检查一次元件是否堵塞。

引压管：检查管路是否渗漏或堵塞；检查阀门是否全开；检查充液管路里是否有残存的气体，在气体管路里是否有残存的液体；检查引压管里液体的浓度是否有变化；检查变送器法兰是否有沉积物。

变送器的电气连接：保证接插件是清洁的，同时检查敏感部件的连接；检查插针是否可能接壳。

变送器的电路故障：用备用板去检查有故障的电路板；更换有故障的电路板。

敏感元件：参看敏感部件检查部分。

电源：检查电源的输出。

b　输出不稳定

回路：检查加到变送器的电压；检查是否断续短路、断路和多点接地。注意，检查回路时不能用大于 100V 的电压。

流程压力脉动：调节阻尼电位器。

引压管：在充液管路里是否有残存的气体，气体管路里是否有残存的液体。

变送器的电气连接：检查短路或开路；保证接插件是清洁的，同时检查敏感部件的连接；检查插针是否可能接壳。

变送器的电路故障：用备件检查有故障的电路板；更换有故障的电路板。

c　输出过低或无输出

一次元件：检查一次元件的安装和状态。注意：被测介质特性的任何变化都会影响变送器的输出。

回路：检查加到变送器的电压；检查断线和接地情况；检查接线极性；检查回路阻抗。注意：检查回路不能用高于100V的电压。

引压管：检查管路连接是否正确；检查管路是否渗漏或堵塞；检查充液管路中是否有残存气体；检查变送器法兰中是否有沉积物；检查阀门是否全开，同时旁路阀是否紧闭；检查引压管中液体密度是否有变化。

变送器的电气连接：检查调校元件是否在控制的范围内；检查敏感部件导线是否短路；检查接插件是否清洁，同时要检查敏感部件的接线；检查插针是否可能接壳。

测试二极管的故障：更换测试二极管或短路测试端子。

变送器电路故障：用备件检查有故障的电路板；更换有故障的电路板。

敏感元件：参看敏感部件的检查部分。

复习思考题

3-1　什么是压力，它的法定计量单位是什么？

3-2　写出其他压力单位与法定压力单位Pa（帕斯卡）之间的换算关系。

3-3　按单位换算表 $1mmH_2O = 9.807Pa$，但在仪表出厂的校验单上，为什么 $1mmH_2O$ 又成了 9.789Pa 了呢？

3-4　什么叫绝对压力、大气压、表压及真空度，它们的相互关系是怎样的？

3-5　填空：

（1）液柱式压力计是基于（　　）原理工作的。用于测量小于（　　）的低压、负压或压差。

（2）常用的液柱式压力计有（　　）、（　　）和（　　）三种。

（3）液柱式压力计读数时，为了减少视差，须正确读取液面位置，如用浸润液体（如水）须读其（　　）面的最（　　）点；如用非浸润液体（如汞），须读其（　　）面的最（　　）点。

3-6　判断：

在检修校验表时，有人总结了以下几条经验，你认为哪一条不对？

（1）当液柱式压力计的工作液为水时，可在水中加一点红墨水或其他颜色，以便于读数。

（2）在冬天应用酒精或酒精、甘油、水的混合物，而不用水来校验浮筒液位计。

（3）更换倾斜微压计的工作液时，酒精的重度差不了多少，对仪表几乎无影响。

3-7　判断（对打√　不对打×）：

（1）使用U形管压力计测得的表压值，与玻璃管断面面积的大小有关。

（2）当被测压力高于大气压力时，被测压力引至单管压力计的盅形容器中去。

（3）当被测压力低于大气压力时（测量负压的情形），被测压力引至单管压力计的单管中去。

（4）环境温度对液柱压力计的测量精度没有影响。

3－8　填空：

（1）弹簧管的截面呈（　　）形或（　　）形。

（2）弹性式压力计是根据弹性元件的（　　）和所受压力成比例的原理来工作的。当作用于弹性元件上的被测压力越大时，则弹性元件的（　　）也越大。

（3）常用的弹性式压力表有（　　）式、（　　）式和（　　）式，其中以（　　）式压力表用得最为广泛。

（4）膜盒式压力表的弹性元件是（　　），因而测量的压力（　　）。一般用于测量（　　）介质，其外形多做成（　　）。

3－9　压力表中弹簧管为什么要做成扁圆形的?

3－10　在校验弹簧管压力表时，压力表的指示误差超差，而且误差大小不一，有周期性变化。这种现象一般是什么原因引起的，应当如何处理?

3－11　简述膜片式压力表的结构原理。

3－12　有的压力表表壳背面有个小圆孔，这是起什么作用的?

3－13　有人在校验压力表时经常用手轻敲表壳，这是允许的吗?

3－14　简述电接点压力表的工作原理。

3－15　常用的压力变送器可分为几类，各有什么特点?

3－16　简述1151型智能差压变送器的特点?

3－17　ST－3000系列智能变送器的工作过程是什么，它有什么特点?

3－18　试述扩散硅式差压变送器的测量原理。

4　流量测量仪表及其维护

4.1　概述

4.1.1　流量测量的意义

工业生产过程应用大量的空气、煤气、蒸汽、氧气、燃料油、水以及酸、碱、盐等溶液，这些流体介质的使用量，通常都应进行检测与控制，以保证生产设备在负荷合理而安全的状态下运行，同时为进行经济核算提供基本依据。流体的流量不但直接表征设备的能力（如加热炉等的燃料用量与热流量），而且还代表设备的输入能力（如燃气或燃油、氧气及酸碱需要量等），这些都是衡量设备经济性和技术性的重要指标。因此，流量测量是有效地进行生产和控制、节约能源以及企业经济管理所必需的重要手段。

4.1.2　流量的定义和单位

通常所讲的流量，是指单位时间内流过管道横截面的流体数量，也称为瞬时（平均）流量。流量通常有三种表示方法：

（1）质量流量 Q_M：单位时间内流过的流体数量以质量表示的称为质量流量，常用单位有千克/小时（kg/h）、吨/小时（t/h）等。

（2）工作状态下的体积流量 Q_V：单位时间内流过的流体数量以体积表示的称为体积流量，常用单位有立方米/小时（m^3/h）、升/小时（L/h）等，它与质量流量的关系是

$$Q_V = \frac{Q_M}{\rho} \tag{4-1}$$

式中，ρ 是流体密度。

（3）标准状态下的体积流量 Q_{VN}：气体是可压缩的，Q_V会随工作状态而变化，Q_{VN}就是折算到标准状态下（压力 101325Pa，温度 20℃时）的体积流量。

Q_{VN}与 Q_M和 Q_V的关系是：

$$Q_{VN} = \frac{Q_M}{\rho_n} \quad 或 \quad Q_M = Q_{VN}\rho_n \tag{4-2}$$

$$Q_{VN} = Q_V \frac{\rho}{\rho_n} 或 \quad Q_V = Q_{VN} \frac{\rho_n}{\rho} \tag{4-3}$$

式中，ρ_n是标准状态下气体的密度，kg/cm^3；ρ 是工作状态下气体的密度，kg/cm^3。

在某一段时间内流过管道横截面的流体的总和称为总（流）量或累积流量。它是瞬时流量对时间的积分（或积累），单位有立方米（m^3）、千克（kg）及吨（t）等。

4.1.3　流量仪表的分类

流量检测的方法和仪表种类很多，分类方法也不统一。最简单的是把流量仪表分为以下三大类：

（1）速度式流量计　速度式流量计以测量流体在管道内的流速作为测量依据来计算流量，例如差压式流量计、转子流量计、电磁流量计、涡轮流量计、旋涡流量计、超声波流量计、激光流量计、靶式流量计、冲击式流量计、均速管流量计等。

（2）容积式流量计　容积式流量计以单位时间内所推出流体的固定容积数作为测量依据来计算流量，例如椭圆齿轮流量计、腰轮流量计、刮板式流量计、活塞式流量计、伺服式容积流量计及湿式气体流量计等。

（3）质量流量计　质量流量计以测量与物质质量有关的物理效应为基础，分为直接式、推导式两种：

1）直接式质量流量计利用与质量流量直接有关的原理（如牛顿第二定律）进行测量。例如量热式流量计、微动式（科里奥里）流量计、角动量式流量计、振动陀螺式流量计等。

2）推导式质量流量计是同时测取流体的密度和体积流量，通过运算而推导出质量流量。也可以同时连续测量温度、压力，将其值转换成密度，再与体积流量进行运算而得到质量流量。工业上大多采用温度、压力补偿式。

4.2　流量测量仪表的选用

由于流量测量仪表的种类多，适应性也不同，因此正确选用流量测量仪表对保证流量测量精度十分重要：

（1）选用流量测量仪表时要考虑工艺允许压力损失，最大最小额定流量、使用场合特点以及被测流体的性质和状态（如液体、气体、蒸汽、粉末、导电性、压力、温度、黏度、重度、腐蚀、气泡和脉动流等），还要考虑对仪表的精度要求，以及测量瞬时值、积算值等。

（2）节流装置或其他差压感受元件与差压计配套，可用于测量各种性质及状态的液体、气体与蒸汽的流量，一般用在大于50mm管径的流量测量；标准孔板适用于测量干净的液体、气体或蒸汽流量；喷嘴可用于测量高压、过热蒸汽的流量；文丘里管适用于精密测量干净或脏污的液体或气体；偏心孔板和圆缺孔板适用于介质含有沉淀物、悬浮物的流量测量；1/4圆喷嘴适用于测量黏度大、流速低、雷诺数小的流体；毕托管适用于流量较大而不允许有显著压力损失的场合，但测量精度较低。

（3）计量部门应选用精度等级较高的仪表，如椭圆齿轮流量计、旋转活塞流量计、腰轮流量计、涡轮流量计、旋涡流量计等。

（4）电磁流量计只能用于导电液体的测量，如酸、碱、盐、泥沙状流体等。

（5）金属转子流量计和靶式流量计可以测量高黏度、腐蚀性介质的流量，它可远传和自动调节。

（6）差压流量计和靶式流量计是均方根刻度。在选择刻度时，最大流量为满刻度的95%，正常流量为满刻度的70%~80%，最小流量为满刻度的30%；其他流量仪表是线性刻度，在选择刻度时，最大流量为满刻度的90%，正常流量为满刻度的50%~70%，最小流量为满刻度的10%~20%。

4.3　差压式流量计

差压式流量计是利用流体流经节流装置时在节流装置前后产生的静压力差来实现流量测量的，故又称为节流式流量计。差压式流量计由节流装置、导压管及差压计组成，是目前工业生产中应用最广的一种流量测量仪表，约占整个流量仪表的70%。

流量测量用的节流装置结构简单，使用寿命长，适应性广，几乎能够测量各种工况下的单相流体和高温、高压下的介质流量。节流装置的设计计算都有统一的标准规定、要求和计算所需要的通用化的实验数据资料。因此，这些“标准化”了的节流装置（统称“标准节流装置”）可以根据计算结果直接投入制造和使用，不必用实验方法进行单独标定。常用的节流装置有孔板、喷嘴及文丘里管。

4.3.1　节流现象及其原理

连续流动的流体遇到安插在管道内的节流装置时（节流装置中间有个圆孔，孔径比管道内径小），流体流通面积突然缩小，在压头的作用下，流体的流速增大，挤过节流孔，形成流束收缩。当挤过节流孔之后，流速又由于流通面积的变大和流束的扩大而降低。与此同时，在节流装置前后的管壁处的流体静压力产生差异，形成静压差 Δp，$\Delta p = p_1 - p_2$，且 $p_1 > p_2$，此即节流现象，如图 4－1 所示。因此节流装置的作用在于造成流束的局部收缩，从而产生压差。流过的流量愈大，在节流装置前后所产生的压差也就愈大，因此可通过测量压差来计量流体流量的大小。

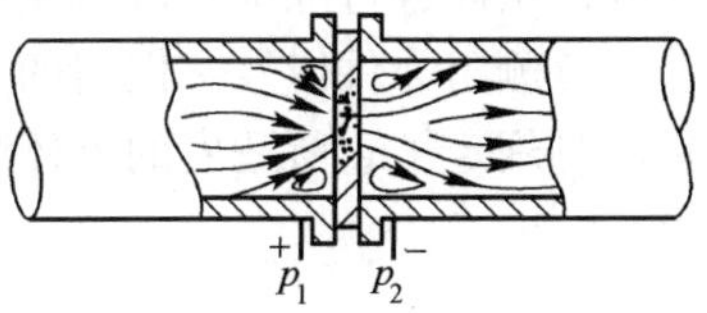

图 4－1　流体流经孔板时的节流现象

流体流过节流装置产生压差的原理称节流原理。流体流过节流装置所产生的压差和流量的关系式是：

$$Q_V = 0.003999\alpha\varepsilon d^2\sqrt{\Delta p/\rho} \tag{4-4}$$

$$Q_M = 0.003999\alpha\varepsilon d^2\sqrt{\Delta p\rho} \tag{4-5}$$

式中　Q_V——流体的体积流量，m^3/h；
Q_M——流体的质量流量，kg/h；
d——工作状态下节流装置的孔径，mm；
Δp——压差，Pa；
ρ——工作状态下流体的密度，kg/m^3；
α——流量系数；
ε——流体的膨胀校正系数。

由此可见，当 α、d 和 ε 不变时，流量与压差的平方根成正比，它们之间有恒定的关系，根据这个压差就可以测出相应的流量值。

流体的膨胀系数 ε，对液体来说，因液体是不可压缩的，所以 $\varepsilon = 1$，对气体来说 $\varepsilon < 1$，它与各种因素有关，可根据压差与工作压力的比值和被测气体的性质，从有关资料中查到。

流量系数 α，是一个影响因素复杂、变化范围大的重要系数。如果在测量过程中，不能保持 α 为恒定值，则其流量测量误差将会较大。在节流装置形式一定、孔径比（d/D）一定的条件下，当雷诺数大于某一界限值时，流量系数将不再随雷诺数变化，而趋向定值。

所以，只有在所需测量范围内（Q_{min} 到 Q_{max}）α 都保持常数的条件下，压差和流量之间才有恒定的对应关系。这是在安装节流装置和使用差压式流量计时必须注意的。

4.3.2　标准节流装置

由流量公式4－4和公式4－5可知，只有α、d和ε不变时，压差和流量之间才有恒定的对应关系。但流量系数α和气体流束膨胀系数ε受多种因素影响，需由试验求出。不同几何形状及取压方式的节流装置，α和ε值各不相同，流量和差压的关系需单独标定后才可知，因此使用很不方便。所以节流装置必须标准化。

人们对节流装置做了大量的研究工作。一些节流装置已经标准化了。对于标准化的节流装置，只要按照规定进行设计、安装和使用，不必进行标定，就能准确地得到其精确的流量系数和膨胀系数，从而进行准确的流量测量。标准节流装置是由节流件、取压装置和节流件上游侧阻力件、下游侧阻力件以及它们间的直管段所组成。图4－2所示为全套标准节流装置。标准节流装置同时规定了它所适应的流体种类、流体流动条件以及对管道条件、安装条件、流体参数的要求。

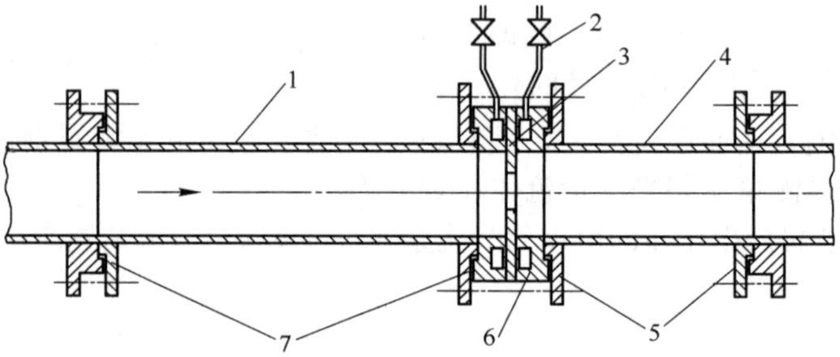

图4－2　全套节流装置

1—上游直管段；2—导压管；3—孔板；4—下游直管段；5，7—连接法兰；6—取压环室

4.3.2.1　标准节流件及其取压方式

A　标准节流件

（1）标准孔板：孔板的结构非常简单，它实际上是一块中间带圆孔的圆板，圆孔与管道同心，圆孔比管道的直径小，它由圆柱形的流入面和圆锥形的流出面所组成，如图4－3所示的就是最常用的标准孔板。标准孔板的开孔直径d是一个非常重要的尺寸，对制成的孔板，应至少取四个大致相等的角度测得直径的平均值。任一孔径的单测值与平均值之差不得大于0.05%。根据所用孔板的取压方式，直径比$\beta=\dfrac{d}{D}$（D为管道直径）总是不小于0.20或0.23，而不大于0.75或0.80。孔板开孔上游侧的直角入口边缘，应锐利无毛刺和划痕。标准孔板的进口圆筒形部分应与管道同心安装，其中心线与管道中心线的偏差不得大于$0.015\left(\dfrac{d}{D}-1\right)$；孔板必须与管道轴线垂直，其偏差不得超过±1°。

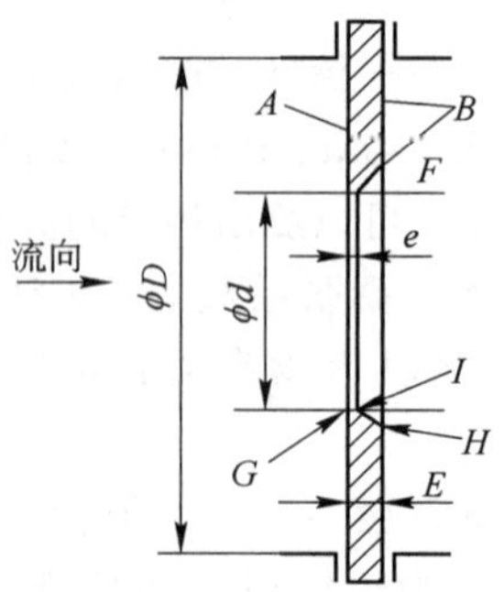

图4－3　标准孔板的结构

（2）标准喷嘴：喷嘴的制造要比孔板难，它是一块带短喇叭的圆板，流入面的截面是逐

渐变化的。

如图4－4所示，标准喷嘴的廓形由进口端面A、收缩部分第一圆弧曲面B与第二圆弧曲面C、圆筒形喉部E和出口边缘保护槽F所组成。圆筒形喉部的直径即为节流件的开孔直径，开孔直径d应是不少于8个单测值的算术平均值，其中4个是在圆筒形喉部终端，并分别在大致相距45°角的位置上测得。任一单测值与开孔直径d的平均值间的偏差不得超过±0.05%。各段形线之间须相切，不得有任何不光滑的部分。

（3）文丘里管：文丘里管像一个长喇叭管，如图4－5所示，其内表面的形状和流体的线性非常接近，流体通过时速度是逐渐变化的，压力损失很小，但由于其内部表面是一个特殊的曲面，所以制造很复杂，在目前一般的工业生产中用得很少。

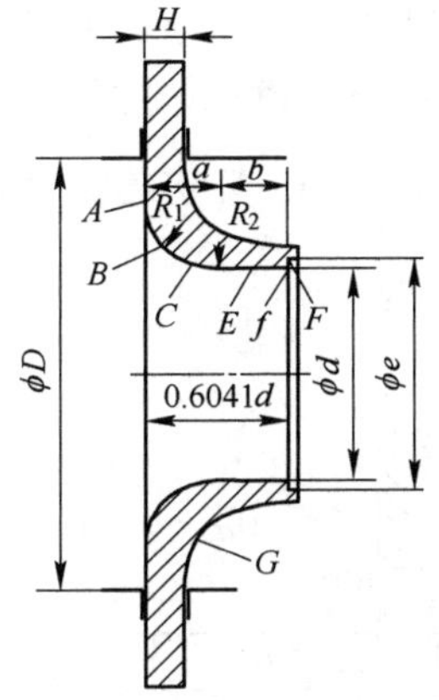

图4－4 标准喷嘴的结构

B 取压方式

目前，对各种节流装置取压的方式均不相同，即取压孔在节流装置前后的位置不同，即使在同一位置上，为了达到压力均衡，也采用不同的方法。对标准节流装置的每种节流元件的取压方式都有明确规定。

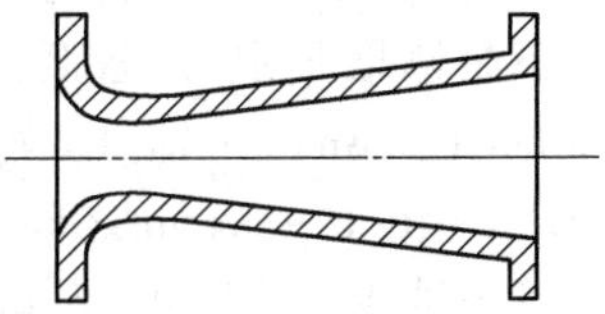

图4－5 文丘里管的结构

（1）标准孔板的取压方式：标准孔板可以采用两种取压方式：1）角接取压；2）法兰取压；如图4－6所示。

1）角接取压：采用角接取压时，孔板上、下游侧取压孔的轴线分别与孔板上、下游侧端面的距离等于取压孔径的一半或取压环隙宽度的一半，也就是取压口应紧靠节流元件上、下游端面。

角接取压又有单独钻孔取压和环室取压两种方式。

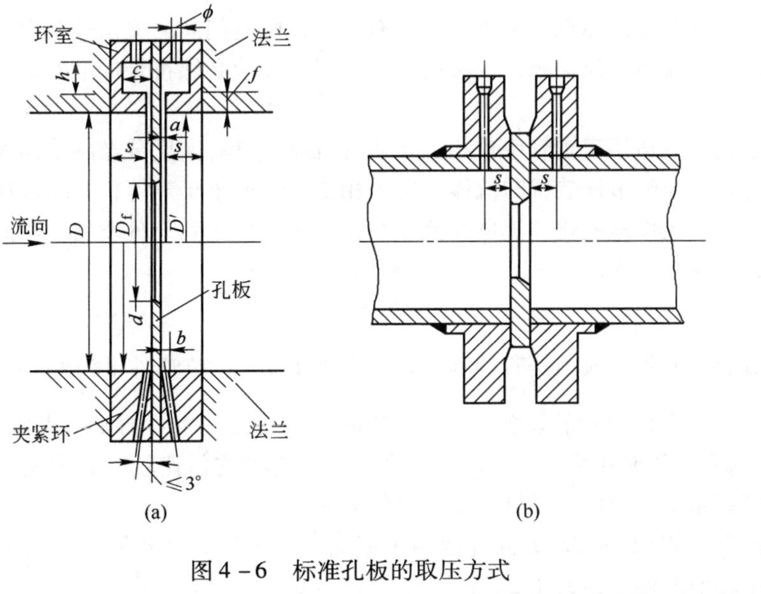

图4－6 标准孔板的取压方式

（a）角接取压（上半部为环室角接取压；下半部为单独钻孔角接取压）；（b）法兰取压

单独钻孔取压是在孔板前后夹紧环上各钻一取压孔（见图4－6（a）下半部情况），压力信号管直接接在两孔上；环室取压则是在孔板上、下端各装一环室（见图4－6（a）上半部情况），压力信号由孔板与环室空腔之间的缝隙 a 引到环室空腔，再由环室通到压力信号管道。环室的作用主要是均衡端面边缘部分的压力。环腔截面 $h \times c$ 应不小于 $\frac{\pi}{2}Da$。环室缝隙也可以采用不连续的缝隙，但至少应等角均分为四段，缝隙总面积应小于 $2hc$。

单独钻孔的取压孔直径 b 及环室缝隙宽度 a 规定为

$\beta \leqslant 0.65$ 时，$0.005D \leqslant a$（或 b）$\leqslant 0.03D$

$\beta > 0.65$ 时，$0.01D \leqslant a$（或 b）$\leqslant 0.02D$

并且 b 应在 4～10mm，a 应在 1～10mm 之间取值。

2）法兰取压：标准孔板夹于两片法兰之间，上、下游侧取压孔中心距离孔板上、下端面为 25.4mm ± 0.8mm（即 1in），取压孔径不大于 $0.08D$，并在 6～12mm 之间取值，孔轴线必须垂直于管道轴线（见图4－6（b））。

（2）标准喷嘴的取压方式：标准喷嘴仅采用角接取压，其结构形式与标准孔板角接取压结构形式相同，如图4－7所示。

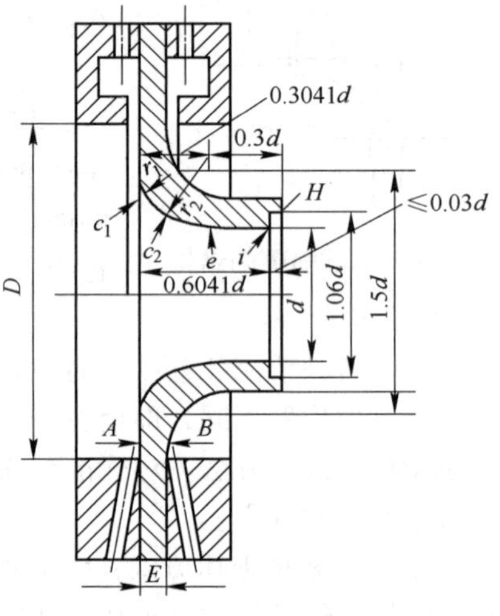

图4－7　标准喷嘴的取压方式

4.3.2.2　流体条件和管道条件

流经标准节流装置的流量与压差的关系，是在特定的流体与流体流动条件下，以及在节流件上游侧 $1D$ 处管道截面上已形成典型紊流流速分布并且无旋涡的条件下通过实验获得的。若流体及其流动条件改变或靠近节流件上游侧有旋涡，则它们间的关系就要发生变化。因此适用于标准节流装置的流体、流动条件、管道条件和安装要求必须符合标准的规定。

A　流体条件

标准节流装置只适用于圆管中单相、均质的流体或具有高度分散的胶体溶液。它要求流体必须充满管道，在流经节流装置时流体不发生相变，流速小于声速，同时流速应是恒定的或者只随时间作轻微而缓慢地变化。流体在流经节流件前，应达到充分发展的紊流，流线必须与管道轴线平行，不得有旋涡。

B　管道条件

安装节流装置的管道应该是直的（可用目测检查）。在节流件上游侧 $0D$、$\frac{1}{2}D$、$1D$ 和 $2D$ 处各取与管道轴线垂直的一个截面。在每个截面上，以大致相等的角距离取4个内径单测值，共得16个单测值，并求其算术平均值。任意单测值与平均值比较，其偏差应不大于±0.3%。符合该要求的算术平均值即为设计节流件时的 D 值。

在节流件下游侧 $0D$ 和 $2D$ 处同样取两个截面，与上述方法相同，得到8个单测值，其任意单测值与平均值的偏差不大于±2%。

管道内部应该洁净。在节流件上游侧 $10D$ 长度的管道内，当管道内壁相对平均表面粗糙

度 K/D 小于表 4－1 所规定的限值时，则可认为是光管（实验条件），可使用光管流量系数 a_0；若大于表 4－1 所规定的限值，则为粗糙管，应该使用粗糙管流量系数 a。

表 4－1　光管相对平均表面粗糙度 K/D 极限值

β^2		0.063	0.071	0.10	0.15	0.20	0.30	0.40	0.50	0.60	0.64
$\frac{K}{D}\times10^4\leqslant$	孔板	55.0	42.0	20.0	8.7	6.3	4.7	4.2	4.0	3.9	3.9
	喷嘴			31.0	12.2	7.7	5.3	4.6	4.2	3.9	3.9

为了保证流体有典型紊流状态，不发生旋涡或旋转流等不正常流动状态，对节流件前后的直管段要求不小于一定的数值。该值与节流件上游侧局部阻力件形式和节流件直径比 β 有关。

4.3.3　节流装置的维护

4.3.3.1　选用原则

为了选择最适宜的节流装置，在生产自动化中发挥其应有的作用，应根据测量的精确度，压力损失的大小，直管段的必要长度，对腐蚀、磨损的脏污物的敏感性，结构的复杂程度，安装使用是否方便，以及产品价格等各方面来考虑。

一般节流装置在选型时应按下列原则进行：

（1）孔板、喷嘴和文丘里喷嘴一般都用于直径 $D\geqslant50$mm 的管道中，如被测介质高温、高压，则可选用孔板或喷嘴；而文丘里喷嘴只适用于低温流体介质。

（2）要求节流装置产生的压力损失较小时，可采用喷嘴、文丘里喷嘴或文丘里管。但在压差值相等以及被测流量也相等时，孔板和喷嘴的压力损失大小一般是相同的。文丘里喷嘴和文丘里管较孔板和喷嘴的压力损失值要小得多。

（3）测量某些容易使节流装置弄脏、磨损和变形的脏污介质时，喷嘴要比孔板好得多。

（4）流量值和压差值都相等时，喷嘴比孔板的截面比要小。在这种情况下，喷嘴有较高的测量精度，而且需要的直管段长度也较短。采用环室取压法也可提高精度。

（5）在加工、制造、安装方面，以孔板为最简单，喷嘴次之，文丘里管和文丘里喷嘴最复杂，其成本也与此相同，而管径越大时，这种差别也就越显著。

4.3.3.2　使用注意事项

在安装和使用标准节流装置时，应注意如下事项：

（1）必须保证节流装置的开孔和管道的轴线同心，并使节流装置端面与管道的轴线垂直。

（2）在节流装置前后长度为两倍于管径的一段管道内壁上，不得有任何突出部分。

（3）任何局部阻力（如弯管、三通管、闸阀等）均会引起流速在截面积上重新分布，引起流量系数变化。所以在节流装置的上、下游必须配制一定直管段长度。

（4）导压管应按最短距离敷设，为了不使管道中积聚气体或水分，导压管应保持垂直。

（5）在测量黏性介质和腐蚀介质时，必须装有隔离器。

（6）在使用差压流量计时，必须使被测介质充满管道，流速是常数或近似于常数。通过节流装置时，被测介质的流向需保持不变。

（7）安装时，被测介质的流向要与环室上的方向一致，即流向要对准孔板的锐边。

4.3.3.3　维护

生产上进行大、中修或定期检修时，应对某些有明显误差或用在测量腐蚀性和比较脏污流体的节流装置，进行重点检查和修理。

节流装置拆下后，首先检查孔径、管径是否符合设计要求，检查孔板边缘的状况，然后根据不同的情况进行修理，常遇到的节流装置缺陷和解决方法有以下几种：

（1）孔板进口面圆柱形部分的边缘因磨损或腐蚀，尖锐部分变圆了，会使指示值偏低4%~5%，应重新制作或扩大锐孔。重新制作时，应选择合适的材料，以延长孔板的使用期限；扩大锐孔时，应进行必要的计算，更换差压计的差压值和重画刻度板。

（2）因磨损、腐蚀或制造时的毛病，节流装置的孔径增大时必须重新加工。

（3）孔板产生弯曲变形，其原因是安装不正确或材料强度不够所造成的，并使仪表示值产生明显的误差。这时应将变形的节流装置换掉，查出原因，采取相应的措施，防止变形再次发生。

（4）孔板或喷嘴的边缘从入口端向出口端扩展，其原因主要是孔板或喷嘴使用的材料太软，应选择较硬的材料制作。

（5）节流装置入口端表面上有脏物或胶状物，应用汽油清洗，并保持节流装置平面的平整、孔径的内表面光滑。

（6）孔板锐孔和喷嘴内表面有个别伤痕、毛刺等应用细油石逐个磨平，使锐孔边缘尖锐，孔板圆柱形和喷嘴内表面光滑。

（7）节流装置取压口或环室被脏物、胶状物堵塞。可用铁丝疏通取压口，去除脏物后再用汽油或合适的溶剂进行清洗。

4.3.3.4　制造节流装置的材料

标准节流装置在使用过程中，会由于被测介质的腐蚀或机械磨损而产生变形。诸如孔板开孔入口处边缘的变钝，会引起流量系数的增大，而产生测量误差。因此，正确选择节流装置的材料，是保证工作可靠和测量精度的一个重要措施。适合于不同测量介质的常用材料有：

（1）测量水蒸气、湿空气和某些气体时，对于孔板，可采用Cr17、1Cr18Ni9Ti、Cr23Ni18以及其他牌号的耐酸钢；对于喷嘴和文丘里管可采用耐酸铸铁。

（2）测量温度超过400℃和高压下的过热蒸汽的流量时，可采用Cr6Si、Cr18Ni25Si、Cr25Ni20Si2以及其他牌号的耐热钢。

（3）测量水或某些液体流量时，可采用黄铜、青铜、硅铝合金、耐酸铸铁，也可采用Cr18Ni12Mo2Ti、2Cr18Ni9及其他牌号的耐酸钢。

（4）测量氯、二硫化碳、氧化铝溶液等腐蚀性溶液的流量时，可采用各种牌号的耐酸钢、硬橡胶、氟塑料等。

（5）测量硝酸、醋酸、碱类（浓度为5%~15%）、有机物质（四氯化碳、乙醇、酚、原油）、空气、湿空气、混合气体（氢、氧和氮）等流量时，可采用1Cr18Ni9Ti、Cr23Ni18、Cr18Ni12Mo2Ti、Cr25Ni20Si2等合金钢。

4.3.3.5　标准节流装置的使用条件

使用标准节流装置进行流量测量时，必须满足如下条件：

（1）被测介质应充满全部管道截面，并沿着内径不小于50mm的圆形管道流动；对文丘里管则其管径不应小于100mm，亦不能大于800mm。

（2）管道内的流速是稳定的，或者实际上可以认为是稳定的（当流速稳定时，在同一点的流速和压力不随时间而变化）。

（3）被测介质通过节流装置时，其相态不变，如液体不蒸发，过热蒸汽仍然是过热的，溶解在液体中的气体不析出等。同时是单相存在的；对于成分复杂的介质，只有其性质与单一成分的介质类似时，才能使用。

（4）测量气体（蒸汽）流量时所析出的冷凝水或灰尘，或测量液体流量时所析出的气体或沉淀物，既不得聚积在管道中的节流装置附近，也不得聚积在连接管内。

（5）在测量能引起节流装置堵塞的介质流量时，必须进行定期清洗（吹洗或清刷）。

（6）在距离节流装置两端面2D的管道内表面上，没有任何凸出物和肉眼可见的粗糙与不平现象。

4.3.4　差压计

前面已经提到，差压式流量计主要由节流装置和差压计两部分组成。节流装置前后的压差测量就是用各种差压计实现的。工业上采用的差压计的种类很多，如膜片式差压计、双波纹管差压计、电动差压变送器、气动差压变送器等。

4.3.4.1　双波纹管差压计

A　双波纹管差压计的结构原理

双波纹管差压计由测量和显示部分所组成，并且两部分紧密地组合在一起，构成基地式仪表。

（1）测量部分：双波纹管差压计是基于位移平衡原理工作的，如图4－8所示。当流体流经节流装置1时，产生差压$\Delta p = p_1 - p_2$，分别经导压管2、4、阀3进入高低压外壳15、9，作用在高、低压波纹管14、8上，产生向右方向的测量力（$p_{测} = \Delta pF$，F为波纹管的有效面积）。高压波纹管14内的填充液10因受压后通过中心基座6上的阻尼阀13周围间隙流向低压波纹管8，则高压波纹管14压缩，低压波纹管8伸长，从而使连接轴16向右方向位移，一方面使量程弹簧7拉伸，另一方面通过推板12推动摆杆11带动扭管5反时针转动一个角度α，直至量程弹簧7和扭管5在推板12上产生一反作用力$p_{反}$和测量力$p_{测}$平衡（即$p_{反} = p_{测}$）为止，此时波纹管不再移动，平衡在一个新位置上。

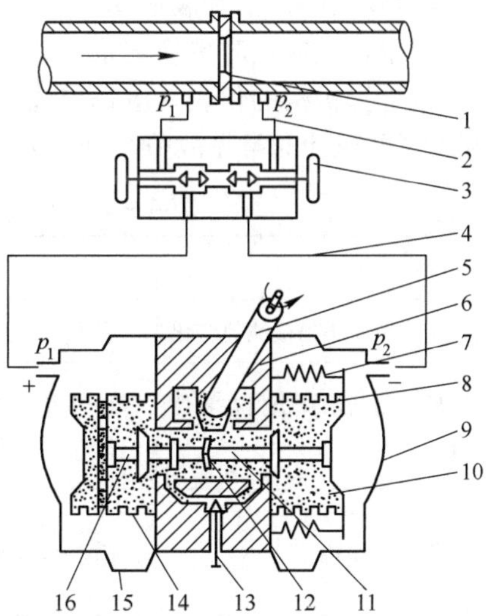

图4－8　双波纹管差压计原理示意图

1—节流装置；2，4—导压管；3—阀；5—扭管；6—中心基座；7—量程弹簧；8—低压波纹管；9—低压外壳；10—填充液；11—摆杆；12—推板；13—阻尼阀；14—高压波纹管；15—高压外壳；16—联接轴

当高、低压波纹管14、8、量程弹簧7和扭管5的刚度在线性范围内时，扭管5的转角α就正比于差压Δp。扭管5的转角α通过主动杆传给显示部分。

考虑到现场开、停工中，可能由于操作不当，出现高压侧或低压侧管线泄漏引起单向受压情况（即单向压力过大），造成对波纹管的破坏，在连接轴16的左、右两边都装有单向受压的保护阀。在出现单向受压时，保护阀将贴紧于中心基座6上，从而阻止工作液进一步流动，使左右两边的波纹管内腔成为互相隔绝的密封系统。这时，由于工作液的不可压缩性，波纹管不致继续变形而造成损坏。

为消除双波纹管差压计在使用过程中出现指针来回摆动的振荡现象，在仪表的结构上设有可调整阻尼度的阻尼阀，关小阻尼阀，阻尼作用增强，可以消除振荡现象，但不宜关得过小使阻尼太大，一般以使仪表既能保证有足够的灵敏度，又不致产生剧烈振荡为好。

（2）显示部分：双波纹管差压计的显示部分有指示、记录、计算、电或气远传部分，根据使用的不同要求，系列内有不同型号的产品，其显示部分也不同。

B　双波纹管差压计的维护

双波纹管差压计的日常维护主要是：

（1）在使用时间内，仪表应保持密封，以防止灰尘进入仪表。

（2）使用中，应经常注意仪表的示值是否正常。

（3）仪表每月应检查和调整零位一次。

（4）导压管每三个月应进行一次排气（或排液）工作。

（5）仪表和导压管每年应拆开进行全面检查，清除一切杂物，同时进行检查和调整仪表示值的零位、量程和线性。

（6）节流装置和它的前后管道每年应检查一次，清除一切杂物和污垢。

（7）当仪表的示值与被测值有显著差异时，应进行全面检查和调整。

（8）仪表的差压量程范围不应超过铭牌上的规定，短时超负荷不得超过仪表差压量程范围的20%，超过时应立即进行检查和调整。

（9）保持仪表的清洁和表玻璃的清晰，以便于读数和观察。

（10）记录仪表应按时更换记录纸和添加记录墨水。

（11）带计算机构的仪表，应每周核对一次计算器示值的误差。

双波纹管差压计的常见故障与处理方法列于表4－2。

表4－2　双波纹管差压计故障分析与处理

故障现象	产生原因	处理方法
指示值小于或反映不出被测值变化	引入差压值的导压管密封不良	消除不密封现象
差压引入后，但指示针仍指在零位或零位附近	1. 平衡阀未关上或未关紧； 2. 节流装置处的导压阀未打开	1. 关紧平衡阀； 2. 依次打开节流装置的导压阀
指示针向负方向偏转	高、低压导压管连接有错误	检查导压管的连接，高压管是否装在红色手轮的阀处
指示针没有动作	1. 连杆开脱； 2. 连杆上的钢珠脱落	1. 打开表门，将连杆装上； 2. 调换新的连杆，或将旧连杆重焊钢珠
记录值小于或反映不出被测值变化	引入差压值的导压管密封不良	清除不密封现象

续表 4－2

故障现象	产生原因	处理方法
记录笔尖没有画线或画线断续、粗细不匀	笔尖堵塞或有污物	用镊子将记录笔尖拔下，然后清理笔尖脏物或调换新笔尖
记录画线中断	笔尖没有全部接触记录纸	轻轻地压下记录笔尖
记录画线不符合时间弧线	1. 记录笔长短不符合要求； 2. 记录纸没有对准中心	1. 调整记录笔长度使与记录纸上的时间弧线相符合； 2. 将记录纸对准中心
按上开关，同步电动机不转动	导电装置的插头接触不良	检查和校正插头的接触情况
差压引入后，但记录笔尖仍指在零位或零位附近	1. 平衡阀未关上或未关紧； 2. 节流装置处导压阀没有打开	1. 关紧平衡阀； 2. 依次打开节流装置的导压阀
记录笔向负方向偏转	高、低压导压管连接错误	检查导压管的连接，高压管是否装在红色手轮的阀处

C 双波纹管差压计检修和调校

测量系统内的波纹管和扭力管内部充以工作液体，并在制造过程中将其封死，这种液体对于仪表单向过载保护是极为重要的，因此一般不能随意拆装，只有当测量室内由于工艺流体在其中形成沉淀物，必须清洗时，才可以拆动其外壳，但不能从中心基座上拆卸波纹管和松开扭力管，或者拆卸中心基座上的封口塞和阻尼阀，以免流失填充液。如果发现有填充液泄漏出来，那么整个测量系统都必须更换，或与制造厂联系进行修理。

（1）清洗测量室和波纹管：一般情况可以利用两侧凸缘上的引压孔进行清洗（或吹洗），如果仪表用来测量可冷凝出焦油或其他半固态物质的污垢液体时，为了清洗沉淀物，则需取下测量部分的外壳，并按下列步骤进行：

1）关闭三通阀上的两切断阀。

2）拆下切断阀与仪表之间的高、低压导压管。

3）用 12mm 内六角扳手将紧固外壳的螺栓和螺帽松掉，取下中心基座两侧的外壳。

4）用汽油清洗外壳的内表面和波纹管的外表面，如果灰尘、焦油或其他杂质凝聚在波纹管的波缝上，可用软毛刷和适当的溶剂来清洗，而决不能用钢丝刷、小刀或其他容易损坏波纹管元件的工具。

5）利用中心基座上的两导杆，将两侧的外壳装在原先的位置上。

6）用螺帽将螺栓旋紧，并保证测量室与中心基座密封。旋紧时，四角用力必须均匀，最好采用扭力扳手，其最大力矩不要超过 90N·m。

7）将取下的零件装在原先位置上，仪表重新投入运行。

（2）调节量程弹簧组：若发现输出轴在输入差压信号情况下不能启动，或在输入的差压信号未达到最大值输出轴就停止转动时，则分别表明波纹管的活动距离过小或过大。这些都需对量程弹簧组进行调节。调节方法是将外壳卸下，在低压侧用量程弹簧微调扳手转动固定量程弹簧组一端的螺母。反时针转动，减小量程弹簧的拉紧程度，可使波纹管的活动距离增大；顺时针转动，则减小。

（3）更换差压量程范围：若需把差压量程范围更换为其他标准规格时，需更换量程弹簧组。更换时，首先卸下外壳，并旋下紧固量程弹簧支承架的紧固零件，取下量程弹簧组，装上所需规格的新量程弹簧组，然后，调节量程弹簧组。新换的弹簧组必须经过疲劳试验才能使用，否则仪表投入后不能保持稳定运行。

4.3.4.2　膜片式差压计

A　膜片式差压计的结构原理

膜片式差压计由膜片式差压变送器和显示仪表两部分所组成。由于膜片式差压变送器的输出是电信号，故它的流量显示部分——显示仪表可以方便地装在远离生产现场的仪表室内。

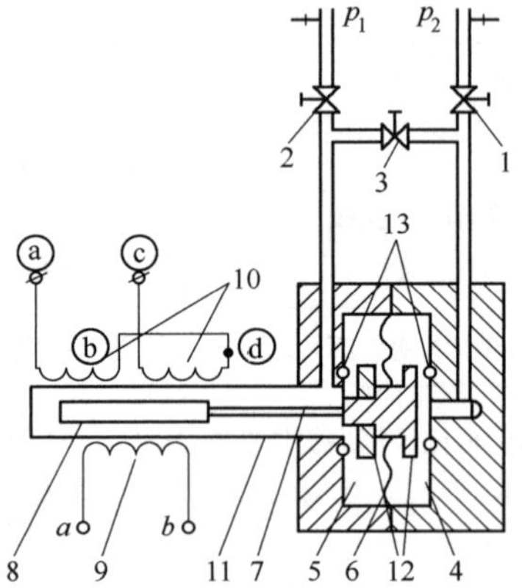

图 4－9　膜片式差压计结构原理图

1—高压端切断阀；2—低压端切断阀；3—平衡阀；4—高压室；5—低压室；6—膜片；7—非磁性杆；8—铁芯；9，10—差动变压器的初级和次级线圈；11—非磁性材料的密封套管；12—保护用挡板阀；13—保护用密封环

膜片式差压计的结构原理如图 4－9 所示。膜片是压成三角形、梯形或正弦波形等波浪起伏纹的圆形金属片。膜片中心位移和差压间的关系与膜片直径、厚度、材料、波纹形状、波纹深度和波纹数目有关。膜片式差压计一般适用于测量微差压。当差压引入后，膜片在差压作用下发生位移，通过连杆 7 使差动变压器的铁芯 8 在差动变压器线圈中随之移动。初级线圈与次级线圈ⓐ－ⓑ的耦合程度随差压的增大而增强，而与次级线圈ⓒ－ⓓ的耦合程度则被削弱。次级线圈ⓐ－ⓑ的输出电压 U_{ab} 大于次级线圈ⓒ－ⓓ的输出电压 U_{cd}，则次级线圈的总输出电压 $U_{ac}=U_{ab}-U_{cd}$ 与被测差压 $\Delta p=p_1-p_2$ 之间成线性关系，从而使位移信号变为电压信号输出。

膜片的最大允许变形量（位移）为 1mm。由于误操作或其他原因使膜片承受过大的差压时，与膜片夹紧在一起的挡板阀 12 将压紧密封环 13，使测量室的液体被封闭，阻止膜片的继续变形。因此，在使用前应排除气泡，充满工作液；如测量气体时，应灌满水或变压器油。另外，差压测量室中液体应保持洁净，如有固体颗粒，则会影响密封环和挡板间的紧贴密封，以致起不到保护作用。

如果把两片波纹膜片的周边滚焊起来形成膜盒，则可产生较大的位移；几个膜盒串联起来使用，所产生的位移则更大。

B　膜片式差压计的维护

膜片式差压计的日常维护主要是：

（1）定期打开平衡阀，关闭高、低压阀检查零位。装有检查开关的仪表，定期将开关拨到检查位置，指示（或记录笔）应指在零位。零位不对，按零位调整方法调零。

（2）观察指示和记录情况，当指示波动大，影响正常读数时，可通过调节高、低压阀的开启度来改变阻尼特性，使其达到要求为止。

（3）仪表指针或记录笔摆动不停，可以适当减少放大器的灵敏度，但不应过小，否则会降低仪表的精度。一般调整时，以指针或记录笔最多摆动三次后即停止在新的平衡位置为宜。

（4）观察记录仪表的记录纸上的记录曲线是否有间断，记录纸运行时间和工作时间是否对准。无记录墨水时，应及时添加。添加墨水时，先取下记录纸面板，取出墨水瓶加入墨水，然后再在墨水瓶盖上的弯管上插上毛细管，用手捏鼓气工具鼓气（或用嘴吹），使墨水从通往记录笔的毛细管内上升，直到墨水从记录笔尖内流出为止。如果笔尖有堵塞现象，可用细钢丝疏通。

（5）记录式仪表每天要定时更换记录纸，采用钟表驱动记录纸时，要定期上发条。

（6）定期对导压管线进行排污或排液处理。排污或排液时应先停表后，再打开排污或排液阀。

膜片式差压计常见的故障与处理方法列于表4－3。

表4－3　膜片式差压计的故障与处理方法

故障现象	处理方法
当有差压时，仪表无指示	1. 差压计与仪表之间的接线是否正确，线头有否脱落； 2. 打开差压计罩壳，观察差压计内部接线有否脱落； 3. 用万用表测量差动变压器线圈的电阻值，初级约70Ω，次级约110Ω，电阻值测不出或相差很大，则线圈断路或短路； 4. 按电气线路检查方法，检查电气线路是否正常； 5. 拆开测量室，检查膜片有否损坏
仪表零位偏差大	1. 检查和调节仪表的机械零位； 2. 检查测量室内有无气体或液滴，进一步排除气体或液滴
在校验中发现动作正常，但变差大，在运行中有跳动现象；	1. 检查仪表本身是否有毛病； 2. 清洗测量室内的隔离套管。清洗时注意不要损坏膜片，弄断线圈
仪表指示灯不亮、仪表不工作	1. 差动变压器测量系统连接导线是否接错和断线； 2. 切断电源，将电源开关拨在“开”字处，用万用表测量220V输入端子的电阻，正常应为600～700Ω左右，如果测不出电阻，可先检查保险丝、开关，再看变压器； 3. 检查指示灯两端电阻，如测得电阻在15～25Ω之间，说明指示灯良好；如不通，则更换指示灯； 4. 取下指示灯，从两接片上测量电压，应为14V左右，电阻为150Ω左右，否则检查电源变压器14V绕组及差动变压器初级是否断路或短路； 5. 检查放大器印刷电路板与插座接触是否良好，焊线有否脱落； 6. 取下放大器印刷电路板，检查板上是否有明显的断线或短路
指示灯亮而仪表不工作	1. 取下放大器印刷电路板，检查板上是否断线或短路； 2. 测量放大器上各级的电压值，从电压值正常与否确定故障所在； 3. 检查直流可逆电机线圈是否断线或短路
当流量增加时，仪表指针向流量减小方向移动	将差压变送器的初级绕组对换一下，或者将电源火线与地线对换一下即可
人体接触壳体，指示有明显的变化	仪表接地不好，将仪表壳体及信号线屏蔽层良好地接地

C　膜片式差压计的检修

（1）差动变压器的检修：差动变压器的线圈损坏后，一般均应更换新的差动变压器或重新绕制，重新绕制线圈的方法是：

1）拆出原有的线圈骨架，若骨架已坏，可按原尺寸用绝缘棒重新制作。

2）绕制初级线圈，取直径为0.17mm的高强度漆包线，采用双线并绕法，均匀密绕725匝。

3）次级取直径为0.17mm的高强度漆包线，用同样的方法在初级线圈外层绕1250匝。

在初级和次级线圈之间要衬垫一层牛皮纸或其他绝缘纸。

4）将绕好的差动变压器进行平衡试验。在初级线圈上加以6V（50Hz）的交流电压，用真空管毫伏计测量次级线圈的不平衡电压，逐圈拆去其中某一段的数匝，使不平衡电压降到0.2mV以下。

5）经平衡试验调整后的差动变压器线圈，放到70℃左右的烘箱内烘4h，拿出浸绝缘清漆。再在100℃的烘箱内烘干，然后自然冷却，焊上引出线，再用黄蜡绸包好。

（2）测量室的拆卸和装配：当单向保护密封环脱落，膜片损坏或清洗测量室时，需对测量室进行拆装，拆装的步骤如下：

1）取下四个紧固螺栓，旋出高压室与三通阀连接的接头，即可取出高压室和膜片。

2）用软毛刷清洗高、低压室和膜片。

3）检查单向保护密封环是否损坏或脱落。

4）待清洗干净，密封环更换或装好后，按拆卸相反次序装上。

5）装配时注意不要使铁芯与隔离套管的内孔卡住，单向保护环和单向保护板之间的距离保持在1.2～1.5mm之间。

（3）膜片的更换：膜片损坏或更改差压测量范围时，首先按上述步骤拆出测量室，再松开单向保护板，取出膜片及密封垫，选择符合需要的新膜片换上。更换膜片后，需重新调整铁芯与差动变压器线圈的相对位置，使铁芯处于线圈的中间。

调整方法是：把线圈的次级接到真空管毫伏表上，慢慢地旋转调整螺母，使毫伏表的读数为最小值。再按调整的方法重新校验。

4.3.5 差压流量计的安装

一套差压流量计包括节流装置、差压引压导管和差压计三部分。如果安装不能符合规定的各项技术要求，将会对差压式流量计的测量精度和使用带来很大的影响，因此必须十分重视安装工作。

4.3.5.1 节流装置的安装

A 安装地点

（1）流体在节流装置前后，应始终保持单相流体，即气体或液体，蒸汽不应含水。

（2）流体在节流装置前后有足够的直管段。一般孔板前为10～20D，孔板后为5D，D为管道内径。

B 安装前的检查

（1）管道直径是否符合设计要求。

（2）节流装置孔径必须与设计相符。

（3）节流装置加工精度必须符合要求。

（4）节流装置用的垫圈内径不得小于管径，可比管径大2～3mm。

（5）节流装置用的法兰焊接后必须与管道垂直，不得歪斜。法兰中心与管道中心应重合；焊缝必须平整光滑。

（6）节流装置的管道前后，至少 2 倍管道直径的距离内无明显不光滑的凸块，无电、气焊的熔渣，无露出的管接头、铆钉等。

（7）环室取压时，环室内径不得小于管道的直径，可比管道直径稍大。

（8）孔板、环室及法兰等在安装前应清除积垢和油污，并注意保护开孔锐边不得碰伤。节流装置安装应在管道吹洗干净后及试压前进行，以免管道内污物将节流装置损坏或将取压口堵塞。

C 安装

（1）节流装置安装的方向必须使孔板的圆柱形锐孔和喷嘴的喇叭形曲面部分对着流体的流向。

（2）节流装置取压口的方位应符合下列规定：

1）测量液体流量时，取压孔应位于管道下半部与管道水平中心线成 0 ~ 45°角范围内（图 4 − 10（a））。

2）测量蒸汽流量时，取压孔应位于管道上半部与管道水平中心线成 0 ~ 45°夹角范围内（图 4 − 10（b））。

3）测量气体流量时，取压孔应位于管道上半部与管道垂直中心线成 0 ~ 45°夹角范围内（图 4 − 10（c））。

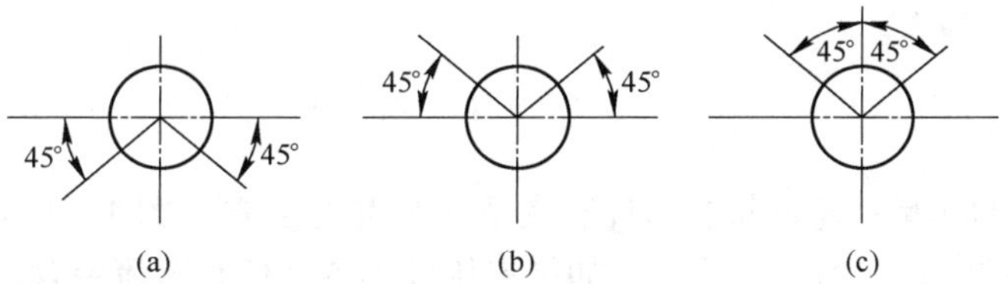

图 4 − 10 测量不同介质时节流装置取压口方位规定示意图
（a）液体；（b）蒸汽；（c）气体

在垂直管道上，两个差压取压口可在管道的同一侧或分别位于两侧。

（3）节流装置与垫圈的中心必须与管道的中心重合，其偏心度不得超过以下规定：

当 d/D 大于 0.6 时，应小于 $0.01D$；

当 d/D 大于 0.4 时，应小于 $0.015D$；

当 d/D 小于 0.4 时，应小于 $0.02D$。

（4）在靠近节流装置的引压短管上，必须安装切断阀。此阀门不得装在隔离器或冷凝器的后面。

（5）节流装置安装好后，应对管径、孔径等做安装记录。

（6）节流装置的设计及变更的计算数据应有完整的原始资料。

4.3.5.2 差压引压导管的安装

（1）引压导管应按最短距离敷设，它的总长度应不大于 50m，但不得小于 3m。管线的弯曲处应该是均匀的圆角，拐弯曲率的半径不小于管外径的 10 倍。

（2）引压导管管路的装设应保持垂直或与水平面之间成不小于 1∶10 的倾斜度，并加装气体、凝液、微粒的收集器和沉淀器等，定期进行排除。

（3）引压导管应既不受外界热源的影响，又应注意保温、防冻。

（4）对差压计有腐蚀作用的介质，为了防腐应加装充有中性隔离液的隔离罐；对蒸汽流量测量，则应加装冷凝罐。

（5）全部引压管路应保证密封，而无渗漏现象。

（6）引压管路中应装有必要的切断、冲洗、排污等所需要的阀门，安装前必须将管线清理干净。

（7）导压管内径的选择与导压管长度有关。表 4－4 可作参考。

表 4－4　导压管长度和最小内径

导压管内径/mm　导压管长度/m　被测流体	<1.6	1.6～4.5	4.5～9
水、水蒸气、干气体	7～9	10	13
湿气体	13	13	13
低中黏度的油品	13	19	25
脏液体或气体	25	25	38

4.3.5.3　差压计的安装

差压计的安装主要是安装地点周围条件（例如温度、湿度、腐蚀性、振动等）的选择。如果安装现场的周围条件与差压计使用时规定的要求条件有明显差别时，应采取相应的预防措施，否则应改换安装地点。

4.3.5.4　安装示例

（1）液体流量的测量：建议将差压计装在节流装置的下方（图 4－11）。主要是防止液体中可能有气体进入并积存在引压管路内。如果差压计不得不装在节流装置的上方时，建议从节流装置开始引出的连接管先向下面后再弯向上面，以形成 U 形液封。在导压管路的最高点上，要装设集气器（图 4－12）。

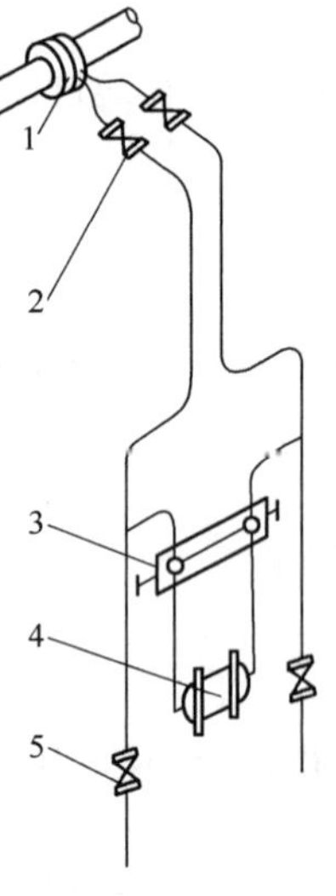

图 4－11　测量液体流量时节流装置与差压计的安装示意图（差压计装在下方）
1—节流装置；2—导压阀；3—三阀组；4—差压计；5—排放阀

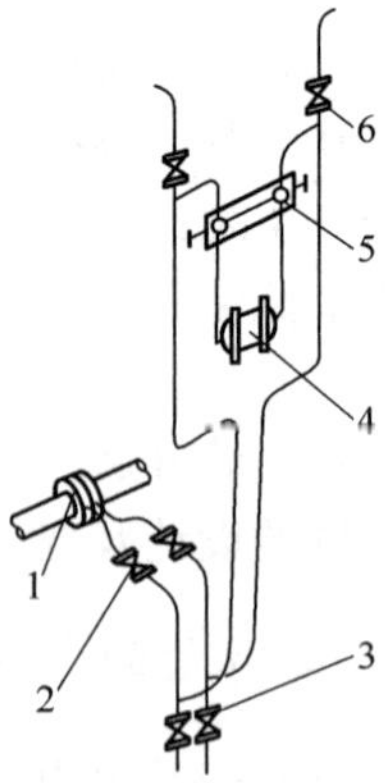

图 4－12　测量液体流量时节流装置与差压计的安装示意图（差压计装在上方）
1—节流装置；2—导压阀；3—排污阀；4—差压计；5—三阀组；6—排气阀

（2）气体流量测量：建议将差压计装在节流装置的上方（图4－13），主要是防止液体污物和灰尘等进入导压管路内。如果差压计不得不装在下方时，则须在导压管路的最低点处装设沉降器，以便排出凝液和灰尘（图4－14）。

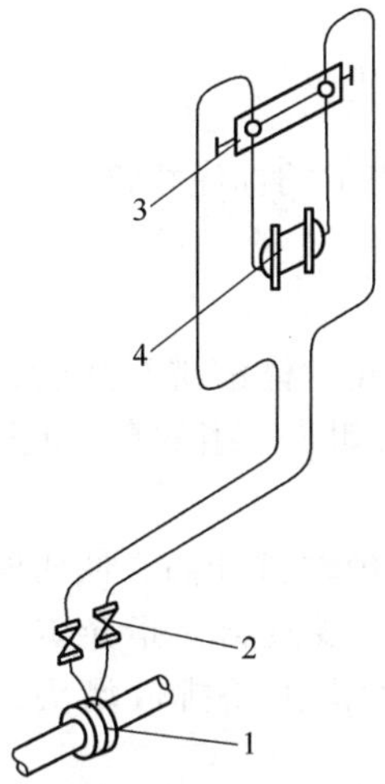

图4－13　测量气体流量时节流装置与差压计的安装示意图（差压计装在上方）
1—节流装置；2—导压阀；3—三阀组；4—差压计

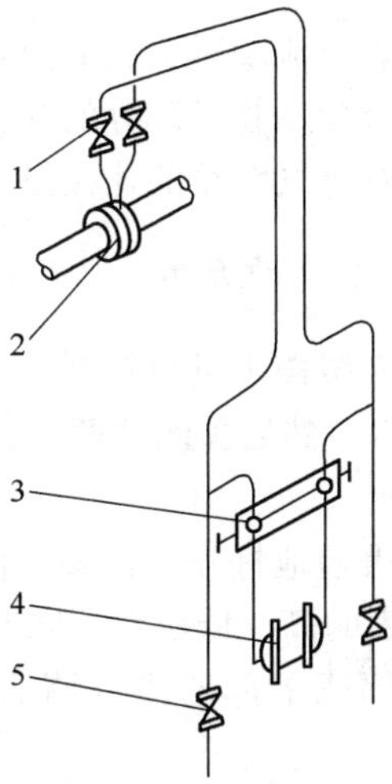

图4－14　测量气体流量时节流装置与差压计的安装示意图（差压计装在下方）
1—导压阀；2—节流装置；3—三阀组；4—差压计；5—排放阀

（3）蒸汽流量的测量：在近节流装置处的差压连接管路上，应装设两个平衡器（图4－15），主要是保持两根引压导管内的冷凝柱高度相等，并防止高温蒸汽与差压计直接接触。差压计应装在节流装置的下方，两个平衡器应位于同一水平面上。如果差压计不得不装在上方时，可参考图4－16的安装图。

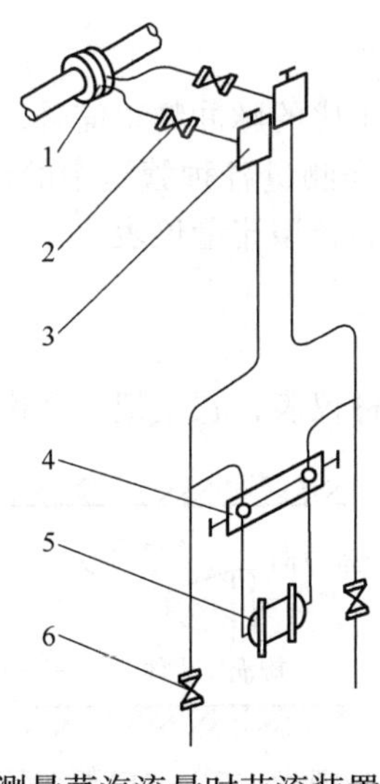

图4－15　测量蒸汽流量时节流装置与差压计的安装示意图（差压计装在下方）
1—节流装置；2—导压阀；3—冷凝容器；4—三阀组；5—差压计；6—排放阀

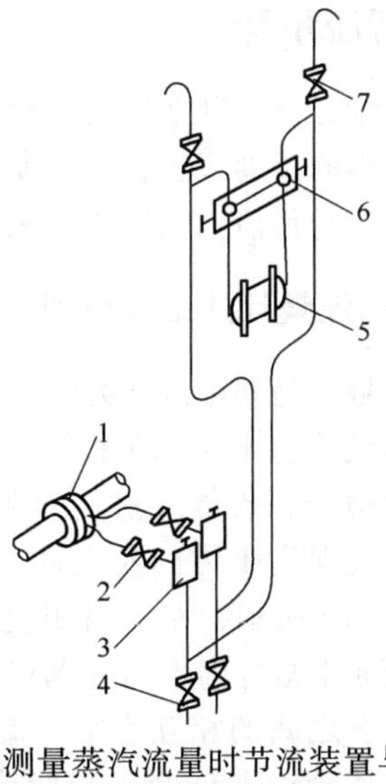

图4－16　测量蒸汽流量时节流装置与差压计的安装示意图（差压计装在上方）
1—节流装置；2—导压阀；3—冷凝容器；4—排污阀；5—差压计；6—三阀组；7—排气阀

4.3.6　差压流量计的使用

4.3.6.1　使用前的检查

（1）检查节流装置引出的连接管上的截止阀是否关闭。

（2）检查导压管各部分的连接是否密封。

（3）检查电气线路的连接是否正确，电源电压是否与标牌上的标注相符。

4.3.6.2　流量计的开用

（1）首先缓慢小量地打开两个截止阀，用管道内的液（气）体清洗导压管，以免铁锈和污物进入表内，然后关闭这两个截止阀，接上仪表差压计，关闭三阀组的高、低压阀，打开三阀组的平衡阀。

（2）再缓慢地打开截止阀，使介质充满导压管，然后缓慢地打开高、低压阀，使介质缓慢地进入仪表的高、低压室。同时将空气（指介质为液体时）或液滴（指介质为气体时）从高低压室上部或下部的排放堵头排出，排放要彻底，排尽后即关闭排放堵头，关闭高、低压阀。

（3）打开高压阀，关闭平衡阀，再打开低压阀，流量计就可投入使用。

（4）当测量腐蚀性液（气）体流量时，应在截止阀后设立隔离罐，在注入隔离液时，先将两导压阀关闭，然后将高、低压阀打开，并且打开排放堵头，从两隔离罐的顶部注入隔离液。待隔离液由排放堵头处流出并已充满隔离罐时，关闭排放堵头和高、低压阀（注意：在注液过程中，要连续注入，避免导压管内混有气泡）。最后缓慢地打开截止阀，使被测介质的差压直接作用在隔离液上，再按上述（3）的步骤开用仪表。

（5）当测量蒸汽流量时，应在截止阀后设立冷凝罐。在注入冷凝液——水的时候，其操作步骤同上所述的相同。

4.4　涡街流量计

涡街流量计是一种新型的流量计。输出信号是与流量成正比的脉冲频率信号，可远距离传输，不受流体的温度、压力、黏度等因素的影响。它可以用来测量各种管道中的液体、气体、蒸汽的流量，是目前工业控制、能源计量及节能管理中常用的新型流量仪表。

4.4.1　涡街流量计的工作原理

涡街流量计是利用流体力学中卡门涡街的原理制作的一种仪表，它是把一个称作旋涡发生体的对称形状的物体（如圆柱形、棱柱形、T柱形等）垂直插在管道中，流体绕过旋涡发生体时，出现附面层分离，在旋涡发生体的左右两侧后方会交替产生旋涡，如图4－17所示，左右两侧旋涡的旋转方向相反。这种旋涡列通常被称为卡门旋涡列，也称卡门涡街。

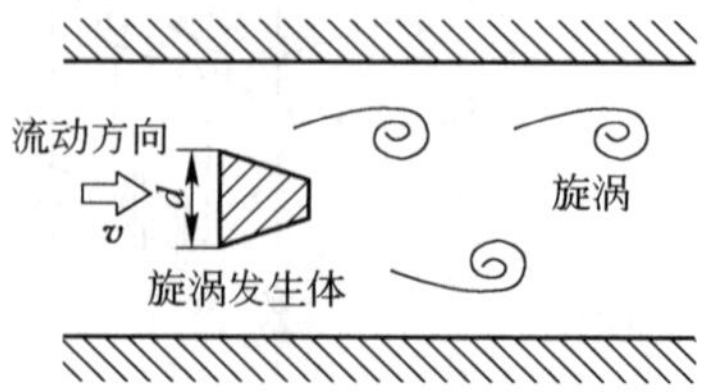

图4－17　卡门涡街示意图

由于旋涡之间的相互影响，旋涡列一般是不稳定的，但卡门从理论上证明了当两旋涡列之间的距离 h 和同列的两个旋涡之间的距离 L 满足公式 $h/L=0.281$ 时，非对称的旋涡列就能保持稳定。此时旋涡的频率 f 与流体的流速 v 及旋涡发生体的宽度 d 有下述关系

$$f = St\frac{v}{d} \tag{4-6}$$

式中　St——斯特劳哈尔数。

由此可得

$$Q_v = S_0 v = S_0 \frac{d}{St} f = \xi f \tag{4-7}$$

式中　S_0——流通截面积；

ξ——仪表常数，其物理意义是指涡街流量计中流过单位体积的流体时流量计所发出的脉冲数。

由式4-7可见，当流量的管道内径 D 和旋涡发生体的宽度 d 的值确定时，在一定雷诺数 Re 范围内（即斯特劳哈尔数 St 为常数的范围内），流量 Q_v 与旋涡频率 f 成线性关系。如图4-18所示。因此，只要测出旋涡的频率 f 就能求得流过流量计管道流体的体积流量 Q_v。这就是涡街流量计的测量原理。

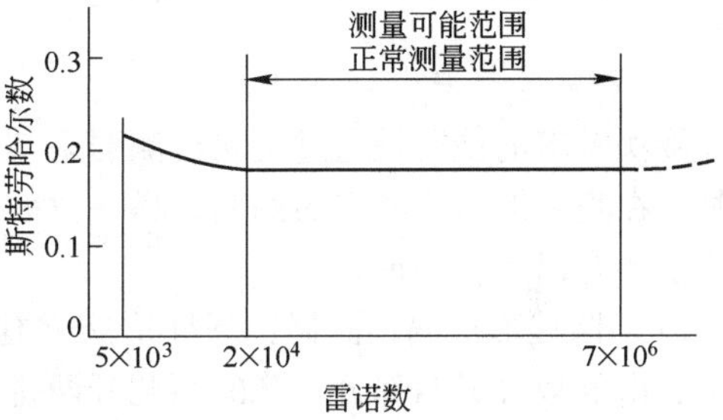

图4-18　正常范围与雷诺数的关系

4.4.2　涡街流量计的结构

涡街流量计由两部分组成，一是变送器，二是转换器。

4.4.2.1　涡街流量变送器

大口径管道用的涡街流量变送器为插入式，中小口径的结构如图4-19所示。转换器装于变送器上面。变送器的主要部件是旋涡发生体和旋涡检测器。

A　旋涡发生体

常见的旋涡发生体有圆柱形、棱柱形、T柱形等，如图4-20～图4-22所示。圆柱形的斯特劳哈尔数较大，稳定性也强，压力损失小，但是旋涡强度较低。T柱形的稳定性高，旋涡强度大，但压力损失较大。棱柱形的压力损失适中，旋涡强度较大，稳定性也较好，所以用得较多。

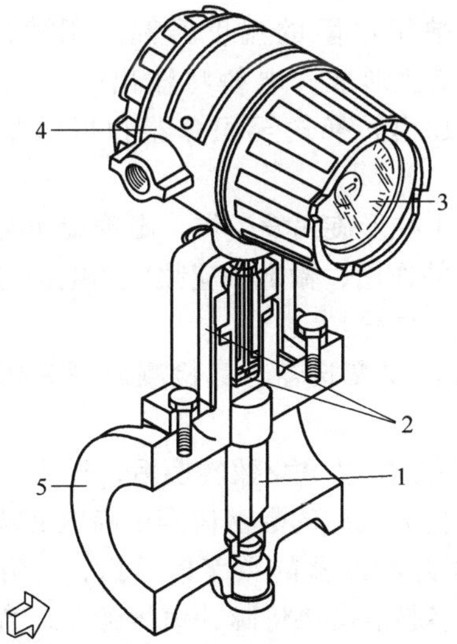

图4-19　涡街流量计的结构

1—旋涡发生体；2—压电元件；3—输出指示器；4—转换部分；5—壳体

图4-20　圆柱形旋涡检测器

1—圆柱形检测器；2—铂电阻丝；3—中间隔板；4—空腔；5—导压孔

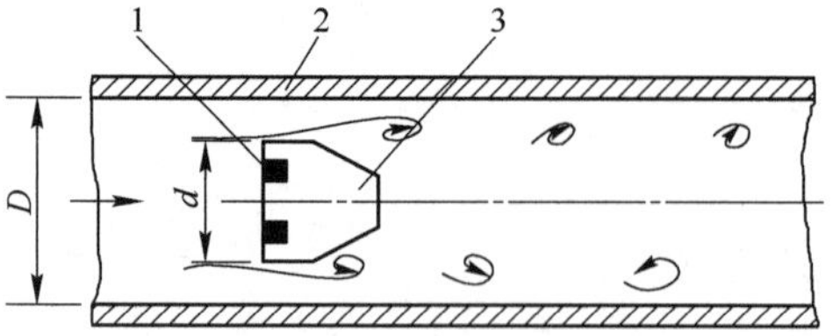

图 4 – 21　棱柱形旋涡检测器

1—热敏电阻；2—圆管道；3—棱柱

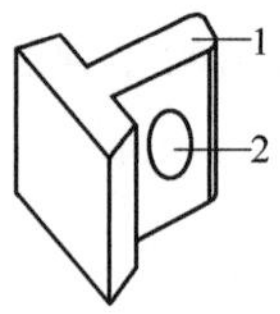

图 4 – 22　T 柱形旋涡检测器

1—T 形柱；2—压电元件

B　旋涡检测器

旋涡频率的检测是通过旋涡检测器来实现的。旋涡检测器的任务是一方面使流体绕过检测器时，在其后能形成稳定的涡列，另一方面能准确地测出旋涡产生的频率。目前使用的旋涡检测器主要有以下三种形式：

（1）圆柱形旋涡检测器：圆柱形旋涡检测器如图 4 – 20 所示，它是一根中空的长管，管中空腔由隔板分成两部分。管的两侧开两排小孔。隔板中间开孔，孔上张有铂电阻丝。铂丝通常被通电加热到高于流体温度 10℃左右。当流体绕过圆柱时，如在下侧产生旋涡，由于旋涡的作用使圆柱体的下部压力高于上部压力。部分流体从下孔被吸入，从上部小孔吹出。结果将使下部旋涡被吸在圆柱表面，越转越大，而没有旋涡的一侧由于流体的吹除作用，将使旋涡不易发生。下侧旋涡生成之后，它将脱离开圆柱表面向下运动，这时柱体的上侧将重复上述过程生成旋涡。如此一来，柱体的上、下两侧交替地生成并放出旋涡。与此同时，在柱体的内腔自下而上或自上而下产生的脉冲流通过被加热的电阻丝。空腔内流体的运动，交替对电阻丝产生冷却作用，电阻丝的阻值发生变化，从而输出和旋涡的生成频率一致的脉冲信号，再送入频率检测电路，由式 4 – 7 即可求出流量来。

（2）棱柱形旋涡检测器：如图 4 – 21 所示的棱柱形旋涡检测器可以得到更稳定、更强烈的旋涡。埋在棱柱体正面的两个热敏电阻组成电桥的两臂，并以恒流源供以微弱的电流进行加热。在产生旋涡的一侧，因流速变低，使热敏电阻的温度升高，阻值减小。因此，电桥失去平衡，产生不平衡输出。随着旋涡的交替形成，电桥将输出一个与旋涡频率相等的交变电压信号，该信号通过放大，整形及数/模转换送至积算器和指示器进行积算和显示。

（3）T 柱形旋涡检测器：如图 4 – 22 所示，流体通过 T 柱形旋涡发生体，出现旋涡时，使粘贴在 T 柱形旋涡发生体两侧的敏感元件交替地受到旋涡的作用，输出相应频率的电信号。敏感元件有应变片、压电陶瓷片、电感交换元件、电容变换元件等。

美国罗斯蒙特（Rosemount）公司的 8800 型智能涡街流量变送器，其检测原理为压电方式，如图 4 – 23 所示。

元件接收旋涡频率信号后，产生的电脉冲信号经抗干扰滤波、模/数转换后，送入数字式跟踪滤波器。它能跟踪旋涡频率并对噪声信号进行抑制，使滤波后的数字信号正确地反映流量值，且每单位流量对应一定的频率数。微处理器接收到跟踪滤波器的数字信号后，一方面经数/模转换输出 4 ~ 20mA 直流电流信号，另一方面可从数字通信模块将脉冲信号旁路，直接送到信号传输线上，使高频脉冲叠加在直流信号上送往现场通信器。

变送器本身所带的显示器也由微处理器提供信息，显示以工程单位表示的流量值及组态状况。供现场通信器的数字信号符合工业标准的 HART 总线可寻址远程转换通信协议，只要符合

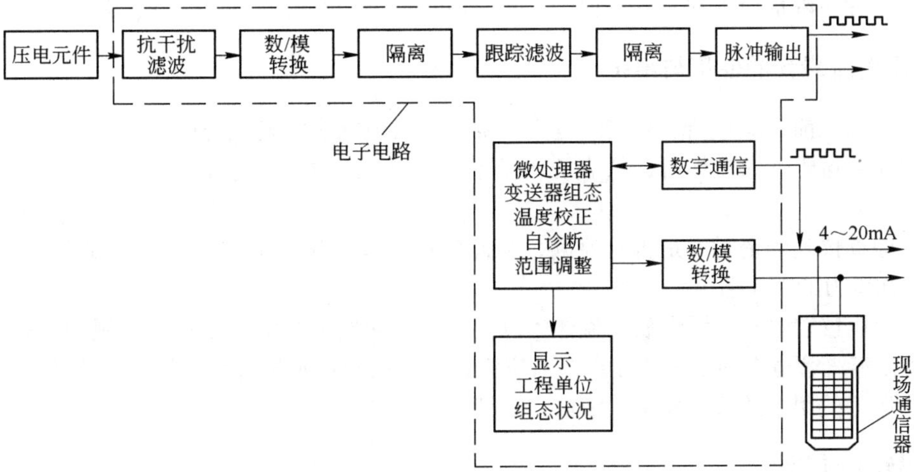

图 4-23 8800 型智能涡街流量变送器

该协议的现场通信器或包含这种功能的设备都可接收到数据。数字通信和模拟信号输出同时进行。

组态结果存入 EEPROM 中，在意外停电后仍然保持记忆，一旦恢复供电，变送器就立即按已设定的工作方式投入运行。以上种种措施和智能压力、差压变送器的大致相同。

8800 型变送器可在 12～42V 电压下正常工作，但需要用通信功能时，电源必须在 18～42V 之间。

4.4.2.2 涡街流量计的转换器

转换器的作用是将旋涡检测器发出的频率信号放大、整形，变换成统一的标准信号（4～20mA 直流电流）并输出方波脉冲信号（作为供给流量积算之用）。因此转换器必须根据检测器中不同的敏感元件配以不同的测量电路，以便对检出的信号进行处理，如阻抗变换、滤波、整形、放大等。由于与各种变送器配套的转换器各不相同，这里就不一一叙述了。

4.4.3 涡街流量计的安装

（1）为了保证测量精度，流量计安装位置的前后应有必要长的直管段。上游侧如有缩径阻力件时要有 15D 长的直管段；如有同平面的弯头时要有 20D 长的直管段；下游侧的直管段长应为 5D 以上。

（2）涡街流量计可以水平、垂直或其他位置安装，但测量液体时如果是垂直安装，应使液体自下向上流动，以保证管路中总是充满液体。

（3）新安装或大检修后的管道，在未进行吹扫净化处理之前，不能先装流量计。

（4）本体与管道法兰连接使用的密封垫圈，其内径应略大于本体内径，以免夹紧后突入管内而造成测量误差。

（5）要安装于没有冲击和振动的管线上。蒸汽管路由于可能有冲击和振动，因而要装支架。

（6）周围温度和气体条件也应考虑。应尽量避免周围有高温热辐射源，也应避开环境温度变化大的地方。如难以避免，则应采取隔热措施。另外要尽量避免周围有腐蚀性气体。

（7）虽然防水型涡街流量计具有相当好的防水结构，但也不要浸在水中使用。

（8）为方便维护检查和有利于保护仪表，应尽量采用有旁路阀门的安装方法。

4.4.4　涡街流量计的使用与维护

（1）开表之前，应重新复查接线是否正确，对大地绝缘电阻是否良好。

（2）在管道未通入流体时，仪表的指示不应有变动，否则应找出干扰来源，采取措施予以排除。

（3）检查仪表的密封点是否有泄漏，为此应在安装完毕后先进行试压，试压压力不应超过仪表公称压力的1.5倍。

（4）启用仪表时，应缓慢放入流体，以免因过快而造成气液冲击产生水锤现象损坏仪表。对于安装在蒸汽管道上的仪表，在送汽前应将管道内的冷凝水排放完，然后慢慢送汽。

（5）运行使用中的仪表要保持清洁，定期巡回检查。

4.5　涡轮流量计

涡轮流量计是一种速度式流量仪表，它具有测量精度高、反应快以及耐高压等特点，因而在工业生产中应用日益广泛。

在流体流动的管道里，安装一个可以自由转动的叶轮，当流体通过叶轮时，流体的动能使叶轮旋转。流体的流速越高，动能就越大，叶轮转速也就越高。在规定的流量范围和一定的流体黏度下，转速与流速成线性关系。因此，测出叶轮的转速或转数，就可确定流过管道的流体流量或总量。日常生活中使用的某些自来水表、油量计等，都是利用这种原理制成的，这种仪表称为速度式仪表。涡轮流量计正是利用相同的原理，在结构上加以改进后制成的。

4.5.1　涡轮流量计的结构和原理

4.5.1.1　结构

图4-24是涡轮流量计的结构示意图。它主要由下列几部分组成：

（1）涡轮：用高导磁系数的不锈钢材料制成，它置于摩擦力很小的滚珠轴承中。涡轮芯上装有螺旋形叶片，流体作用于叶片上使之旋转。

（2）导流器：由导向环及导向座组成，使流体到达涡轮前先导直，以避免因流体的自旋而改变流体与涡轮叶片的作用角，从而保证仪表的精度。在导流器上还装有滚珠轴承，用以支承涡轮。

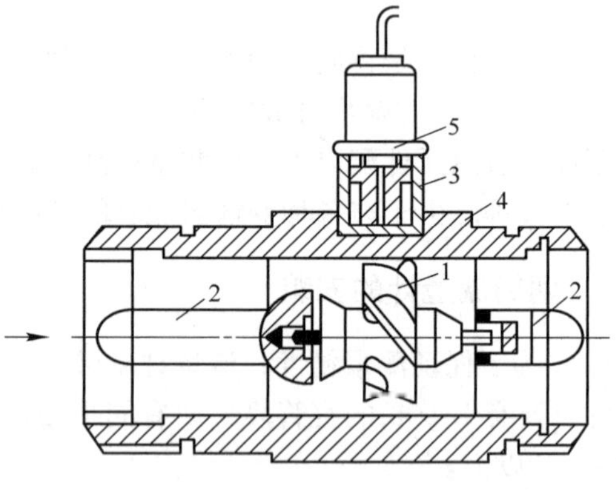

图4-24　涡轮流量计

1—涡轮；2—导流器；3—磁电感应转换器；4—外壳；5—前置放大器

（3）磁电感应转换器：它由线圈和磁钢组成，用以将叶片的转速转换成相应的电信号，以供给前置放大器进行放大。

（4）外壳：由非导磁的不锈钢制成，用以固定和保护内部零件，并与流体管道相连接。

（5）前置放大器：用以放大磁电感应转换器输出的微弱电信号，以便于进行远程传送。

4.5.1.2 工作原理

当流体通过涡轮叶片与管道之间的间隙时，由叶片前后的压差产生的力推动叶片，使涡轮旋转。在涡轮旋转的同时，高导磁性的涡轮就周期性地扫过磁钢，使磁路的磁阻发生周期性的变化，线圈中的磁通量也跟着发生周期性的变化，线圈中便感应出电脉冲信号。在一定的流量范围内，该电脉冲的频率f与涡轮的转速成正比，也即与流量Q成正比。这个电信号经前置放大器放大后，送往显示仪表。

被测流量Q与脉冲频率f之间的关系为

$$f = KQ \tag{4-8}$$

式中 K——比例常数。

这样，显示仪表即可通过脉冲数求得流体流过的瞬时流量及某段时间内的累积流量。

4.5.2 涡轮流量计的安装

（1）涡轮流量计应水平安装，进出口处前后的直管段应不小于15D和5D。变送器与前置放大器之间的距离不得超过3m。

（2）安装变送器时应按图4-25所示进行管路配置。图中2为消气器，主要用来消除与液体介质混在一起的游离气体，由于这些气体占有一定的体积，因而会造成测量结果的不真实。图中3为过滤器，主要用来将流经管道的被测流体介质中的各种杂质如颗粒、纤维、铁磁物质等滤掉，不致进入涡轮变送器内，以保护轴与轴承不被损坏。

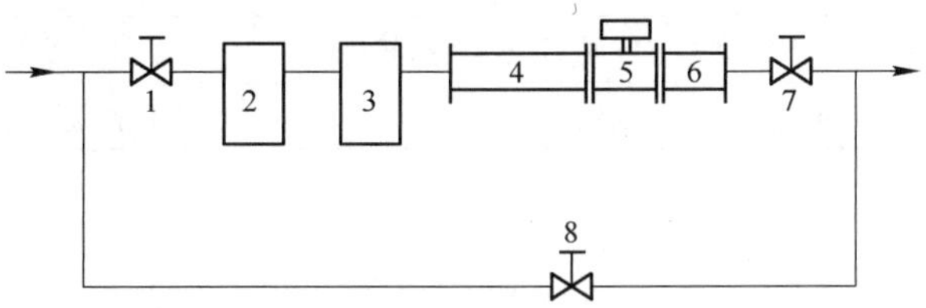

图4-25 涡轮流量计变送器安装管路配置图

1，7—截止阀；2—消气器；3—过滤器；4—变送器前直管段；
5—涡轮流量变送器；6—变送器后直管段；8—旁路阀

（3）变送器应安装在不受外界电磁场影响的地方，否则应在变送器的磁电感应转换器上加设屏蔽罩。

（4）涡轮流量计变送器与显示仪表都应有良好的接地，连接电缆应采用屏蔽电缆。

4.5.3 涡轮流量计的使用与维护

（1）涡轮流量计变送器与显示仪表连接使用，通常采用流量运算积算仪作为显示仪表，以测出流量的瞬时值和累积值。流量运算积算仪的任务，是将流量变送器产生的与流量成比例的电脉冲频率信号，按各自的系数换算并转换成4~20mA的直流电流输出。

（2）变送器比例常数K（见式4-8）在一般情况下，除受介质的黏度影响外，几乎只与其几何参数有关。因而一台变送器设计、制造完成之后，其仪表常数即已确定，而这个值是要经过标定才能确切地得出。通常生产厂家用常温下的洁净的水对出厂涡轮变送器进行标定，并在校验单上给出仪表常数等有关数据。

由于仪表常数受被测介质黏度变化的影响，因而用户测量黏度不大于10cP的液体流量时，若涡轮流量变送器公称直径大于25mm，则可直接使用生产厂用水标定的结果，否则要想保证有足够精确的测量结果时，用户应用实测介质重新标定仪表常数。

（3）由于变送器在工作时叶轮要高速旋转，即使润滑情况良好时也仍有磨损产生。这样，在使用过一定的时间之后，因磨损而致使涡轮变送器不能正常工作，就应更换轴或轴承，并经重新标定后才能使用。

（4）涡轮流量计常见故障与处理方法见表4－5。

表4－5　涡轮流量计常见故障与处理方法

故障现象	可能原因	处理方法
显示仪表不工作	信号检测器、前置放大器和显示仪表间短路或断路	检查线路，使之正常
	信号检测器断线，无脉冲输出	更换信号检测器(或信号检测放大器)
	显示仪表本身故障	参阅显示仪表说明书排除之
	变送器叶轮不旋转	检修变送器
显示仪表指示不稳定或不符合流量变化的规律	有较强的外磁场干扰	良好屏蔽、接地，并使之远离动力线，还应参照显示仪表说明书排除之
	显示仪表故障	参照显示仪表说明书排除之
	叶轮上挂有脏物，或信号检测器下方壳体内壁处有铁磁物体等	检修清洗变送器后，其前应加装有效的过滤器
	轴承严重磨损，叶轮与壳体内壁相碰	更换轴和轴承
	流量太小，信号太弱	按正常流量范围应用

4.6　转子流量计

在工业生产中经常遇到小流量的测量，因流体的流速低，这就要求测量仪表具有较高的灵敏度，才能保证一定的精度。节流装置对管径小于50mm、低雷诺数的流体的测量精度是不高的。而转子流量计则特别适宜于测量管径50mm以下管道的流量。测量的流量可小到每小时几升。

4.6.1　转子流量计的工作原理

转子流量计与前面所讲的差压式流量计在工作原理上是不相同的，差压式流量计，是在节流面积（如孔板面积）不变的条件下，以差压变化来反映流量的大小，而转子流量计，却是以压降不变，利用节流面积的变化来测量流量的大小，即转子流量计采用的是恒压降、变节流面积的流量测量法。

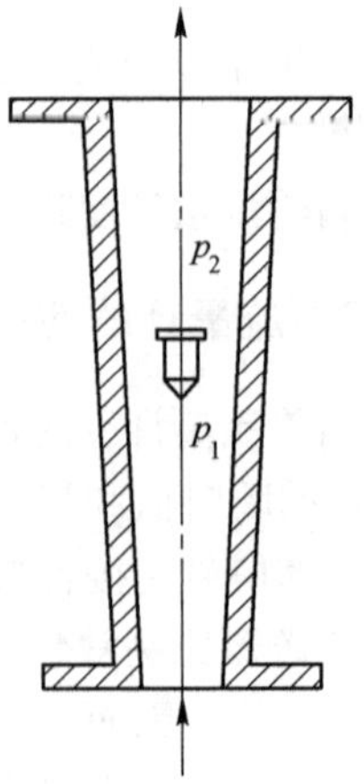

图4－26　转子流量计的工作原理图

图4－26是转子流量计的原理图，它基本上由两个部分组成，一个是由下往上逐渐扩大的圆锥形管；另一个是放在锥形管内随被测介质流量大小而作上下浮动的转子（又称浮子）。工作时，被测流体（气体或液体）由锥形

管下部进入，沿着锥形管向上运动，流过转子与锥形管之间的环隙，再从锥形管上部流出。当流体流过锥形管时，位于锥形管中的转子受到一个向上的力，使转子浮起。当这个力正好等于浸没在流体里的转子重力（即等于转子重量减去流体对转子的浮力）时，则作用在转子上的上下两个力达到平衡，此时转子就停浮在一定的高度上。假如被测流体的流量突然由小变大时，作用在转子上的力就加大。因为转子在流体中的重力是不变的，即作用在转子上的向下力是不变的，所以转子就上升。由于转子在锥形管中位置的升高，造成转子与锥形管间环隙增大，即流通面积增大。随着环隙的增大，流过此环隙的流体流速变慢，因而，流体作用在转子上的力也就变小。当流体作用在转子上的力再次等于转子在流体中的重力时，转子又稳定在一个新的高度上。这样，转子在锥形管中的平衡位置的高低与被测介质的流量大小相对应。因此，根据这个高度，就可测得流体流过转子流量计的流量值。这就是转子流量计测量流量的基本原理。

4.6.2 转子流量计的结构形式

转子流量计一般按其锥形管材料的不同，分为玻璃管转子流量计和金属管转子流量计两种类型。

4.6.2.1 玻璃管转子流量计

玻璃管转子流量计的锥形管用玻璃制成，流量标尺直接刻度在管壁上，在安装现场即可就地读取所测流量数值。因此，它又被称为直读式转子流量计。通常它由支承连接件、锥管、转子等部分组成。

支承连接件根据流量计不同的型号和口径有法兰连接、螺纹连接和软管连接三种。

锥形管材料一般为高硼硬质玻璃或有机玻璃等。锥形管的锥度根据流量大小而定，一般在 1∶20～1∶200 范围内。锥形管的使用压力为 1.96×10^6Pa 以下，温度为 −20～+120℃ 之内。

转子的材料视被测介质的性质和所测流量大小而定。有铜、铝、不锈钢、钢、硬橡胶、玻璃、胶木、有机玻璃等。转子形状常见的有三种，如图4－27 所示。Ⅰ型大都使用在气体、小流量且流量系数比较小的地方。为使转子稳定在锥形管中心，可在转子上部边缘上开些斜槽。Ⅱ型一般使用在液体、大流量且流量系数比较大的地方，对大流量的流量计，为使转子稳定在锥形管的中心，在锥形管中装有导向杆。Ⅲ型应用较少，其特点是介质黏度变化对流量指示器影响比较小。

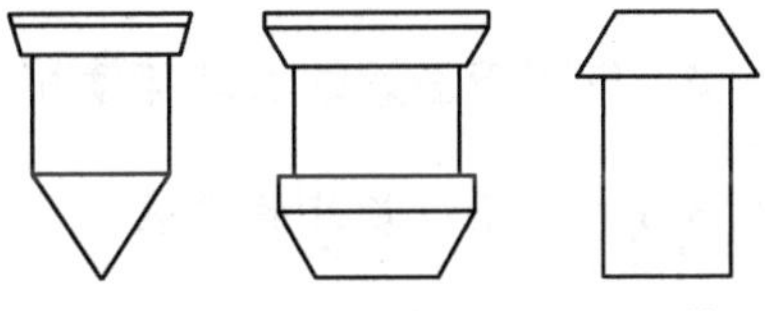

图 4－27 转子的形状

4.6.2.2 金属管转子流量计

金属管转子流量计有两大类：电远传转子流量计，除有表头就地指示流量外并输出 0～10mA 或 4～20mA 的标准直流电流信号。气远传转子流量计，除有表头就地指示流量外并输出 0.02～0.1MPa 的标准气压信号。这两种转子流量计都由变送器和转换器两大部分组成。变送器的主要组成部分与玻璃管转子流量计的结构基本相同，不同之处是：（1）锥形管一般用不锈钢制造；（2）进出口均用法兰与管道连接，且为底进侧出的流向；（3）转子的位移带动磁钢或铁芯做上下移动。

磁钢或铁芯的位移通过磁耦合或电耦合传给转换器，经放大后转换成相应的电信号或气信号输出。

图 4 - 28 所示为采用磁耦合的电远传转子流量计原理示意图。当流体流过锥形管时，转子随流量的变化产生位移，此位移通过磁钢 1 和 2 的耦合传出，经 9、10、11 第一套四连杆机构，变成线性转角，指针在刻度盘上就地指示出流量值。同时再经过 3、4、5 第二套四连杆机构带动铁芯 6 在差动变压器 7 中上下移动，使差动变压器的次级产生一个不平衡电势，此不平衡电势经电转换器 8 输出统一标准的电流信号，远传给显示仪表，以指示瞬时流量和累积流量；也可以输出给调节器作控制信号对流量进行自动控制。

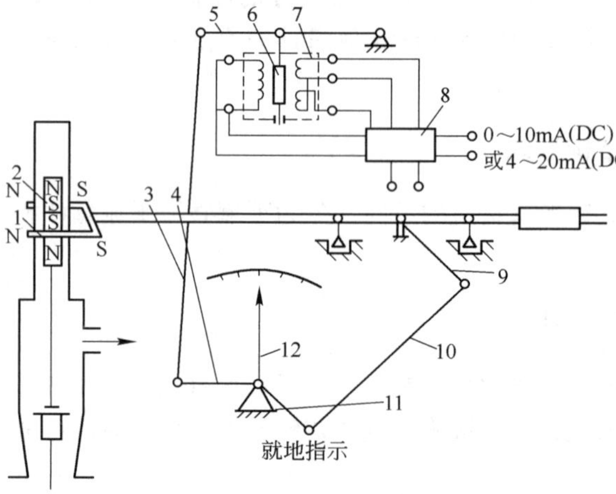

图 4 - 28　电远传转子流量计原理图

1，2—磁钢；3，4，5—第二套四连杆机构；6—铁芯；7—差动变压器；
8—电转换器；9，10，11—第一套四连杆机构；12—指针

4.6.3　转子流量计的安装与使用

4.6.3.1　转子流量计的安装

（1）流量计开箱时，应仔细检查，以确定在运输过程中是否损坏。

（2）流量计必须安装在垂直位置上（流量计中心线与铅垂线的夹角不超过 5°）并有正确的支承，以防止任何应力传入。对于新装及经过维修的管路在安装流量计之前应将管道冲洗干净，安装时进口总是与锥管的最小端连接，并位于下部。

（3）管道内的工作压力必须在流量计最大允许的压力范围内，安装前必须检查浮子和连接部分的材质是否符合被测流体的要求。

（4）转子流量计应安装在没有振动并便于维修的地方。安装在生产线上的流量计应加装旁路，以便处理故障或吹洗，仪表检修时不影响生产。旁路管道安装方法见图 4 - 29 所示，正常运行时阀 1 关闭，阀 2、3 开启。检修时阀 1 开启，阀 2、3 关闭。

（5）流量计上游应安装阀门，在下游 5 ~ 10 倍公称通径处安装调节流量的节流阀。

（6）如被测流体含有较大颗粒或脏物，应根据需要在流量计上游安装过滤器。当被测流体中可能有铁磁杂质时，在流量计前应安装磁过滤器。

（7）当被测流体温度大于 70℃时，玻璃转子流量计应加装保护罩，以防冷水溅于玻璃管

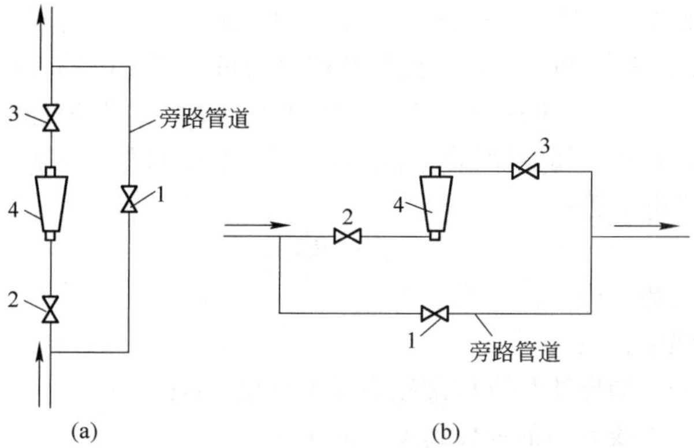

图 4－29 转子流量计旁路管道安装示意图
（a）垂直管路；（b）水平管路
1—旁路阀；2，3—工作阀；4—转子流量计

上引起炸裂。

（8）如被测流体不可避免地具有一些脉动而造成浮子波动不能正确测量时，流量计上游的阀门应全开，并设置适当尺寸的缓冲器或定值器。

（9）为防止管路中的回流或水锤作用损坏流量计，可在流量计下游（节流阀后）安装单向逆止阀。

（10）流量计长期运行后，应加以清洗和调整，清洗时应注意切不可碰损浮子和连杆。

4.6.3.2 转子流量计的使用

（1）流量计的正常流量值最好选在仪表的上限刻度的 1/3 ~ 2/3 范围内。

（2）转子流量计在搬动时，特别是大口径，应将浮子顶住，否则有可能将玻璃管打坏。

（3）流量计使用时应缓慢开启上游阀门至全开，然后用流量计下游的调节阀调节流量；流量计停止工作时，应先缓慢关闭流量计上游阀门，然后关闭流量计下游的流量调节阀。

（4）被测流体的状态（密度、温度、压力和黏度等）与流量计标定时的流体和状态不同时，必须对示值进行修正。

（5）使用时应避免被测流体温度的急剧变化。

（6）如锥管和浮子沾污，应及时清洗。

4.7 电磁流量计

电磁流量计是根据法拉第电磁感应定律制成的一种测量导电性液体流量的常用仪表。它主要由电磁流量变送器和转换器两部分组成。变送器安装在被测介质的管道中，被测介质的流量经它变换成感应电势。转换器将代表流量的感应电势转换为 4 ~ 20mA DC 的统一标准信号输出，以便进行流量的远传指示记录；或与调节器配合使用，进行流量的自动控制。

4.7.1 电磁流量计的工作原理

由电磁感应定律可以知道，导体在磁场中运动而切割磁力线时，在导体中便会有感应电势产生，这就是发电机原理。如图4－30所示，设在均匀磁场中，垂直于磁场方向有一个公径为 D 的管道。管道由不导磁材料制成，内表面衬挂绝缘衬里。当导电的液体在管道中流动时，导电液体切割磁力线，因而，在和磁场及流动方向垂直的方向上产生感应电动势，此感应电动势的方向可以由右手定则判断。如在管道垂直断面上同一直径的两端安装一对电极，则电极间产生和流速成比例的感应电动势：

$$E_X = BDv \tag{4-9}$$

式中　E_X——感应电动势，V；

B——磁感应强度，T；

D——管道直径，即导体垂直切割磁力线的长度，m；

v——垂直于磁力线方向的液体速度，m/s。

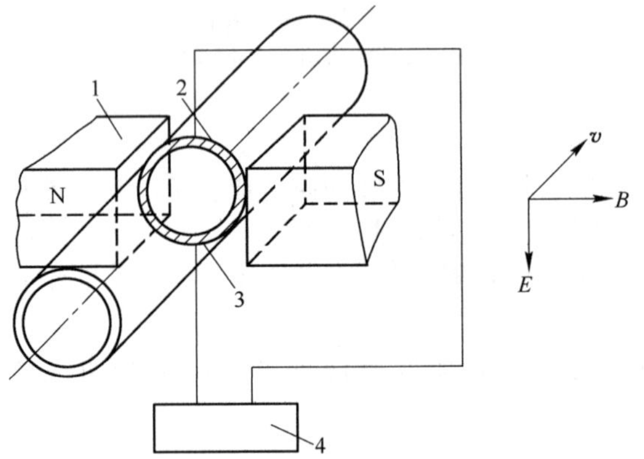

图4－30　电磁流量计原理图

1—磁极；2—导管；3—电极；4—仪表

体积流量 Q_V（m^3/s）与流速 v 的关系为

$$Q_V = \frac{1}{4}\pi D^2 v \tag{4-10}$$

将式4－10代入式4－9得

$$E_X = \frac{4B}{\pi D}Q_V = KQ_V \tag{4-11}$$

式中，$K = 4B/\pi D$ 称为仪表常数，在管道直径 D 已确定并维持磁感应强度 B 不变时，K 就是一个常数。这时感应电势则与体积流量具有线性关系。因此测量感应电势即可反映流量。

4.7.2　电磁流量计的特点

（1）变送器结构简单、无可动部件，也没有阻碍流体流动的阻力件、节流件等。因此，可以用来测量泥浆、污水、矿浆、化学纤维等介质的流量。并且流体流过变送器时，几乎没有压力损失，这可大大减少泵等原动力的消耗。选择合适的衬里材料，还可以测量具有腐蚀性介质的流量。

（2）电磁流量计可测量单相、液固两相导电性介质的流量，并且测量不受被测介质温度、黏度、密度、压力等的影响。因此，电磁流量计经水标定以后，就可用于测量其他导电性介质的流量，而不需要修正。

（3）电磁流量计的测量范围宽，一般量程比为10∶1，最高可达100∶1，只要介质流速对于管道轴心是对称的，则电磁流量计测的体积流量仅与介质的平均流速成正比，而与介质流动状态无关。

（4）电磁流量计动态响应快，可测量瞬时脉动流量，并且具有良好的线性，精度一般为1.5级和1级。适应的管道口径一般为2mm～3m。

以上是电磁流量计的优点，但是它也有一定的局限性和不足之处：

（1）电磁流量计不能用于测量气体、蒸汽以及含有大量气泡的液体。也不能用来测量电导率很低的液体，例如石油制品、有机溶剂等。

（2）由于变送器测量管衬里材料和绝缘材料的温度限制，目前一般工业电磁流量计还不能用于测量高温介质的流量。

4.7.3 电磁流量变送器的结构

电磁流量变送器的结构如图4－31所示。它由测量导管、励磁线圈和磁轭、电极、干扰信号调整机构、接线盒及外壳等组成。

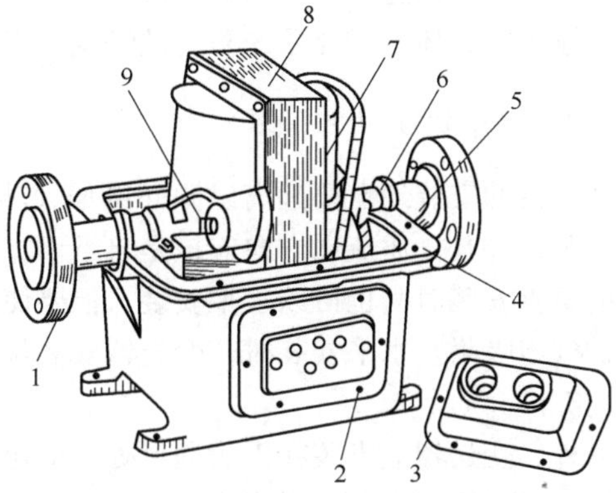

图4－31 电磁流量变送器结构示意图

1—法兰盘；2—外壳；3—接线盒；4—密封橡皮；5—导管；6—密封垫圈；7—励磁线圈；8—铁芯；9—调零电位器

测量导管由一根直管与两端两个法兰组成，内衬绝缘衬里。为了使磁力线穿透测量导管进入被测介质，防止磁力线被测量导管短路，测量导管需由非导磁材料制成。为了减少测量导管的涡电流，一般应选用高电阻率材料制作测量管，并且管壁应尽量薄些。因此，测量导管一般用1Cr18Ni9Ti耐酸不锈钢、玻璃钢等制成。

在测量导管的内侧及法兰密封面上，有一层完整的绝缘衬里。衬里的主要作用是防止感应电势信号E_X被测量管短路。所以绝缘衬里必须是电绝缘材料，并要求具有一定的耐高温、高压及耐磨性。常用的衬里材料有聚四氯乙烯、聚三氟氯乙烯、耐酸搪瓷等。

励磁线圈用来产生交变磁场，在导管和线圈外边放一个磁轭，以便得到较大的磁通量和在测量导管中形成均匀磁场。

电极一般采用不锈钢材料制成。电极与内衬齐平，以便流体流过时不受阻碍；电极一般安装在管道的水平方向，以防止沉淀物在电极上的堆积。

为减少正交干扰，从其中的一根电极上引出两根导线，并分别绕过磁极形成两个回路，接到一个调零电位器上。通过调整调零电位器，可使进入仪表的干扰电势相互抵消，起到抑制正交干扰信号的作用。

4.7.4 电磁流量计的选用与安装

合理选用及正确安装电磁流量计，对提高测量精度和延长仪表的使用寿命，都是极其重要的。

4.7.4.1 电磁流量计的选用原则

电磁流量计包括变送器和转换器两部分，它的选用主要问题是如何正确选用变送器，转换器只要与之配套使用就行了。应从以下几个方面来考虑变送器的选用问题。

（1）口径与量程的选择：选用变送器时，应首先确定它的口径和流量测量范围，或确定变送器测量管内流体的流速范围。根据生产工艺上预计的最大流量值来选择变送器的满量程刻度，并且使用中变送器的常用流量最好能超过满量程的 50%，以期获得较高的测量精度。变送器量程确定后，口径应根据测量管内流体流速与水头损失的关系来确定，流速以 2～4m/s 为最合适。通常选用变送器的口径与管道口径相同或略小些。

（2）工作压力的选择：变送器使用时的压力必须低于规定的工作压力。

（3）温度的选择：被测介质的温度不能超过变送器衬里材料的允许温度，介质温度还受到电气绝缘材料、漆包线等材料的耐温性能的限制。

（4）衬里材料及电极材料的选择：变送器的衬里材料及电极材料必须根据被测介质的物理化学性质来正确选择，否则变送器会由于衬里和电极的腐蚀而很快损坏。因此，必须根据生产工艺过程中具体测量介质的防腐蚀经验，正确地选用变送器的电极和衬里材料。

4.7.4.2　电磁流量计的安装

变送器的安装地点要远离磁源（例如大功率电机、大型变压器等），不能有振动。最好是垂直安装，并且介质流动方向应该是自下而上，这样才能保证变送器测量管内始终充满介质。当不能垂直安装时，也可以水平安装，但要使两电极处于同一水平面上，以防止电极被沉淀沾污和被气泡吸附。水平安装时，变送器安装位置的标高应略低于管道的标高，以保证变送器测量管内充满介质。

另外，变送器应安装在干燥通风处，应避免雨淋、阳光直射及环境温度过高。

转换器应安装在环境温度为 -10℃～+45℃的场合；空气相对湿度不大于 85%；安装地点无强烈振动，周围气相不含腐蚀性气体。它与变送器之间的连接电缆长度一般不宜超过 30m。

4.7.5　电磁流量计的使用与维护

电磁流量计在使用过程中，当变送器附近的电力设备有较强的漏地电流，或在安装变送器的管道上存在较大的杂散电流，或进行电焊，都将引起干扰电势的增加，进而影响仪表正常运行，这一点在使用中要特别予以重视。

另外，使用时要注意不应让被测介质内含有大量磁性物质。仪表投入正常工作后，各电位器不得随意调节，管路应无泄漏，这都是使用中需要注意的地方。

电磁流量计在使用过程中，测量导管内壁可能积垢，垢层的电阻低，严重时可能使电极短路，表现为流量信号越来越小或突然下降。此外，测量导管衬里也可能被腐蚀或磨损，导致出现电极短路现象，造成严重的测量误差，甚至仪表无法继续工作。因此，变送器内必须定期维护清洗，保持测量管内部清洁、电极板光亮。

电磁流量计常见故障及处理方法列于表 4-6 中。

表 4-6　电磁流量计常见故障及处理方法

故障现象	可能原因	处理方法
无液体流过而仪表有指示	仪表零点偏离	调整好零点
	接地不良	良好接地
	变送器与转换器间信号线断开	接好线

续表 4-6

故障现象	可能原因	处理方法
有液体流过而仪表无指示	接线断开或短线	接好线
	转换器工作不正常	排除转换器故障
	变送器没有励磁电流	更换变送器保险丝
	衬里损坏	修好衬里
仪表指示不稳定	流体本身的波动	
	管路中有泄漏	堵住漏处
	衬里损坏，灵敏度下降	修好衬里
	连线不牢	接好线
	液体中有不均匀气体、固体块流过	正常现象的瞬时误差
	接地不良	良好接地

4.8 超声波流量计

超声波流量计是一种非接触式流量测量仪表。它是利用超声波在流体顺流方向与逆流方向中传播速度的差别，来测量流体的流速和流量的。超声波流量计安装简单，能用于任何液体，特别是具有高黏度、强腐蚀、非导电性等性能的液体的流量测量，也能测量气体流量。没有插入被测流体管道的部件，对流束无影响，也没有压力损失；对于大口径管道的流量测量，不会因管径大而增加投资；量程比较宽，可达5:1；输出与流量之间成线性关系。另外，当被测流体中含有杂质和气泡时，将会影响声的传播，降低测量精度；超声波流量计实际测定的流体流速分布不同时，将会影响测量精度，故要求变送器前后分别应有10D和5D直管段长度。

4.8.1 工作原理

图4-32所示是超声波流量计的方框图。两个超声换能器（又称超声）p_1和p_2分别装在管道外壁两侧，以一定的倾角对称布置。在电路的激励下，换能器产生超声波并以一定的入射角射入被测介质，最后声波通过介质而为另一换能器所接收。两个换能器是相同的，通过收发切换电路（电子开关），两换能器p_1和p_2可交替作为发射器和接收器。当p_1作发射器、p_2作接收器时，为顺流向发射，反之为逆流向发射。发射器每次发射是利用接收器接收到的信号触发的，即发射器向被测介质发射声波，经过一段时间后，接收器接收到声波信号并转换成电信号，经过放大后，用此信号立即触发发射器进行下一次声波的发射，如此下去，顺流向或逆流向发射器发射超声波有一个重复频率，此重复频率为声波从发射到接收期间传播时间的倒数。

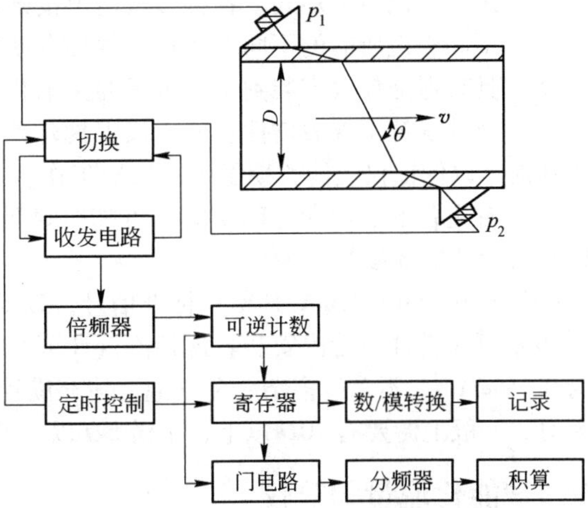

图4-32 超声波流量计方框图

设流体流速为v，管道内径为D，超声

波束与管道轴线的夹角为 θ，超声波在静止的流体中传播速度为 C，则超声波在顺流向重复发射频率为

$$f_1 = \frac{C + v\cos\theta}{D/\sin\theta} = \frac{\sin\theta(C + v\cos\theta)}{D} \tag{4-12}$$

超声波在逆流向重复发射频率为：

$$f_2 = \frac{C - v\cos\theta}{D/\sin\theta} = \frac{\sin\theta(C - v\cos\theta)}{D} \tag{4-13}$$

所以顺流向与逆流向重复频率差 Δf 为

$$\Delta f = f_1 - f_2 = \frac{\sin 2\theta}{D} v \tag{4-14}$$

由此可得流体的体积流量 Q_V 为

$$Q_V = \frac{1}{4}\pi D^2 v = \frac{\pi D^3}{4\sin 2\theta}\Delta f \tag{4-15}$$

对于一个具体的流量计，θ、D 为常数，因此测出频率差 Δf 可算出流体的体积流量。

为了提高测量精度，缩短测量时间，图 4 - 32 中使用了倍频器（倍率为 M）。把倍频器输出的脉冲数对应着顺、逆流向进行加、减计数，则可逆计数器的值就反映了频率差 Δf 的大小，也就反映了流体流速或流量的数值。可逆计数器的计数值送至寄存器寄存，以备数/模转换，最后由记录仪记录或指示流量值。同时，寄存器的输出由门电路经分频器给积算电路，并由积算器显示累积流量。

4.8.2　SP - 2 系列智能型超声波流量计简介

SP - 2 系列智能型超声波流量计是参照当前世界上最先进的超声波流量计的原理，结合我国的实际情况而设计生产的一种高级超声波流量计。它具有以下特点：

（1）采用了最先进的数学模式作为设计指导思想，所有公式全由微机自动选择调整。

（2）为提高测量精度，仪表不仅具有严密的温度补偿，还可对不同管道、不同流速、不同黏度的各种介质进行自动的雷诺数补偿。

（3）采用人机对话形式，各种参数均由按键输入。

（4）不同管道所需的不同参数均由软件自动调整。

（5）具有保证仪表安装到正确位置的指示装置。

（6）充分发挥了仪表软件功能。仪表具有灵敏度自动跟踪的“学习机能”和智能化的抗干扰功能，以保证仪表能长期稳定可靠地工作。

（7）有完备的显示和打印功能，可随时显示和定时打出时间、流速、瞬时流量、累积流量以及流量差值等参数。

（8）可输出 4 ~ 20mA（DC）标准信号，以便远传。

（9）可在管外或管内安装。这种流量计可在 $\phi = 100 \sim 2200$mm 的管道上测 $t = 0 \sim 50$℃，流速为 0 ~ 9mm/s，不含过多杂质和气泡，能充满管道的水及黏度不过大的介质流量。此种仪表安装时，一般上游要有 10D 以上，下游 5D 以上的直管段。

4.9　智能化流量积算仪

所谓智能化流量积算仪，就是使用计算机技术，将一次仪表送来的流量信号对时间作积

分，求出流量累积总量的仪器。图4－33示出了智能化流量积算仪的原理框图。

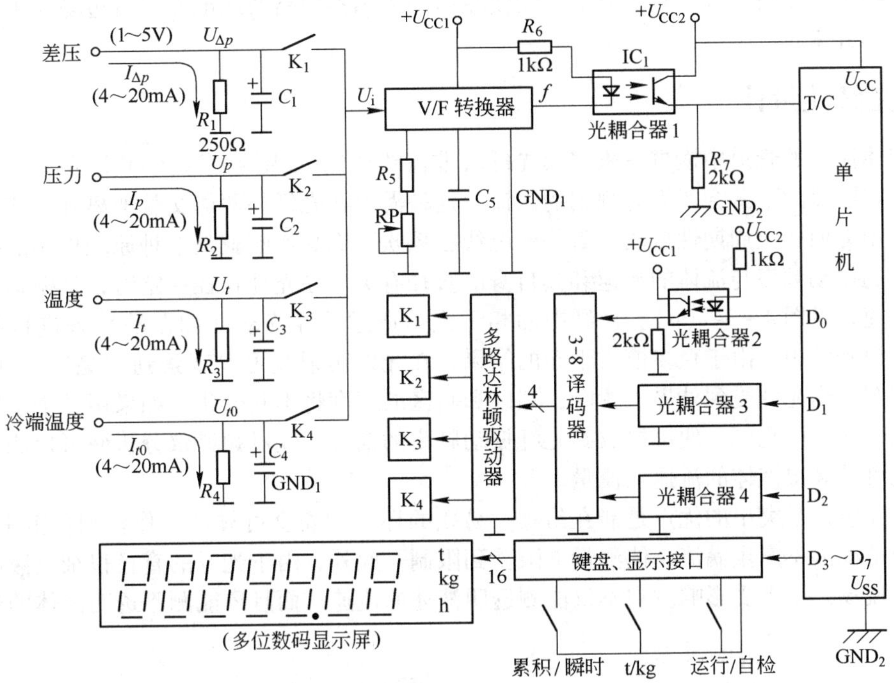

图4－33　智能化流量积算仪计算机接口电路原理框图

本智能化流量积算仪采用差压法测量瞬时流量，因此必须首先测出差压 Δp。由于温度和压力会引起流体的密度 ρ 的变化，有时还需要进行温度补偿和压力补偿，所以必须测出流体的温度 t 和压力 p。如果使用热电偶，还必须测量热电偶的冷端（室温）温度 t_0。上述四种信号先由标准的一次仪表转换为4～20mA的电流信号，经信号传输线传送到本积算仪的输入端，再用取样电阻（250.0Ω）转换成4个低内阻的1～5V电压信号：$U_{\Delta p}$、U_p、U_t、U_{t_0}。上述四个电压信号按顺序轮流通过采样继电器 K_1～K_4 传送至V/F型模/数转换器（或串行D/A）的电压输入端。采样继电器的选通是由单片机轮流给出不同的选通号（地址），通过3－8译码器后，由驱动器接通采样继电器的驱动线圈而实现的。

V/F转换器的输出是连续的窄脉冲信号，脉冲的振荡频率 f 由V/F转换器的外围电阻、电容的时间常数及V/F的输入电压 U_i 共同决定。当 U_i 为零时，f 接近于0Hz；U_i 增大，f 也随之提高；当 U_i 达到满度值（本例中为5V）时，可微调与V/F器件有关的外围电阻阻值，使 f_{max} 达到设定值。V/F的输出脉冲经光耦合器 IC_1 传送到单片机的“定时/计数”输入端，从而测出与四个输入信号成正比例的脉冲频率。对四个频率信号进行适当的运算，就可以得到瞬时流量值。

根据累积流量的定义，单片机必须将瞬时流量对时间作积分运算。由于本实例中采用了V/F转换器，所以事实上只需在标准的时间段（例如1s）内，对V/F输出的脉冲数进行累加计数，就可以达到近似于积分的目的。为了防止断电时累积流量数据的丢失，积算仪还必须设置一个断电数据保持电路。

为了显示累计结果，一般必须设置6位或更多的数码管。为了选择显示吨、千克或立方米等不同的单位，也为了选择显示瞬时流量还是累计流量，积算仪面板上还必须设置选择按键，由单片机读取不同的选择方式，并在数码管的右边显示出相应的单位。

图4－33中使用了多只光耦合器，能使左边的传感器回路及继电器与右边易受干扰的单片机回路隔离开来。

4.10　光纤流量计

在液体流动的管道中横贯一根多模光纤（非流线体），如图4－34（a）所示，当液体流过光纤时，在液流的下游会产生有规则的涡流。这种涡流在光纤的两侧交替地离开，使光纤受到交变的作用力而产生周期性振动。野外的电线在风吹下嗡嗡作响就是这种原理作用的结果。

光纤的振动频率与流体的流速和其自身的直径有关。在光纤直径一定时，其振动频率近似正比于流速，见图4－34（b）。光纤中的相干光是通过外界扰动（如振动）来进行相位调制的。在多模光纤中，由于众多模式干涉的结果，在光纤出射端可以观察到“亮”、“暗”无规则相间斑图。当光纤受到外界干扰时，亮区和暗区的亮度将不断变化。如果用一个小型光电探测器接收斑图中的亮区，便可接收到光纤振动频率的信号，经过频谱仪分析便可检测出振动频率，由此可计算出液体的流速及流量。

光纤流量计最突出的优点是能在易爆、易燃的环境中安全可靠地工作。测量范围比较大，但小流速情况因不产生涡流，使测量下限受到限制。此外，由于光纤的直径很细，液体的流阻小，所以流场几乎不受影响。它不仅能测透明液体的流速，而且还能测不透明液体的流速。

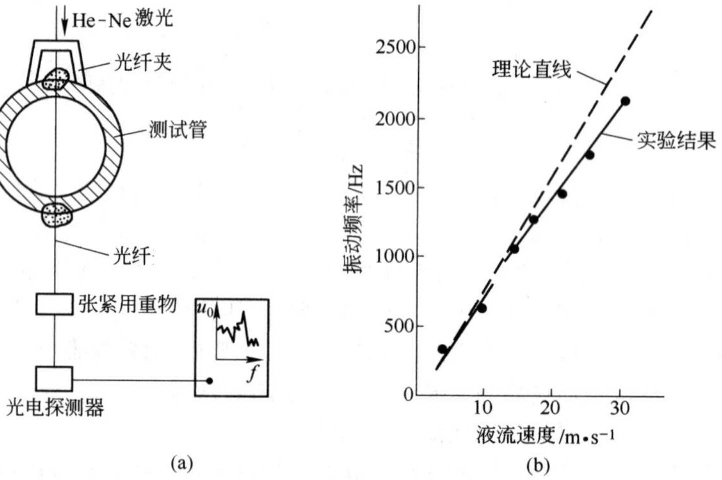

图4－34　光纤流量计原理图

复习思考题

4－1　什么叫流量，有哪几种表示方法，互相之间的关系是什么？

4－2　填空：

（1）管道内的流体速度，一般情况下，在（　）处的流速最大，在（　）处的流速等于零。

（2）当流速较小时，流体的（　）力起主导作用；当流速较高时，（　）力起主导作用。

（3）当充满管道的流体流经节流装置时，流束将在（　）处发生（　），从而使（　）增加，而（　）降低。

(4) 在孔板加工的技术要求中，上游平面应和孔板中心线（ ），不应有（ ），上游面和下游面应（ ），上游入口边缘应（ ）。

(5) 涡轮流量计是一种（ ）式流量计。

(6) 涡轮流量变送器输出信号的（ ）与流量成正比。

(7) 涡轮流量变送器应（ ）安装。

(8) 涡轮流量变送器前后应有适当的（ ）管段，一般为（ ）。

(9) 转子流量计中转子上下的压差由（ ）决定。

(10) 转子流量计必须（ ）安装。

(11) 转子流量计中的流体流动方向是（ ）。

4-3 什么是标准节流装置，什么是非标准节流装置?

4-4 试述节流装置（孔板）有哪几种取压方式，各有什么特点?

4-5 用标准节流装置进行流量测量时，流体必须满足哪些条件?

4-6 判断（对打√ 不对打×）:

(1) 标准节流装置是在流体的层流型工况下工作的。

(2) 角接取压和法兰取压只是取压的方式不同，但标准孔板的本体结构是一样的。

(3) 对称孔板的两侧端面均无圆锥角，两端面的技术要求也相同，所以孔板的流向是不固定的。

4-7 安装标准节流装置时，应达到哪些技术要求?

4-8 安装差压计的引压导管有什么要求?

4-9 什么是涡街流量计? 简述其工作原理。

4-10 常见的旋涡发生体有哪些，各有什么特点?

4-11 在安装涡轮流量变送器时，有些什么要求?

4-12 转子流量计有哪些类型，各适用于什么场合?

4-13 安装转子流量计时应注意什么?

4-14 电磁流量计有何特点?

4-15 简述电磁流量计的工作原理。

4-16 安装电磁流量计时有哪些要求?

4-17 试述超声波流量计的工作原理。

5 物位测量仪表及其维护

在生产过程中，常常需要对设备内的物位进行测量和调节。物位的测量能为安全生产、质量管理、经济核算以及提高经济效益提供可靠的依据，在现代工业生产过程中具有重要地位。一方面通过物位检测可确定容器里的原料、半成品或成品的数量，以保证能连续供应生产中各个环节所需的物料或进行经济核算；另一方面通过检测能连续监视或调节容器内流入和流出物料的平衡，使之保持在一定的高度，使生产正常进行，从而保证产品的质量、产量和安全。同时一旦物位超出允许的上、下限则报警，便于采取应急措施。

5.1 物位测量的基本概念

两相物料或两种相对密度不同又互不相混合的物料界面位置的测量统称为物位测量，其中气相与液相间的界面测量称为液位测量。测量液位的仪表称为液位计，测量固体料位的仪表称为料位计，测量液体与液体间界面的仪表称为界位计，上述三种仪表统称为物位测量仪表。

5.1.1 物位测量仪表的分类

物位测量仪表的种类很多，大体上可分成接触式和非接触式两大类。表 5－1 给出了常见的各类物位测量仪表的工作原理、主要特点和应用场合。

表 5－1 物位测量仪表的分类

<table>
<tr><th colspan="4">测量仪表的种类</th><th>测量原理</th><th>主要特点</th><th>用　途</th></tr>
<tr><td rowspan="11">接触式</td><td rowspan="2">直读式</td><td colspan="2">玻璃管液位计</td><td rowspan="2">连通器原理</td><td rowspan="2">结构简单，价格低廉，显示直观，但玻璃易损，读数不十分准确</td><td rowspan="2">现场就地指示</td></tr>
<tr><td colspan="2">玻璃板液位计</td></tr>
<tr><td rowspan="3">差压式</td><td colspan="2">压力式液位计</td><td rowspan="3">利用液柱或物料堆积对某定点产生压力的原理而工作</td><td rowspan="3">能远传</td><td rowspan="3">可用于敞口或密闭容器中，工业上多用差压变送器</td></tr>
<tr><td colspan="2">吹气式液位计</td></tr>
<tr><td colspan="2">差压式液位计</td></tr>
<tr><td rowspan="3">浮力式</td><td rowspan="2">恒浮力式</td><td>浮标式</td><td rowspan="2">基于浮于液面上的物体随液位的高低而产生位移来工作</td><td rowspan="2">结构简单，价格低廉</td><td rowspan="2">测量储罐的液位</td></tr>
<tr><td>浮球式</td></tr>
<tr><td>变浮力式</td><td>沉筒式</td><td>基于沉浸在液体中的沉筒的浮力随液位变化而变化的原理工作的</td><td>可连续测量敞口或密闭容器中的液位及界位</td><td>需远传显示及控制的场合</td></tr>
<tr><td rowspan="3">电气式</td><td colspan="2">电阻式液位计</td><td rowspan="3">通过将物位的变化转换成电阻、电容、电感等电信号的变化来实现物位的测量</td><td rowspan="3">仪表轻巧，滞后小，能远传，但线路复杂，成本较高</td><td rowspan="3">用于高压腐蚀性介质的物位测量</td></tr>
<tr><td colspan="2">电容式液位计</td></tr>
<tr><td colspan="2">电感式液位计</td></tr>
</table>

续表 5-1

测量仪表的种类		测量原理	主要特点	用途
非接触式	核辐射式物位仪表	利用核辐射透过物料时，其强度随物质层的厚度变化而变化的原理工作	能测各种物位，但成本高，使用和维护不便	用于腐蚀性介质的物位测量
	超声波式物位仪表	基于超声波在气、液、固体中的衰减程度、穿透能力和辐射声阻抗各不相同的性质工作	准确性高，惯性小，但成本高，使用和维护不便	用于对测量精度要求高的场合
	光学式物位仪表	利用物位对光波的折射和反射原理工作	准确性高，惯性小，但成本高，使用和维护不便	用于对测量精度要求高的场合

物位测量仪表很多，按其测量原理分为直读式、浮力式、差压式、电磁式、超声波式、核辐射式、光学式等。

进行物位测量之前，必须充分了解物位测量的工艺特点。物位测量的工艺特点归纳起来可分为以下几个方面：

（1）液位测量的工艺特点

1）液面是一个规则的表面，但当物料流进、流出时会有波浪，或者在生产过程中出现沸腾或起泡沫的现象。

2）大型容器中常会出现液体各处的温度、密度和黏度等物理量不相等的现象。

3）容器中常会有高温、高压，或液体黏度很大，或含有大量杂质、悬浮物等。

（2）料位测量的工艺特点

1）物料自然堆积时，有堆积倾斜角，因此料面是不平的，故难以确定料位。

2）物料进出时，存在着滞留区（由于容器结构而使物料不易流动的死角称为滞留区），影响物位最低位置的准确测量。

3）储仓或料斗中，物料内部可能存在大的孔隙，或粉料之中存在小的间隙，前者影响对物料储量的计算，而后者则在振动或压力、湿度变化时使物位也随之变化。

（3）界位测量中最常见的问题

界面位置不明显是界位测量中经常遇到的问题，而浑浊段的存在也影响测准。

以上提到的这些问题，会给物位测量带来不少困难，在选择仪表或设计检测器时，应慎重考虑。目前虽然物位测量仪表种类繁多，但是在实际工作中仍然经常要针对特殊需要进行特殊的设计。

5.1.2 物位测量仪表的选用

由于物位测量仪表的种类多，适应性各不相同，因此正确选用物位测量仪表对保证物位测量精度十分重要。

物位测量仪表的选择应在深入了解工艺条件、被测介质性质及测量控制系统要求的前提下，根据物位仪表自身的特性进行合理的选配。

根据仪表的应用范围，液面和界面测量应优选差压式仪表、浮筒式仪表和浮子式仪表；当不满足要求时，可选用电容式、辐射式等仪表。

仪表的结构形式和材质，应根据被测介质的特性来选择。主要考虑的因素有以下几方面：

（1）压力、温度、腐蚀性、导电性；

（2）是否存在聚合、黏稠、沉淀、结晶、结膜、气化、起泡等现象；

（3）密度和黏度变化；

（4）液体中含悬浮物的多少；

（5）液面扰动的程度以及固体物料的粒度。

仪表的显示方式和功能，应根据工艺操作及系统组成的要求确定。当要求信号传输时，可选择具有模拟信号输出功能或数字信号输出功能的仪表。

仪表量程应根据工艺对象实际需要显示的范围或实际变化范围确定。除供容积计量用的物位仪表外，一般应使正常物位处于仪表量程的50%左右。

仪表计量单位如为米或毫米时，显示方式为直读物位高度值的方式；如计量单位为百分数时，显示方式为0～100%线性相对满量程高度形式。

仪表精度应根据工艺要求选择，其中供容积计量用的物位仪表，其精度等级应在0.5级以上。

5.2　差压式液位计

5.2.1　差压式液位计的工作原理

差压式液位计是根据流体静力学原理工作的，即容器内液位的高度 L 与液柱上下两端面的静压差成比例。如图5－1所示，根据流体静力学原理，A 点和 B 点的压力差 Δp 为

$$\Delta p = p_B - p_A = \rho g L$$

一般被测介质的密度 ρ 是已知的，重力加速度 g 可看作常量，所以差压 Δp 正比于液位 L，即液位 L 的测量问题转换成了差压 Δp 的测量。

因此，所有压力、压差测量仪表只要量程合适，都可用来测量液位。

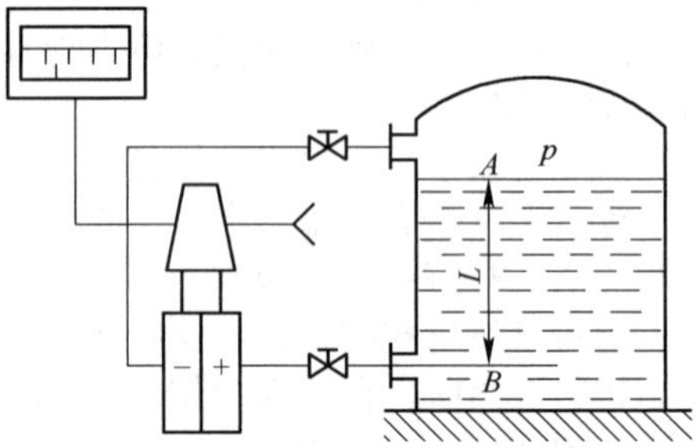

图5－1　差压变送器测液位示意图

5.2.2　零点迁移

实际应用差压液位计时，由于周围环境的影响，在安装时常会遇到以下几种情况。

5.2.2.1　零点无迁移

如图5－1所示，在使用电动差压变送器时，差压变送器的安装高度与最低液位正好在同一水平线上，此时

$$\Delta p = p_B - p_A = \rho g L \tag{5-1}$$

当 $L=0$ 时，$\Delta p=0$，则相应的差压变送器的输出：

$$I_0 = I_{0min} = 4mA,\ DC$$

当 $L=L_{max}$ 时，$\Delta p=\Delta p_{max}$，则相应的差压变送器的输出：

$$I_0 = I_{0max} = 20mA,\ DC$$

当液位在0～L之间变化时，Δp 在0～Δp_{max}之间变化，它们之间形成一一对应的关系，这就是所谓“无迁移”情况。

5.2.2.2　零点正迁移

若差压变送器与容器的液相取压点不在同一水平面上，如图5－2所示。变送器此时正压室受到的压力

$$p_+ = p_0 + \rho g L + \rho g l \quad (5-2)$$

负压室受到的压力

$$p_- = p_0 \quad (5-3)$$

差压

$$\Delta p = p_+ - p_- = \rho g L + \rho g l \quad (5-4)$$

显然，当 $L=0$ 时，$\Delta p>0$（显示仪表的指示大于零），此时差压变送器需要零点“正迁移”，迁移量为 $\rho g l$。

5.2.2.3 零点负迁移

如果被测介质易挥发或有腐蚀性，为了保护变送器，防止管线阻塞或腐蚀，保证测量精度，并保持负压室的液柱高度恒定，需要在负压管线上加隔离液，如图 5－3 所示。此时

$$\begin{aligned}\Delta p &= p_+ - p_- = (p_0 + \rho_1 g L + \rho_2 g l_1) - (p_0 + \rho_2 g l_2) \\ &= \rho_1 g L - \rho_2 g (l_2 - l_1)\end{aligned} \quad (5-5)$$

式中 ρ_1——被测介质的密度；

ρ_2——隔离液的密度。

显然，当 $L=0$ 时，$\Delta p<0$（显示仪表的指示小于零），此时差压变送器需要零点“负迁移”。

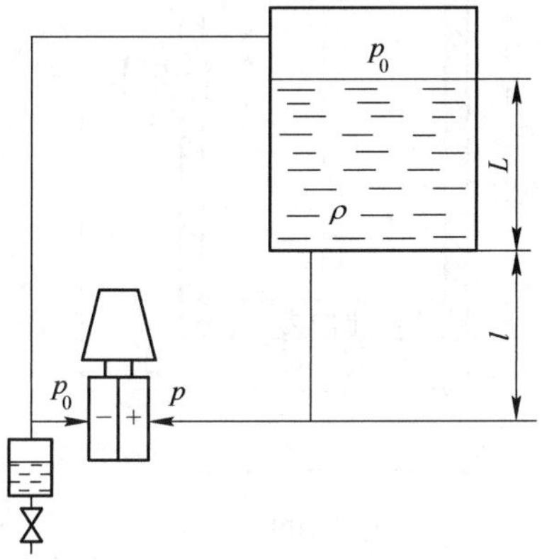

图 5－2 差压液位计示意图

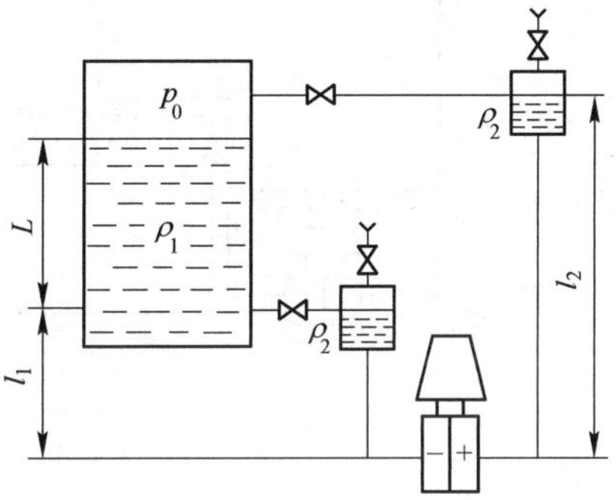

图 5－3 加装隔离液的差压液位计示意图

为了使液位 $L=0$ 时，显示仪表的指示也为零，调整差压变送器的零点迁移装置，使之抵消液位 L 为零时，差压变送器指示不为零的那一部分固定差压值，就是“零点迁移”。

迁移的实质只是改变了仪表上、下限，相当于只对测量范围进行了平移，而不改变仪表的量程。

5.2.3 法兰式差压变送器测量液位

当测量具有腐蚀性或含有结晶颗粒以及黏度大、易凝固等液体时，为防止管线被腐蚀或阻塞，常使用在导压管入口处加隔离膜盒的法兰式差压变送器。法兰式差压变送器按其结构可分单法兰和双法兰两种。

图 5－4 为双法兰差压变送器测量液位的示意图。作为传感元件的测量头 1（金属膜盒），经毛细管 3 与变送器 2 的测量室相通。在膜盒、毛细管和测量室所组成的封闭系统内充有硅油以作为传压介质，使被测介质不进入毛细管与变送器，以免堵塞。

5.2.4　平衡容器的使用

平衡容器是非法兰式差压变送器用于测量液位时的附件。从结构上分单层和双层两种。

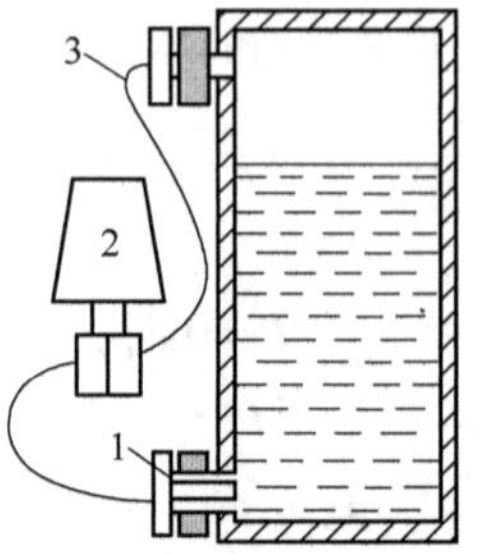

图 5－4　双法兰差压变送器测量液位示意图

1—法兰式测量头；2—变送器；3—毛细管

5.2.4.1　单层平衡容器

单层平衡容器用于测量低压容器的液位。当容器内外温差较大，或气相容易凝结成液体时，将有冷凝液进入负引压管线及负压室，从而造成变送器感受到的 Δp 信号不是容器液位的单值函数而产生测量误差。

在负引压管线上安装单层平衡容器（有时又称冷凝器）后，能保持 Δp 的稳定，从而使变送器的输入 Δp 仅为液位的单值函数。图 5－5 所示为单层平衡容器结构图及系统连接图（设正、负压室内液体密度 ρ 一致）。

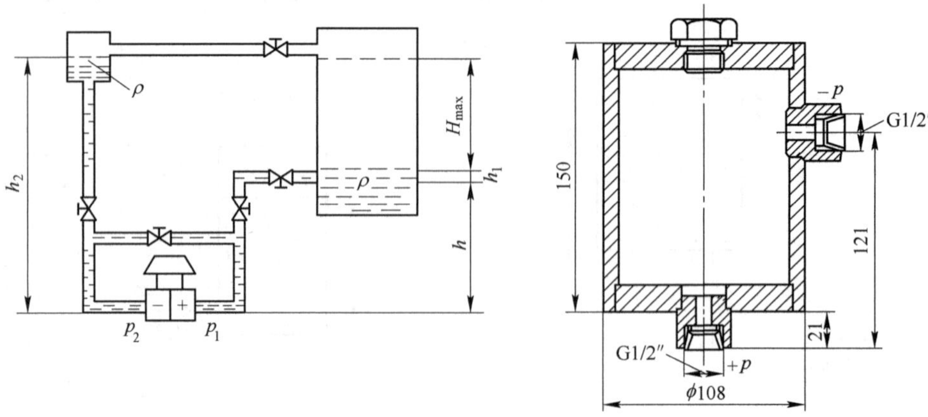

图 5－5　单层平衡容器

（a）应用单层平衡容器的系统图；（b）单层平衡容器结构图

5.2.4.2　双层平衡容器

双层平衡容器用于测量锅炉汽包水位的高度，其结构图与系统连接图如图 5－6 所示。

平衡容器与锅炉汽包内蒸汽部分相通，并保持水位恒定在 H_{max} 上。水位管与汽包内水的部分相连。其水位高度与汽包内水位一致（设 ρ 相同），在蒸汽压力和温度恒定时，变送器输入 $\Delta p = p_1 - p_2 = H\rho g - H_{max}\rho g$；当 $H = 0$ 时，$\Delta p = -p_2 = -H_{max}\rho g$，当 $H = H_{max}$ 时，$\Delta p = 0$。此时，变送器应进行负迁移，且相应的迁移量为 100%（迁移值/量程）。

实际上，平衡容器内液体的温度与汽包内温度不完全相同，会出现测量误差。因此，实际应用时，需采用电气压力校正系统对液位测量进行校正，以显示出正确的 H。

5.2.5　差压式液位计的维护

5.2.5.1　差压式液位计的选用

（1）腐蚀性、结晶性、黏稠性、易气化和含悬浮物的液体，宜选用平法兰式差压变送器。

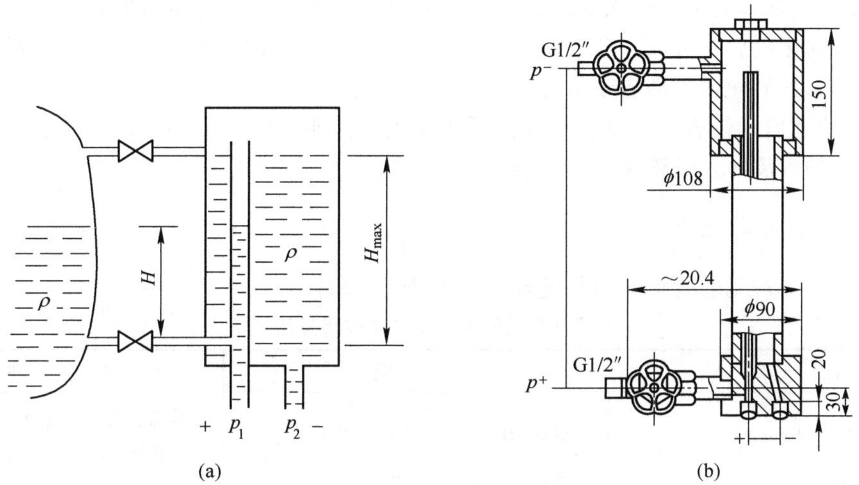

图5-6 双层平衡容器
（a）应用双层平衡容器的系统图；（b）双层平衡容器结构图

（2）高结晶、高黏性、结胶性和沉淀性的液体，宜选用插入式法兰差压变送器。

（3）对于在环境温度下，气相可能冷凝，液相可能气化，或气相有液体分离的对象，在难于使用法兰式差压变送器而使用普通差压变送器进行测量时，应视具体情况分别设置隔离器、分离器、汽化器和平衡容器等部件，或对测量管线采取保温和伴热措施。

（4）用差压式液位计测量锅炉锅筒液面时，所采用的平衡容器应为温度补偿型的。

（5）法兰式差压变送器比普通的差压变送器贵，而且有的法兰式液位计毛细管内的充灌液很容易渗漏掉。而一经渗漏，一般用户就很难修复。同时，法兰式液位计的反应也比普通的差压变送器迟缓，特别是天冷的时候，仪表的灵敏度更低。此外，法兰式液位计的测量范围还受毛细管长度的限制。因此，使用哪一种液位计进行测量，要视具体的情况而定。

5.2.5.2 使用注意事项

（1）遇到含有杂质、结晶、或自聚的被测介质，用普通差压变送器可能引起连接管路的堵塞，此时需要使用法兰式差压变送器。

（2）当差压变送器与容器之间安装隔离罐时，需要零点迁移。

（3）在冬季使用时，须采取保温措施，以防止隔离罐、导压管及仪表内的液体冻结，影响正常的测量。

（4）差压式水位计测量锅炉汽包水位时应注意以下问题：

1）检查差压式水位计二次阀门是否关闭，平衡阀门是否打开。

2）打开一次阀门、排污阀门，冲洗管路；检查正、负压侧管路是否畅通。

3）确认管路畅通情况下，关闭排污阀门。

4）待管路中介质冷却后，开启气侧一次阀门。

5）缓慢打开正压侧二次阀，使流体流入测量室，并用排气阀排除管路及测量室内的空气，直至排气阀孔无气泡逸出时，关闭排气阀及平衡阀门，打开负压侧二次阀门，仪表应指示正常，接头及阀门应无泄漏。

6）打开的阀门不能为全开，应留一定的余量。

7）若水位平衡容器上有灌水丝堵，为了缩短启动时间，在一次阀门未开启前，经检查确信水位平衡容器无压后，可拧开灌水丝堵，从灌水口向平衡容器内注入冷水，待充满脉冲管路和平衡容器后，拧紧丝堵，再启动水位计。

8）为了快速启动仪表，也可进行管路反注水操作，即关闭一次阀门，开启灌水阀门，使负压侧有压力的水反冲入管路及平衡容器内。

5.2.5.3　常见故障与处理

差压式液位计常见的故障原因与处理方法见表5－2。

表5－2　差压式液位计故障处理

故　障	原　因	处理方法
输出为0mA	24V　DC连接不正确，供电不好	检查电源极性是否接反，电压是否低于12V
输出为4mA	变送器密封处或引压管泄漏	找出泄漏点并排除
输出总大于20mA	容器被加压且装置没有补偿口	咨询厂家
输出缓变或根本不变	浮体中进入其他杂质	清理浮体杂质
输出与容量不符	装置没有针对容器中的液体进行标校，密度可能改变，有泄漏	重新校验变送器，将量程调为合适量程
压力变量读数无规律	引压管有泄漏，传感器故障	检查引压管和传感器并排除故障点

5.3　浮力式液位计

利用液体浮力原理来测量液位的方法应用广泛。通常可分为两种类型：通过浮子随液位升降的位移反映液位变化的，属于恒浮力式液位仪表；通过液面升降对浮筒所受浮力的改变反映液位变化的，属于变浮力式液位仪表。

5.3.1　恒浮力式液位计

典型的恒浮力式液位计为浮子式液位计，如图5－7所示。

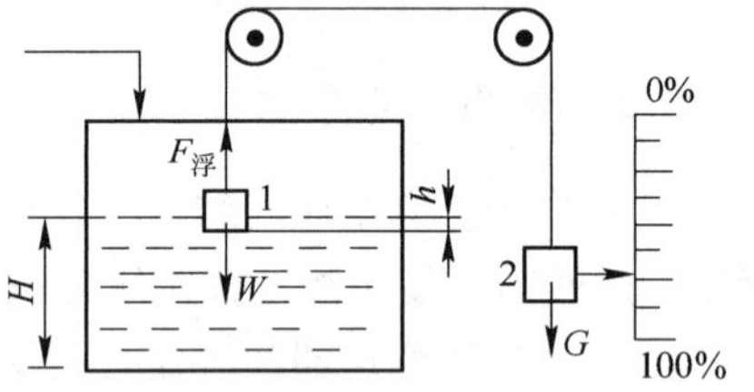

图5－7　恒浮力式液位计工作原理
1—浮子；2—平衡锤

设浮子重W，平衡锤重G，浮子的截面为A，浸没于液体中的高度为h，液体密度ρ。当液位高度为H时，测量系统达到平衡状态，作用在浮子上的合力为零，力平衡关系为

$$W - F_{浮} = G \tag{5-6}$$

式中，$F_{浮} = hA\rho g$。

当液位升高后，浮子被浸没的高度增加Δh，使浮子所受浮力增加

$$\Delta F_{浮} = \Delta hA\rho g$$

此时，系统的稳定平衡状态被破坏，即

$$W - (F_{浮} + \Delta F_{浮}) < G \tag{5-7}$$

浮子由于浮力作用的增加，在平衡锤的牵引下，向上产生相应的位移，直到系统达到新的平衡状态。此时作用在浮子上的合力关系式又恢复为$W - F_{浮} = G$。

比较式 5-6 和式 5-7 可知，为了满足系统受力平衡的要求，浮子上升的位移量 ΔH 与液位的增量是完全相同的。浮子的位移可以直接反映液位的变化量。同时由式 5-6 可见，系统受力平衡关系与液位的高度无关，液位稳定不变时，浮子所受的浮力是一个恒定值。因此称这种液位检测仪表为恒浮力式液位仪表。

5.3.2　浮筒式液位计

浮筒式液位计用于对生产过程中容器内液位进行连续测量、远传，配合调节仪表还可构成液位控制系统。它是变浮力式液位计。

5.3.2.1　测量原理

图 5-8 所示为浮筒式液位计测量原理图。将一封闭的中空金属筒悬挂在容器中，筒的质量大于同体积的液体质量，筒的重心低于几何中心，使筒总是保持直立而不受液体高度的影响。设筒重为 W，浮力为 $F_{浮}$，则悬挂点受到的作用力 F 为

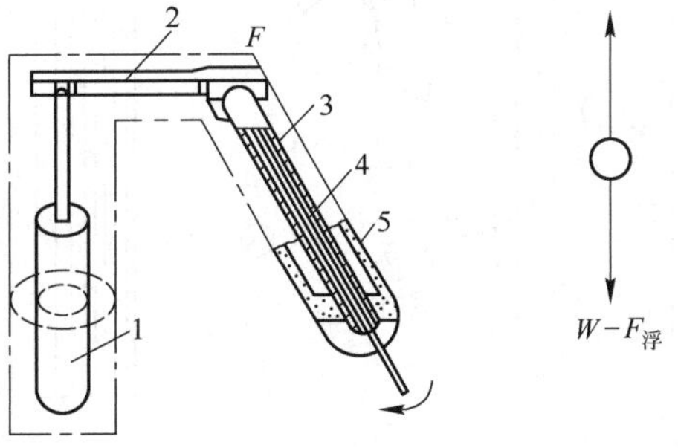

图 5-8　浮筒式液位计测量原理

1—浮筒；2—杠杆；3—扭力管；4—芯轴；5—外壳

$$F = W - F_{浮}$$
$$F_{浮} = AH\rho g \quad (5-8)$$

式中　A——浮筒截面积；

H——从浮筒底部算起的液位高度；

ρ——液体密度。

所以

$$F = W - AH\rho g \quad (5-9)$$

当液位 $H=0$ 时，悬挂点所受到的作用力 $F=W=F_{max}$ 最大。随着液位 H 的升高，悬挂点所受作用力 F 逐渐减小，当液位 $H=H_{max}$ 时，作用力 $F=F_0$ 为最小。根据式 5-9，W、A、ρ、g 均为常数，所以作用力 F 与液位 H 成反向的比例关系。

由式 5-9 及图 5-8 可以知道，浮筒式液位计的测量范围由浮筒的长度决定。从仪表的结构及测量稳定的角度出发，测量范围 H_{max} 在 300～2000mm 之间。

应当注意，浮筒式液位仪表的输出信号不仅与液位高度有关，而且还与被测介质的密度有关，因此在密度发生变化时，必须进行密度修正。浮筒式液位仪表还可以用于测量两种密度不同的液体分界面。

5.3.2.2　浮筒式液位计的应用

浮筒式液位仪表按传输信号的种类分成两大类：气动式和电动式。

气动浮筒液位仪表的典型系列是 UTQ 型。它由检测环节、变送环节、调节环节三部分构成，输出 20～100kPa 的气动液位变送信号，属于就地式检测调节仪表，主要优势在于安全防爆性，在炼油厂及相关危险场所得到广泛使用。

电动浮筒液位仪表主要由检测环节和变送环节构成。典型的有输出 0～10mA 标准信号的 UTD 系列和输出 4～20mA 标准信号的 SBUT 系列。

浮筒液位计的安装分外浮筒顶底式安装、内浮筒侧置式安装和内浮筒顶置式安装几种类型，如图 5-9～图 5-11 所示。

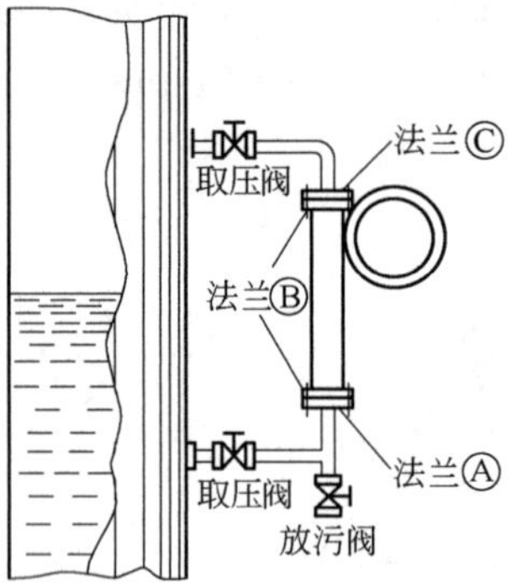

图 5 - 9　外浮筒顶底式

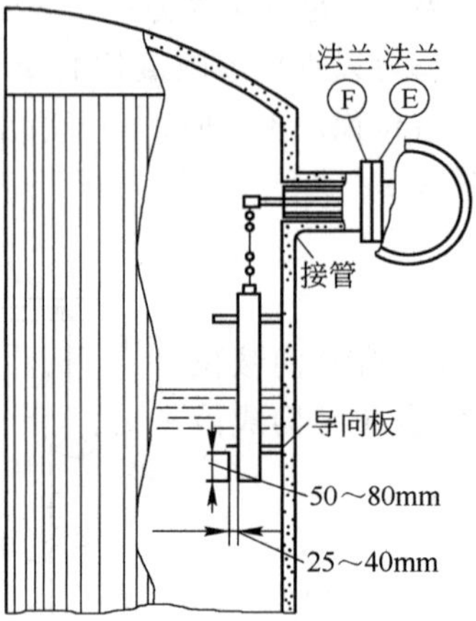

图 5 - 10　内浮筒侧置式

图 5 - 11　内浮筒顶置式

5.4　电阻式液位计

电阻式液位计分为两类：一类是根据液体与其蒸气之间导电特性（电阻值）的差异进行液位测量的，相应的仪表称为电接点液位计；另一类是利用液体与其蒸气之间的传热特性不同而引起热敏材料电阻值变化这种现象进行液位测量的，相应的仪表称为热电阻液位计。

5.4.1　电极式水位计

电极式水位计是电阻式液位计中的一种。在360℃以下，纯水的电阻率小于$10^4\Omega \cdot cm$，蒸汽的电阻率大于$10^8\Omega \cdot cm$。由于工业用水含盐，电阻率较纯水更低，水与蒸汽的电阻率相差就更大了。利用这一特性，就可制成电极式水位计来测量液位的高低。

电极式水位计由检测部分和显示部分组成，如图 5 - 12 所示。

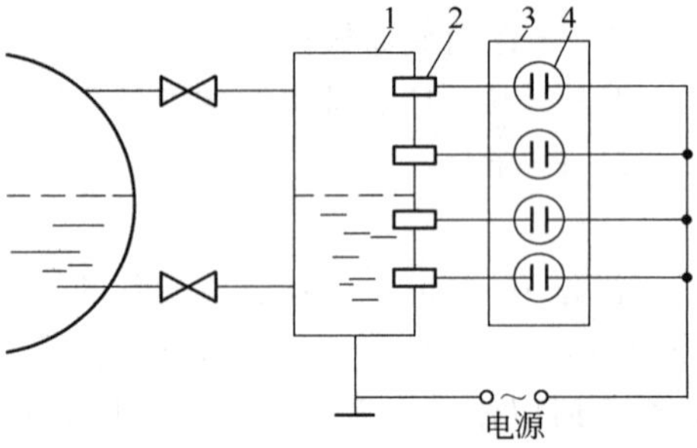

图 5 - 12　电极式水位计测量系统图

1—连通器（测量管）；2—电极；3—显示器；4—氖灯

检测部分由一密封连通管（测量管）和电极组成。根据测量的需要，在连通管上装多个电极（从十几个到几十个）。各电极均用氧化铝等绝缘材料与管道绝缘，并用电缆线引出，测量管作为一个公共电极与电缆相连。当水位达到某一电极时因为水的导电性使容器和该电极接通，于是该回路就有电流通过，显示部分中相应的氖灯被燃亮。

显示部分由与电极数目相对应的一排氖灯组成，氖灯前面有一块有色玻璃，每灯之间的光线用隔板相互隔开。液体淹没了多少电极，就有多少氖灯燃亮。因此，显示仪表中氖灯燃亮个数可以非常形象地反映液位的高低。当相邻的两个电极靠得越近，其示值误差就越小。

5.4.2　热电阻液位计

热电阻液位计利用通电的金属丝（以下简称热丝）与液、汽之间传热系数的不同及其电阻值随温度变化的特点进行液位测量。一般情况下，液体的传热系数要比其蒸汽的传热系数大

1～2 个数量级，例如压力为 0.101MPa、温度为 77K 的气态氮和相同压力下的饱和液氮，它们与直径为 0.25mm 的金属丝之间的传热系数之比约为 1/24。因此，对于通以恒定电流的热丝而言，其在液体和蒸汽环境中所受到的冷却效果是不同的，即浸于液体时的温度要比暴露于蒸汽中的温度低。如果该热丝（如钨丝）的电阻值还是温度的敏感函数，那么传热条件变化所致的热丝温度变化，将引起热丝电阻值的改变。所以，通过测定热丝电阻值的变化可以判断液位的高低。图 5－13 所示热电阻液位计就是利用热丝的电阻值与热丝浸没液体深度之间的关系来测量液位的。

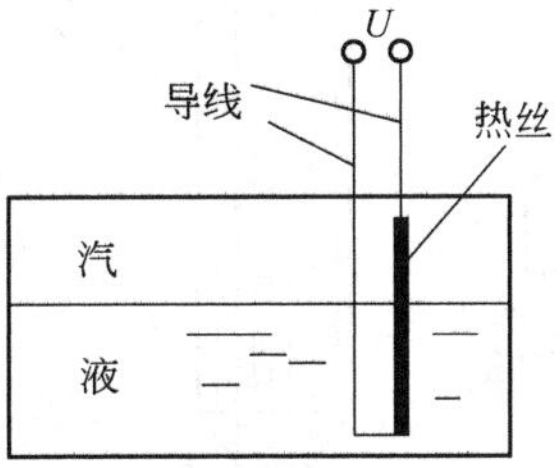

图 5－13　热电阻液位计

5.5　投入式液位计

压阻式压力传感器体积小、结构简单、灵敏度高，将其倒置于液体底部时，可以根据压力变化测出液体的液位。这种形式的液位计称为投入式液位计。图 5－14 是投入式液位计的使用示意图。

压阻式压力传感器安装在不锈钢壳体内，并用不锈钢支架固定放置于液体底部。传感器的高压侧 p_1 的进气孔（用柔性不锈钢隔离膜片隔离，内用硅油传导压力）与液体相通。安装高度 h_0 处水的表压 $p_1 = \rho g h_1$，式中，ρ 为液体密度，g 为重力加速度。传感器的低压侧进气孔通过一根很长的橡胶“背压管”与大气相通，传感器的信号线、电源线也通过该“背压管”与外界的仪表接口相连接。被测液位 h 可由下式得到：

$$h = h_0 + h_1 = h_0 + \frac{p_1}{\rho g} \qquad (5-10)$$

这种投入式液位计安装方便，适应于深度为几米至几十米，且混有大量污物、杂质的水或其他液体的液位测量。

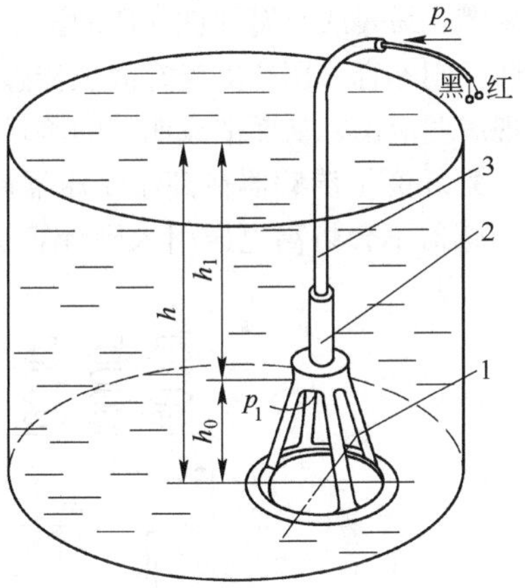

图 5－14　投入式液位计的使用示意图
1—支架；2—压阻式压力传感器壳体；
3—背压管

5.6　光纤液位计

随着光纤传感技术的不断发展，其应用范围日益广泛。在液位测量中，光纤传感技术的有效应用，一方面缘于其高超的灵敏度，另一方面是由于它还具有优异的电磁绝缘性能和防爆性能，从而为易燃易爆介质的液位测量提供了安全的检测手段。

5.6.1　全反射型光纤液位计

全反射型光纤液位计由液位敏感元件、光纤、光源和光电检测单元等组成。图 5－15 所示为液位传感器部分的结构原理图。这两根光纤中的一根光纤与光源耦合，称为发射光纤；另一根光纤与光电元件耦合，称为接收光纤。棱镜的角度设计必须满足以下条件：当棱镜位于气体（如空气）中时，由光源经发射光纤传到棱镜与气体界面上的光线满足全反射条件，即入射光线被全部反射到接收光纤上，并经接收光纤传送到光电检测单元中；而当棱镜位于液体中时，由于液体的折射率比空气大，入射光线在棱镜中的全反射条件被破坏，其中的一部分光线将透过界面而泄露到液体中去，致使光电检测单元接收到的光强减弱。通常，上述因介质折射率变化引起的光强变化量很大，例如，当棱镜（材料折射率1.46）由空气（折射率1.01）中转移到水（折射率1.33）中时，光强的相对变化量约为1∶0.11；由空气中转移到汽油（折射率1.41）中时，光强的相对变化量为1∶0.03。这样的信号变化相当于一个开关量变化，即只要棱镜一触及液体，传感器的输出光强马上变弱。因此，根据传感器的光强信号即可判断液位的高度。

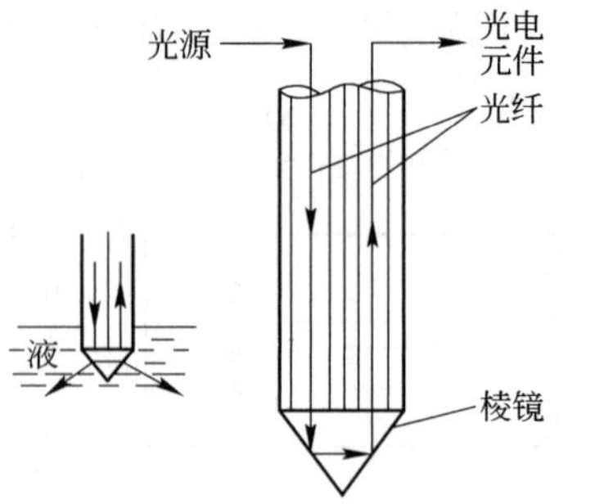

图5－15　全反射型光纤液位传感器部分的结构原理图

由上述工作原理可以看出，这是一种定点式的光纤液位传感器，既适用于液位的测量与报警，也可用于不同折射率介质（如水和油）之间分界面的测定；另外，根据溶液折射率随浓度变化的性质，还可以用来测量溶液的浓度或液体中小气泡的含量等。由于这种传感器具有绝缘性能好、抗电磁干扰和耐腐蚀等优点，故可用于易燃、易爆或具腐蚀性介质的测量。但应注意，如果被测液体对敏感元件（玻璃）材料具有黏附性，则不宜采用这类光纤液位传感器，否则敏感元件露出液面后，由于液体黏附层的存在，将出现虚假液位，从而造成明显的测量误差。

光纤液位传感器在高压变压器冷却油液面检测报警电路中的应用如图5－16所示。因为光纤传感器不会将高电压引入到计算机控制系统，所以绝缘问题较易解决。

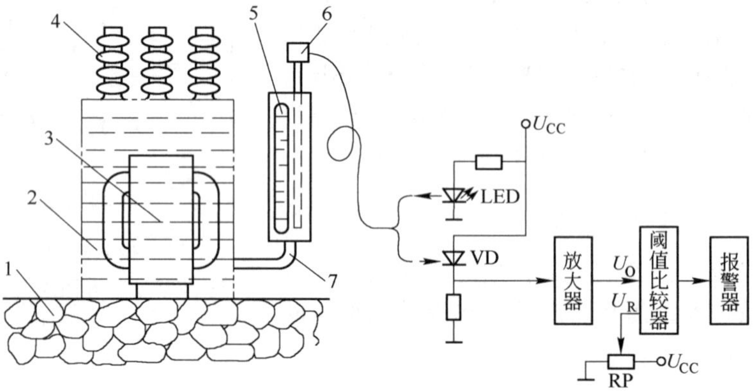

图5－16　光纤液位传感器用于高压变压器冷却油的液位检测示意图

1—鹅卵石；2—冷却油；3—高压变压器；4—高压绝缘子；
5—冷却油液位指示窗口；6—光纤液位传感器；7—连通器

当变压器冷却油液体低于光纤液位传感器的球形端面时，出射光纤的接收光敏二极管接收到光量减少。当 U_0 小于阈值 U_R 时，报警器报警。如果要检测上、下限油位，可设置两个光纤液位传感器，请读者自行思考。

5.6.2　浮沉式光纤液位计

浮沉式光纤液位计是一种复合型液位测量仪表，它由普通的浮沉式液位传感器和光信号检测系统组成，主要包括机械转换部分、光纤光路部分和电子电路部分，其工作原理以及测量系统如图5－17所示。

5.6.2.1　机械转换部分

机械转换部分由浮子4、重锤3、钢索2及计数齿盘1组成（见图5－17），其作用是将浮子随液位上下变动的位移转换成计数齿盘的转动齿数。当液位上升时，浮子上升而重锤下降，经钢索带动计数齿盘顺时针方向转动相应的齿数；反之，若液位下降，则计数齿盘逆时针方向转动相应的齿数。为便于计算，通常总是将这种对应关系设计成液位变化一个单位高度（1cm或1mm）时，齿盘转过一个齿。

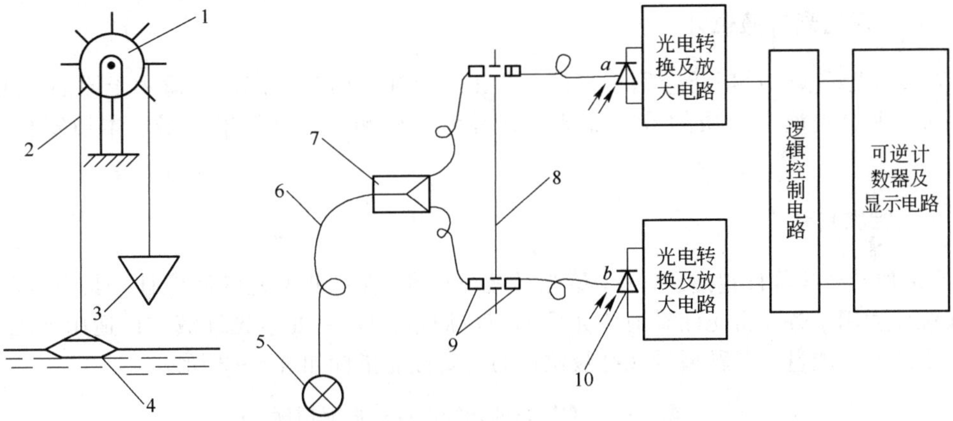

图5－17　浮沉式光纤液位计工作原理图

1—计数齿盘；2—钢索；3—重锤；4—浮子；5—光源；6—光纤；7—分束器；8—齿盘；9—透镜；10—光电元件

5.6.2.2　光纤光路部分

这一部分由光源（激光器或发光二极管）、等强度分束器、两组光纤光路和两个相应的光电检测单元（光电二极管）等组成。两组光纤分别安装在齿盘上下两边，每当齿盘转过一个齿，上下光纤光路就被切割一次，各自产生一个相应的光脉冲信号。由于对两组光纤的相对位置做了特别的设置，从而使得两组光纤光路产生的光脉冲信号在时间上有一很小的相位差。通常，相位超前的脉冲信号用做可逆计数器的加、减指令信号，而另一光纤光路的脉冲信号用做计数信号。

在图5－17中，当液位上升时，齿盘顺时针转动，假设是上一组光纤光路先导通，即该光路上的光电元件先接收到一个光脉冲信号，那么该信号经放大和逻辑电路判断后，就提供给可逆计数器作为加法指令（高电位）。紧接着导通的下一组光纤光路也输出一个脉冲信号，该信号同样经放大和逻辑电路判断后提供给可逆计数器做计数运算，使计数器加1。相反，液位下降后，齿盘逆时针转动，这时先导通的是下一组光纤光路，该光路输出的脉冲信号经放大和逻辑电路判断后提供给可逆计数器作为减法指令（低电位），而另一光路的脉冲信号作为计数信号，使计数器减1，这样，每当计数齿盘顺时针转动一个齿，计数器就加1；而逆时针转动一个齿，计数器就减1，从而实现了计数齿盘转动齿数与光电脉冲信号之间的转换。

5.6.2.3　电子电路部分

这一部分由光电转换及放大电路、逻辑控制电路、可逆计数器及显示电路等组成。光电转换及放大电路主要是将光脉冲信号转换为电脉冲信号，再对信号加以放大。逻辑控制电路的功能是对两路脉冲信号进行判别，将先输入的一路脉冲信号转换成相应的“高电位”或“低电位”，并输送至可逆计数器的加减法控制端，同时将另一路脉冲信号转换成计数器的计数脉冲。每当可逆计数器加 1（或减 1），显示电路便显示液位升高（或降低）1 个单位（1cm 或 1mm）高度。

以上简要地介绍了浮沉式光纤液位传感器的基本工作原理和系统组成，从中可知，这种液位传感器可用于液位的连续测量，而且能够做到液体存储现场无电源、无电信号传送，因而特别适用于易燃易爆介质液位测量，属于本质安全型传感器。

5.6.3　GY 系列光纤液位计

GY 系列光纤液位计广泛应用于石油、化工、交通、国防等部门，适用于原油、成品油、液化石油气和其他液态介质的液位监测，具有无电检测、光纤传输信号、本质安全防爆等特点。

5.6.3.1　性能指标

GY 系列光纤液位计包括 GY－Ⅰ型光纤液位计和 GY－Ⅱ型光纤液位计，其中 GY－Ⅰ型光纤液位计适用于各类常压储罐液体介质的液位测量，GY－Ⅱ型光纤液位计适用于压力储罐液体介质的液位测量。各种型号光纤液位计的主要性能指标如表 5－3 所示。

表 5－3　GY 系列光纤液位计性能指标

型号 指标	GY－ⅠA	GY－ⅠB	GY－ⅠC	GY－ⅠD	GY－ⅡA	GY－ⅡB
测量范围/m	0～12	0～15	0～18	0～25	0～10	0～18
精确度/mm	±2	±2	±2	±2	±8	±8
分辨率/mm	1	1	1	1	1	1
被测介质压力/MPa	常压	常压	常压	常压	≤2.4	≤2.4
适用场合	拱顶罐卧式罐	拱顶罐	所有储罐	所有储罐	$400m^3$ 球罐	$400m^3$ 以上球罐
被测介质密度 $/g\cdot cm^{-3}$	0.5～1.5				0.45～1.20	
被测介质温度/℃	－40～200				－40～100	
工作温度/℃	传感器　－40～80 仪　表　－10～55					

续表 5-3

指标 \ 型号	GY-ⅠA	GY-ⅠB	GY-ⅠC	GY-ⅠD	GY-ⅡA	GY-ⅡB
相对湿度	传感器≤95% 仪表≤85%					
电源	24V DC					
功率/W	12					
传输距离/km	≤5					
防爆等级	本质安全防爆					

5.6.3.2 光纤传感器

GY 系列光纤传感器为光机电一体化产品，由机械检测系统和光学编码室组成，机械检测系统中测量绳轮和配重绳轮分别与测量钢丝绳和重锤钢丝绳连接并同轴运动。光学编码室与机械检测系统完全密封隔绝，两者之间采用磁力耦合方式连接。光学编码室内有一个特制光码盘和两组精密的光纤探头，每组探头有两根光纤。光纤传感器出厂时共有四根尾纤，该尾纤在现场安装时同光缆焊接后固定在光纤保护器内。

5.6.3.3 光电转换箱

GY 系列光纤液位计的光电转换箱采用悬挂式，由外壳和芯板两部分组成，光电转换器件采用邮电通讯的成熟元件，担负着光纤传感器与二次仪表间的信号转换工作。光电转换箱芯板上有两支发光二极管和两只光敏管，分别同光缆内四根光纤连接，光缆端头利用专用夹具固定在光电转换箱内，光电转换箱同二次仪表间的电气连接采用四芯屏蔽电缆。

5.6.3.4 二次仪表及计算机系统

GY 系列光纤液位计的二次仪表采用盘装式。二次仪表采用单片机技术和 S 系列仪表设计制造技术。

当罐区安装多台光纤液位计时，二次仪表同计算机连接，可以实现罐群液位自动监测管理。二次仪表同计算机间采用串行通讯方式。

GY 系列光纤液位计的二次仪表采用 24V 直流不间断电源供电，其备用电瓶容量为 40Ah，电源最多可同时连接二次仪表 10 台（套），当市电（220V AC）停电后，电源给出掉电信号，备用电瓶启用，可以保证二次仪表能够连续可靠地工作。

A 仪表主要功能

（1）采用超高亮度数码精确显示液位至毫米级。

（2）采用光柱模拟液位变化状况。

（3）面板按键仪表内参数设置开关配合设置（修改）参数，可有效防止误操作。

（4）具有“监测”、“通讯”、“上限”、“下限”、“极限”、“锁定”六种功能状态指示灯。

（5）具有越限声光报警和取消声音报警功能。

（6）与上位机器上行数据通讯功能。

（7）采用 24V 直流不间断电源集中供电、掉电后可长时间跟踪液位变化并保存液位数据，可以短时间查询当前液位值。

B　面板指示灯功能

二次仪表面板共有七个指示灯，分别是“监测”、“通讯”、“极限”、“上限”、“下限”、“锁定”及光柱模拟显示，其功能见表5－4。

表5－4　面板指示灯功能

指示灯名称	功　能	状　态
监　测	安装、调试、监测	闪烁亮：被检测介质液位为变化态； 亮或灭：被检测介质液位为静态
通　讯	计算机与仪表通讯	亮：计算机发出通讯指令； 灭：计算机未发出通讯指令
极　限	储罐液位极限报警	亮（声光报警）：当前液位到达或超过设定的极限值； 灭（声光报警取消）：当前液位低于设定的极限值
上　限	储罐液位上限报警	亮（声光报警）：当前液位到达或高于设定的上限值； 灭（声光报警取消）：当前液位低于设定的上限值
下　限	储罐液位下限报警	亮（声光报警）：当前液位到达或低于设定的下限值； 灭（声光报警取消）：当前液位高于设定的下限值
锁　定	锁定当前液位值跟踪液位变化	亮（绿或黄色）：已锁定当前液位时，跟踪液位变化； 亮（红色）：液位偏离锁定液位 ±5mm，灯光报警； 灭：取消锁定功能
光　柱	以百分比的形式显示储罐内液位状态	亮（满刻度）：液位达到设定极限值的100%； 灭：储罐为空罐状态

C　面板按键功能及操作

二次仪表面板共有六个按键，分别是：“查询”、“上电”、“消音”、“△”、“▽”、“确认”，其功能如下：

(1)“查询”键：查询设定的参数值，当按下面板“查询”键后，仪表显示屏依次逐屏显示以下内容：

H（上限报警符号），12.000（设定的储罐液位上限值）；

d（下限报警符号），01.600（设定的储罐液位下限值）；

L（极限报警符号），12.200（设定的储罐液位极限值）；

F（初始液位符号），03.008（初始设定的当前液位值）；

std（仪表自检符号），20.000（仪表内部调试程序数值）；

stat（仪表通讯编码符号），00002（设定的计分表通讯编码）。

（注意：上述数据仅为举例数据，以下同）。

(2)“上电”键：掉电状态下短时间查询当前液位值，当市电掉电时，仪表面板显示屏全部处于关闭状态，若要了解当前储罐内液位情况，只要按住“上电”键，仪表显示屏显示以下内容，松开“上电”键，仪表恢复关闭状态。

日——“上电”显示符号（出现后即消失）；

0.3008：当前液位值。

(3)“消音”键：取消上下限声音报警，当仪表出现上限或下限声音光报警时，按下该键一次，取消声音报警，但不能取消灯光报警，再按该键一次，则恢复声音报警。

当仪表出现极限声光报警时，“消音”键对其无效。

（4）“△”键：调节光标所指数字使其增加。

（5）“▽”键：调节光标所指数字使其减少。

（6）“确认”键：确认所调节的数字。

“△”、“▽”、“确认”键主要用于设置（修改）有关参数。在仪表初始投入使用时，配合仪表内参数设置开关，设置当前液位值以及储罐液位报警上、下限值等有关参数；在仪表、储罐调试与维护时，配合仪表内参数设置开关，修改当前液位值以及液位报警上、下限值等有关参数。

5.6.3.5　维护与保养

A　仪表操作注意事项

（1）在进行参数设置（修改）操作时，请仔细阅读使用手册，严格按照操作流程图操作。非专业人员不得随意进行参数设置（修改）。

（2）为保证计分表的检测精度，液位初值（当前液位值）的设置要求十分准确，只有确认液面静止时，才能根据人工检测结果进行液位初值（当前液位值）设置工作。

（3）参数设置要求：下限 < 上限 < 极限。

B　维护与保养

（1）定期（每一个月）进行人工检测，对仪表精度进行校验。若二者偏差超出仪表误差范围，则需重新设定液位初值。

（2）定期（每六个月）检查液位计。打开铭牌盖，检查绳轮及导向滑轮转动是否灵活，检查完毕后在转轴上加注润滑油。

5.7　电容式物位计

5.7.1　电容式物位计

电容式物位计是利用电学原理，直接把物位变化转换为电容变化，再把电容变化值转换为统一的电信号进行传输、处理，最后显示出来。电容式物位计基于检测元件的电容量随物位变化而变化的原理工作，只要测出电容量的变化，就可以知道物位高低的数值。电容检测元件是根据圆筒电容器原理进行工作的，结构形式如图 5－18 所示，它有两个长度分别为 l_1 和 l_2，直径分别为 D 和 d 的圆筒金属导体，中间隔以绝缘物质，构成圆筒形电容器。当将检测元件放入被测介质中时，在电容器两电极间就会进入与被测液位等高度的液体，当液体变化时，电容器被液体淹没的那部分电容的介电常数就会发生变化，从而导致电容量发生变化。由测量线路将这个电容变化量检测出来，并转换为 0 ~ 10mA DC 或 4 ~ 20mA DC 的标准电流信号输出，就实现了对液位的连续测量。

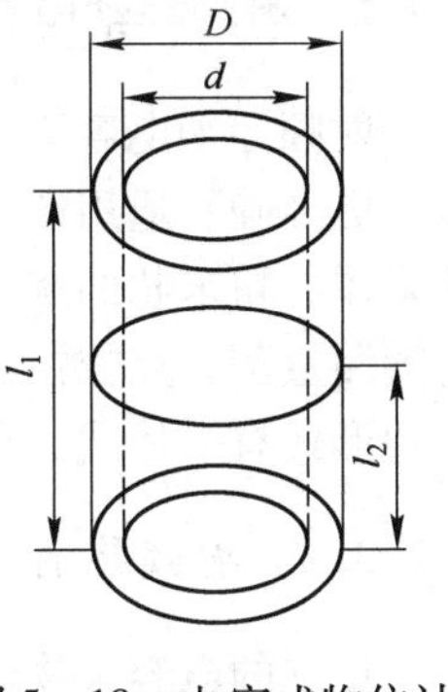

图 5－18　电容式物位计的测量原理

图 5－19 为电容式油量表的示意图，可以用于测量油箱中的油位。当油箱中无油时，电容传感器的电容量 $C_x = C_{x_0}$，调节匹配电容使 $C_0 = C_{x_0}$，$R_4 = R_3$；并使电位器 RP 的滑动臂位于 0 点，即 RP 的电阻值为 0。此时，电桥满足 $C_x/C_0 = R_4/R_3$ 的平衡条件，电桥输出为零，伺服电动机不转动，油量表指针偏转角 $\theta = 0$。

当油箱中注满油时，液位上升至 h 处，$C_x = C_{x_0} + \Delta C_x$，而 ΔC_x 与 h 成正比，此时电桥失

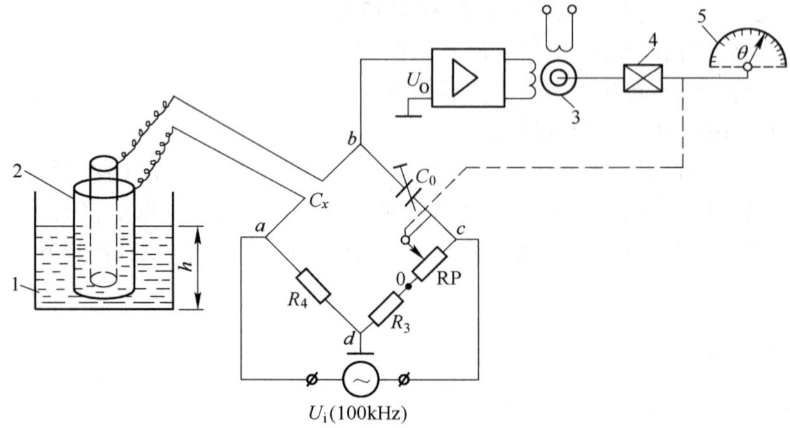

图 5-19　电容式油量表示意图

1—油箱；2—圆筒形电容器；3—伺服电动机；4—减速箱；5—油量表

去平衡，电桥的输出电压 U_0经放大后驱动伺服电动机，再由减速箱减速后带动指针顺时针偏转，同时带动 RP 的滑动臂移动，从而使 RP 阻值增大，$R_{cd}=R_3+R_{RP}$也随之增大。当 RP 阻值达到一定值时，电桥又达到新的平衡状态，$U_0=0$，于是伺服电动机停转，指针停留在转角为 θ 处。

由于指针及可变电阻的滑动臂同时为伺服电动机所带动，因此，RP 的阻值与 θ 间存在着确定的对应关系，即 θ 正比于 RP 的阻值，而 RP 的阻值又正比于液位高度 h，因此可直接从刻度盘上读得液位高度 h。

当油箱中的油位降低时，伺服电动机反转，指针逆时针偏转（示值减小），同时带动 RP 的滑动臂移动，使 RP 阻值减小。当 RP 阻值达到一定值时，电桥又达到新的平衡状态，$U_0=0$，于是伺服电动机再次停转，指针停留在与该液位相对应的转角 θ 处。从以上分析可知，该装置采用了类似于天平的零位式测量方法，所以放大器的非线性及温漂对测量精度影响不大。

5.7.2　射频导纳电容物位计

射频导纳电容物位测量技术是从电容式物位测量技术发展起来的，是一种防挂料、更可靠、更准确、适用性更广的物位测量技术。射频电容物位计可测量导电、绝缘液体，导电、绝缘浆体，粉末状的灰、粉，煤、粮食等颗粒状物质的物位，也可测量两种不同液体的界位。有连续测量型、点位控制型两种类型。由一个电路单元（转换器）、杆式或缆式传感元件组成，结构形式有一体式、分体式。

5.7.2.1　射频导纳电容物位计工作原理

传统的电容式物位传感器无法消除电极挂料对测量的影响，特别是在对黏性导电物料进行测量时，误差极其严重，大大限制了电容式物位计的使用和发展。

射频导纳中的导纳的含义为电学中阻抗的倒数，它由电阻性成分、电容性成分、电感性成分综合而成。而射频即发射高频无线电波，所以射频导纳物位控制技术是通过用高频无线电波测量被测介质导纳来实现物位测量的。

射频导纳技术与电容式技术最重要的区别在于测量量的多样化和三电极技术的应用。射频导纳测量量的多样化在于不止是测电容量，还有电阻和电感量，使测量更加准确。三电极技术包括电子单元和传感器，在测量电极和地极之间加入屏蔽电极，将测量电极保护起来，不受挂料影响。

如图5－20（a）中所示，在一个充满黏性导电物料的容器中，安装一个测量电极，测量电极上有绝缘层。此时，容器中存在一个物料电容，由于导电物料的截面很大，可以认为被测物料在检测电路中的电阻为零。当物位由高位 h 降低到低位 h_0 时，探头上可能会留有黏附层（即挂料），产生虚假的物位，给测量带来误差。

挂料可以看作由许多微小的电阻和电容组成，由于挂料的横截面积较小，挂料的等效电阻较大（挂料的等效电路如图5－20（b）所示）。从数学上可以证明，只要黏附层足够长，黏附层的电阻和电容具有相同的阻抗，这就是射频导纳定理。将测量电极上带有黏附层的容器的外壁接地，在测量电极和地之间加高频激励信号，在测量电极和地之间没有直流通路，因此，对电流进行测量，可得到储罐实际的料位。

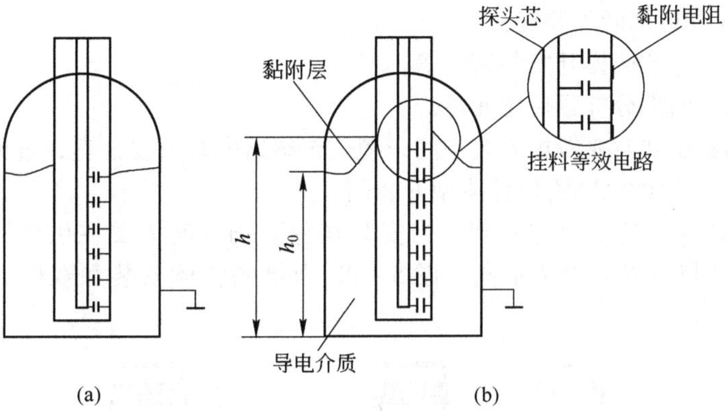

图5－20 黏性导电物料的物位测量原理图

5.7.2.2 射频导纳电容物位计的维护

A 使用注意事项

（1）安装时应根据产品连接方式和螺纹类型，检查现场接口是否与产品接口一致。若为螺纹接口，应慢速拧紧，注意密封，不能把扭矩直接加到变送器壳体上，只能加在变送器接口的六方体上。

（2）接线应严格按照使用说明要求接线。

（3）禁止随意拆卸、碰撞、跌落、用力甩打物位计。

（4）变送器通电即可工作，但预热30min输出更稳定。

（5）使用中若发现异常，应关掉电源，停止使用，进行检查。

（6）安装使用过程中要注意不能把感应导线的外皮弄破。

（7）安装时感应导线要距离水池壁至少10cm以上，否则测量不准确。

（8）全四氟结构和杆式液位的接地线一定要和被测介质导通，否则测量不准确。

（9）安装现场要采取有效的防雷措施。

（10）任何一款液位变送器外壳必须可靠接地，接地电阻应小于4Ω。

B 安装

（1）仪表安装时，必须保证传感器的中心探杆和屏蔽层与容器壁（或安装管）互不接触，绝缘良好，安装螺纹与容器连接牢固，电器接触良好。

（2）对于大量程或有搅拌的场合，传感器需要支撑或地锚固定，但固定端要与传感器绝缘。

（3）可通过螺纹使所测金属罐体良好接地。若所测罐体为非金属罐，则需要将外壳接地端单独接地。

（4）电源地线要接在标准地或标准的仪表地上，不可接在动力地上。现场电源电缆推荐使用屏蔽电缆，不可长距离无屏蔽地与交流电源电缆并行。

（5）传感器（探头）的安装位置通常是由容器的开孔位置所决定，但不可将其安装在进料流中，当容器内部无适当位置时，可考虑使用外侧臂或量筒安装。注意：

1）在用绝缘传感器的场合，安装必须非常仔细，不要损坏探头的绝缘层，尤其是那种薄电容式探头。传感器及其屏蔽层不可与安装接口或容器壁接触。

2）传感器的安装不能使之处于填充嘴或槽等直接物料流进的地方。若无法做到这一点，则要在探头与填充嘴或槽间加装隔板。

3）不要拆开传感器或松开安装密封盖。

4）用扳手的平面部分拧紧传感元件。

5）硬杆传感器安装时要考虑安装空间，缆式传感器安装后要拉直，避免对地短路。

图 5 – 21 为射频导纳电容物位计典型安装图。

（6）不论整体安装还是分体安装，当安装在危险场合时需要在供电回路上加认证过的安全栅，单栅双栅都可以但接法不同。图 5 – 22 为单栅整体安装和双栅分体安装的系统连接图。

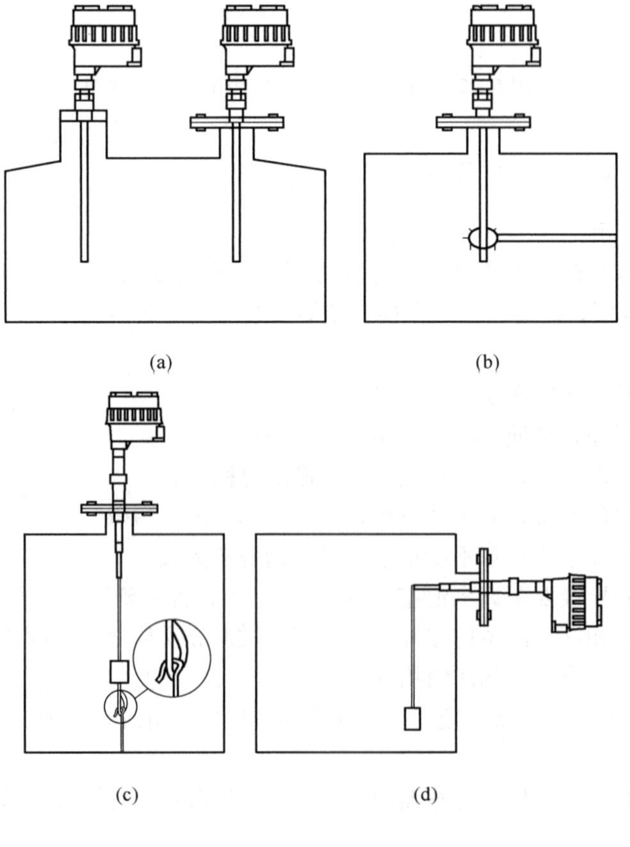

(a)　(b)

(c)　(d)

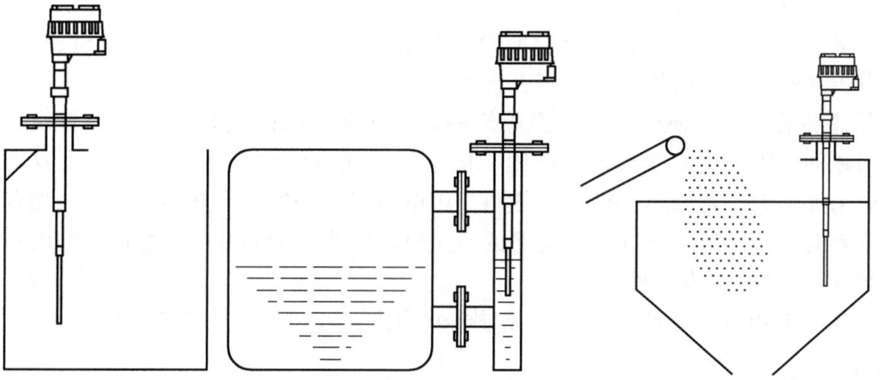

(e) (f) (g)

图 5－21 射频导纳电容物位计典型安装

(a) 安装管座和法兰安装；(b) 固定支架绝缘安装；(c) 地锚安装；(d) "钓鱼竿" 式侧装；(e) 开放池支架安装；(f) 外浮筒安装；(g) 落料斗安装

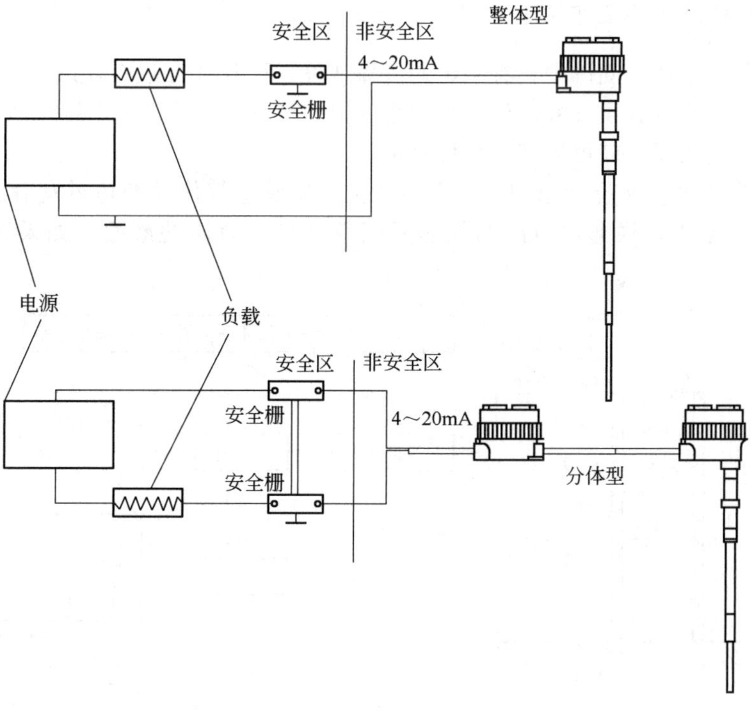

图 5－22 单栅整体安装和双栅分体安装的系统连接图

C　常见故障

使用条件等不满足仪表测量要求时，可能会造成仪表测量不准确或仪表不工作。若是仪表原因，请依次检查以下几方面的内容：

（1）检查电子单元。移动传感器电源及信号电缆，外加 24V DC 电源；检查并校准系统；利用信号发生器检查系统的输出信号是否在 4～20mA 的范围内。

（2）检查传感器。用模拟欧姆表测量传感器接线端之间的电阻，包括中心线与屏蔽间电阻、屏蔽与地间电阻、中心线与地间电阻。传感元件在空气中无挂料（聚集物）时，上述三电阻阻值应为无穷大，若传感元件上有挂料，则电阻阻值偏低，当挂料除去后，电阻阻值恢复无穷大。正常时，传感器上有挂料情况下的最小电阻值为：中心线与地之间 1000Ω；中心线与屏蔽之间 600Ω；屏蔽与地之间 300Ω。

（3）检查传输电缆。导线管中有水或导电性物体，可能会引起仪表失灵。

5.8　超声波物位计

超声波式物位计为非接触式测量物位计，运行稳定可靠，可安装于料仓、液罐上方，不直接接触物料，克服了其他型号液（物）位计直接接触物料和由此而带来的弊端。可以定点和连续测量。通常应用于温度在 －40～100℃之间、压力在 0.3MPa 以下的场所进行液位或料位的测量。

超声波物位计由两部分组成，一部分是用于发出超声波，并采集回波，称为传感器或换能器；另一部分用于计算数据，导出测量结果，称为转换器。超声波测量系统将信号输出到 PLC 或 PC 进行过程控制，有一体型和分体型两种类型。

5.8.1　超声波物位计的工作原理

声波在气体、液体、固体中具有一定的传播速度，而且在穿过介质时会因被吸收而衰减。声波在穿过不同密度的介质分界面处还会产生反射。根据声波从发射至接收回波的时间间隔与物位高度成正比的关系，就可以实现物位测量。

图 5－23 为超声波液位计原理图，在液位上方安装空气传导型超声发射器和接收器。利用超声脉冲反射原理，根据超声波的往返时间就可测出液体的液面。如果液面晃动，就会

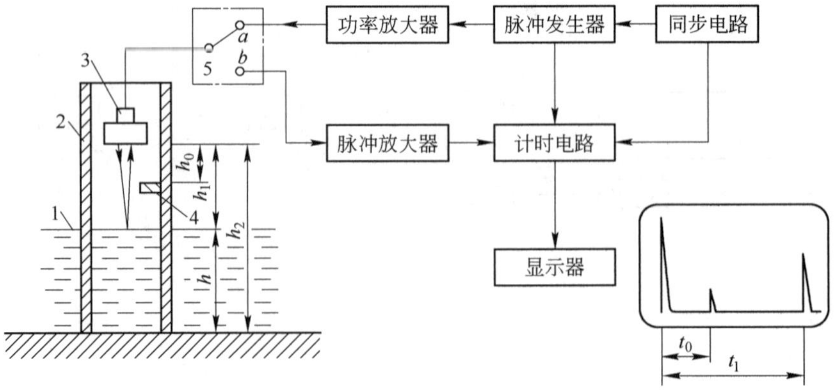

图 5－23　超声波液位计原理图

1—液面；2—直管；3—空气超声探头；4—反射小板；5—电子开关

造成反射波散射而使接收困难，此时可用直管将超声传播路径限定在某一空间内。另外，由于空气中的声速随温度改变会造成温漂，所以在传送路径中还设置了一个反射性良好的小板作标准参照物，以便计算修正。上述方法除了可以测量液位外，也可以测量粉体和粒状体的物位。

【例5-1】 如从图5-23超声波液位计的显示屏上测得时间 $t_0=1.5\text{ms}$，$t_1=6.0\text{ms}$。已知水底与超声探头的间距为10m，反射小板与探头的间距为0.5m，求液位 h。

解：由于传播速度

$$c=\frac{2h_0}{t_0}=\frac{2h_1}{t_1}$$

所以有

$$\frac{h_0}{t_0}=\frac{h_1}{t_1}$$

$$h_1=\frac{t_1}{t_0}h_0=\frac{6.0}{1.5}\times 0.5=2\text{m}$$

所以液位 h 为

$$h=h_2-h_1=10-2=8\text{m}$$

5.8.2　超声波物位计的选用

（1）当使用环境良好并且系统只需要采集有关数据，无需在第二现场显示时，一般选用一体式就可以了；当还有其他要求时，比如需要继电器开关输出来控制其他电器机构，这时最好选择分体式。

（2）当要求直接在第二现场显示可以选择分体式。

（3）当环境潮湿、不通风、扬尘多等条件比较恶劣时，一般建议采用分体近传型。近传型超声波换能器能够抵御恶劣环境，但其唯一缺点是传输距离较小（极限连接线长度约40m）。

（4）选择探头材料：主要看环境是否有腐蚀性。一般的弱酸弱碱环境可以用普通探头，但腐蚀性强的，要用防腐的探头。

（5）量程选择：如果测量液体，可以按照标称量程选型；如果是测量固体（应事先咨询厂家技术人员），最少需要将量程加大；如果是松软的物体（比如面粉、棉花、海绵），此类仪表将不能使用；如果测量液位有覆盖面大的气泡，也要加大量程，若气泡厚度超过5cm，不推荐使用。强酸碱的场合，还要考虑是否会形成雾气，会形成雾气的场合，也要求加大量程才能使用。

总之，简单的场合采用一体机，需要第二现场显示选用分体机，强腐蚀场合用分体、近传、防腐型。水池面积较小，并且比较深时尽量采用引压式液位计。

5.8.3　超声波物位计的维护

5.8.3.1　使用注意事项

（1）范围和大小。要探测的物体大小直接影响超声传感器的最大传感范围。传感器必须探测到一定声级的声音才可以进行输出。大部件能将大部分声音反射给超声传感器，这样传感器即使在较传感距离外也能检测到此部件；小部件仅能反射较少的一部分声音，从而导致传感范围大大缩小。

（2）要探测的物体。使用超声探测的理想物体应体积大、平整且密度高，并与变换器正面垂直。最难探测的物体是体积小且由吸声材料（如泡沫橡胶）制成的物体，或者与变换器成一定角度的物体。可通过让传感器探测背景表面，然后借助反应到传感器和背景之间的探测目标物体，来探测某些难以探测的物体。

如果液面静止且与传感器表面垂直，探测液体就很容易。如果液面波动大，可延长传感器的响应时间，从而取波动变化的平均值以获得更有效的读数。但是，超声波物位计还不能精确探测表面为泡沫状的液体，因为泡沫会使声音的传播方向发生偏离。

（3）振动。无论是传感器本身的振动还是附近机器的振动，都可能会影响测量距离时的精确度。可在安装超声波物位计时使用橡胶防振装置来减少这类问题。有时也可使用导轨来消除或大大降低部件振动。

（4）衰减。传感器设计了温度补偿功能，以调节环境温度的缓慢改变。但是，它不能调节温度梯度或环境温度的快速变化。

（5）误测结果。附近的物体（如导轨或固定杆）可能会反射声波。要准确探测目标物体，必须降低或消除附近声音反射表面的影响。

（6）盲区。由于发射的超声波脉冲有一定的宽度，使得距离换能器较近的一段区域内的反射波与发射波重叠，无法识别，不能测量其距离值。这个区域称为测量盲区。盲区的大小与超声波物位计的型号有关。安装超声波液位计时必须考虑超声波液位计的盲区问题。当液位进入盲区后，超声波变送器就无法测量液位了，所以在确定超声波液位计的量程时，必须留出50cm的余量，安装时，变送器探头必须高出最高液位50cm左右。这样才能保证液位的准确监测及超声波液位计的安全。

5.8.3.2　安装

（1）选择合适的安装位置是确保物位计正常工作的关键，不可把换能器安装于罐顶的中心位置，建议将换能器安装在距罐壁距离为罐直径1/6处（图5－24中位置1处）。

（2）使用防护罩，以防被直接日照或雨淋（图5－24中位置2处）。

（3）不可安装于进料口的上方（图5－24中位置4处）。

（4）安装时应保证换能器与被测物料之间的超声波束区域内不存在任何障碍物，也应避免安装任何装置（图5－24中位置5、6处）。

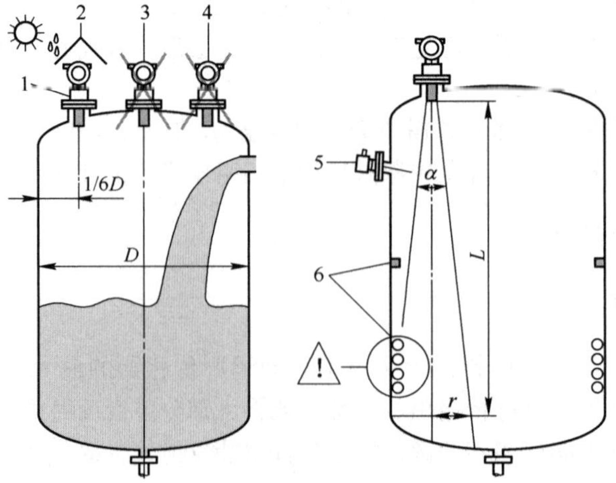

图5－24　超声波物位计安装示意图

（5）安装位置应保证换能器表面与最高料位之间的距离大于盲区距离，物位计的下缘应伸入罐内（接管式安装除外）。如图5－25所示（*BD*—盲区；*SD*—安全距离；*E*—空标（空罐高度）；*F*—满标（量程））。可设置一个安全距离（*SD*）以防物位进入盲区。如果物位进入安全距离，要求输出警告或报警提示。

注意：如果盲区内产生负脉冲，将会导致仪表故障。

（6）如果无法预留盲区，应使用加长的安装短管。短管内部必须光滑、无缝或无任何焊点。靠近短管边缘的罐内部必须无任何毛刺。注意短管直径与长度的特殊限制，建议使用带切角的短管（理想角度为45°）以使干扰因素降低到最小。如图5－26所示。

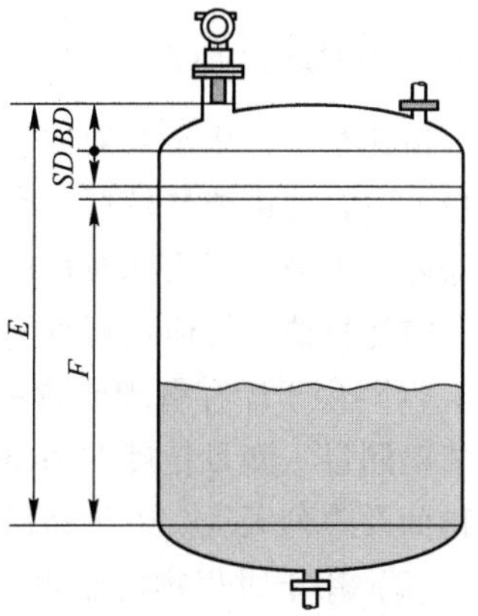

图5－25 超声波物位计测量范围

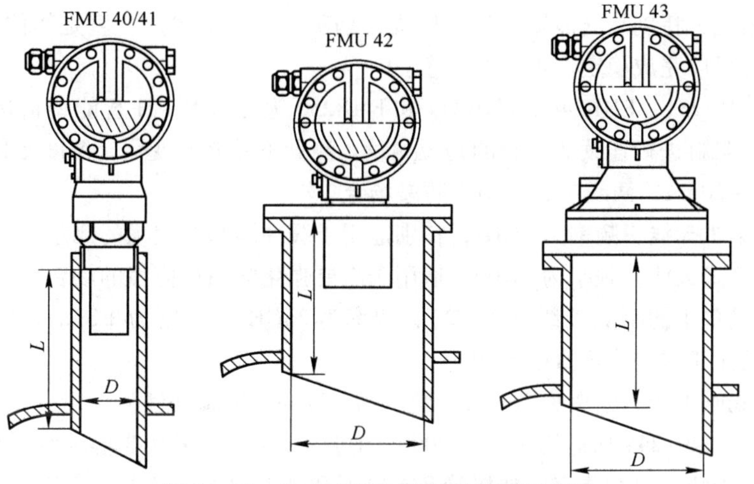

图5－26 超声波物位计短管使用示意图

D—短管直径；*L*—短管长度

（7）安装时尽可能使换能器的声波发射方向与物料表面垂直。

（8）换能器发射的超声波不得与加料料流相交。

（9）不得在同一罐上安装两个超声波测量装置以避免两个信号相互干扰。

5.8.3.3 常见故障与处理

超声波物位计常见故障与处理方法见表5－5。

表5－5 超声波物位计常见故障与处理方法

故　障	原　因	处理方法
物位计不工作	电源未接好	检查电源线
物位计工作，屏幕显示没有变化	1. 被测距离超出物位计量程； 2. 被测介质有强烈扰动，或者粉尘严重； 3. 周边有大型电动机等强干扰源； 4. 探头未对准被测平面； 5. 被测空间内有多余物体，比如支撑杆、下料口等； 6. 液位进入盲区	1. 考虑更换大量程的物位计； 2. 等待被测介质恢复平静后，设备会自动恢复正常测量； 3. 检查周边环境，做好电磁屏蔽； 4. 重新校准探头； 5. 重新选择合适的安装位置，尽量避免干扰物出现； 6. 重新选择合适的安装位置

5.9　雷达物位计

雷达物位计用于对液体、浆料及颗粒料的物位进行非接触式连续测量。它采用微波脉冲的测量方法，波束能量较低，并可在工业频率波段范围内正常工作，可安装于各种金属、非金属容器或管道内，对人体及环境均无伤害。

雷达物位计按应用可分为两类：

（1）用于库存管理或贸易结算的高精度液位计量：主要用于石油成品油及化学用品液体的精确测量，测量精度在1mm以内，基本上采用调频连续波原理。有适用于不同场合的喇叭、抛物面及阵列天线。因价格昂贵，应用量也有限，故只有少数公司生产。

（2）用于过程物位监测：由于工业过程种类繁多，仪表必须适应各种介质，以及不同的温度、压力范围。精度约为0.1%FS或者5mm。这几年，过程级微波物位计发展很快并加速普及。在性能提高的同时，价格也相对适中，适用于更多工况。

固态物料料位，特别是气体输送料状料位（烟灰、成品水泥）一直是物位测量中的难题，但是雷达物位计可以完成稳定、可靠的测量。

FMR230、FMR231、FMR240、FMR244和FMR250为几款E＋H智能型雷达物位计，用于对液体、颗粒及浆料进行连续非接触的物位测量。测量不受介质变化、温度变化、惰性气体及蒸汽的影响。4～20mA，两线制，适用于防爆场合。

FMR230：喇叭天线，频率为6GHz，特别适用于缓冲罐和过程罐的测量。

FMR231：杆式天线，频率为6GHz，适用于需要强化学品适应性的场合。

FMR240：具备小的喇叭天线（1 1/2），频率为26GHz，精度为±3mm，特别适用于小型容器。导波管可用于水平或竖直的罐中。

FMR244：喇叭天线，频率为26GHz，精度为±3mm，抗腐蚀性强。

FMR230/231/240/244均适用于高达200℃的过程温度，当采用高温天线时可达400℃。带有屏蔽管的杆式天线，可在狭窄的加接管及有冷凝和黏附的加接管内可靠测量。

FMR250：特别适用于对粉状和粒状的固体进行连续、非接触的物位测量。另外它也可用于液体测量。测量不受粉尘、进料噪声、温度分层和气体分层的影响，测量精度为±15mm。典型应用场合：粉尘严重的高固体料仓（如水泥、生料或动物饲料）中的物位测量；温度高达200℃的场合，如水泥熟料或飞灰；具有强研磨作用的固体块料，如铁氧体。

5.9.1　雷达物位计的工作原理

雷达物位计从测量原理角度分为：脉冲型雷达物位计、调频连续波雷达物位计。

（1）脉冲型雷达物位计

雷达物位计天线发射极窄的微波脉冲（例如6G频率雷达，即发送一个Δt时间（一般为1ns）的脉冲，叠加6GHZ的正弦波信号），这个脉冲以光速在空间传播，碰到被测介质表面，其部分能量被反射回来，被同一天线接收。发射脉冲与接收脉冲的时间间隔与天线到被测介质表面的距离成正比。

雷达物位计天线接收反射的微波脉冲并将其传输给电子线路，微处理器对此信号进行处理，识别出微脉冲在物料表面所产生的回波。正确的回波信号识别由智能软件完成，精度可达到毫米级。

由于其发射脉冲与接收脉冲的时间间隔非常小，一般都采用时间拓展技术，并采用多次测量求平均值的方法获得最终结果。这种测量技术决定了其精度为5~10mm。

脉冲雷达由于采用微波脉冲信号，是间断性发射脉冲方式，所以，脉冲雷达可以做到功率比较低，一般为0.5W以内，可以很方便地实现本安设计。在设计中大都采用大电容充电方式，等电容充电到一定容量后，进行一次微波脉冲信号发射测量。这种设计方式决定了其在料位变化率比较快的情况下，会出现锁波现象。

（2）调频连续波型雷达物位计

相对于脉冲回波时间差方式的测量原理，调频连续波型液位雷达采用FMCW（频率调制/连续波）体制，可以达到计量级的测量精度。

安装在罐顶液位计通过天线向液面发射经频率调制的电磁波信号，被测表面返回的信号被同一天线接收，并与天线发射的瞬时频率信号比较。由于信号的频率按照一定规律不断变化，因此比较信号的频率与天线到液面的直线距离成比例。综合测量信号与油罐形状参数，进行几何处理，就可以得到精确的液位高度和剩余量信息。

5.9.2 雷达物位计的维护

5.9.2.1 使用注意事项

（1）测量范围从波束触及罐底的那一点开始计算，但在特殊情况下，若罐底为凹型或锥形，当物位低于此点时无法进行测量。

（2）若介质为低介电常数，当其处于低液位时，罐底可见，此时为保证测量精度，建议将零点定在距罐底高度为C的位置，如图5-27所示。

（3）理论上测量达到天线尖端的位置是可能的，但是考虑到腐蚀及黏附的影响，测量范围的终值应距离天线的尖端至少50mm。

（4）对于过溢保护，可定义一段安全距离附加在盲区上。

（5）最小测量范围与天线有关。

（6）随浓度不同，泡沫既可以吸收微波，又可以将其反射，故在一定的条件下是可以进行测量的。

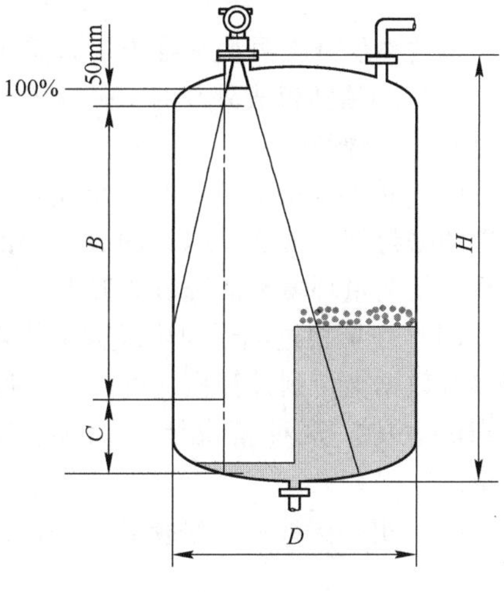

图5-27 测量条件

5.9.2.2 安装

（1）罐的内壁到安装短管的外壁，应大于罐直径1/6处（图5-28中位置1处）。

（2）不可安装于罐顶的中心位置（图5-28中位置3处），干扰会导致信号丢失。

（3）不可安装于进料口的上方（图5-28中位置4处）。

（4）安装保护盖，以防被直接日照或雨淋（图5-28中位置2处）。

（5）在信号波束经过范围内，应避免安装任何装置（图5-28中位置5处），如限位开关，温度传感器等。

（6）对称装置（图5-28中位置6处），如真空环、加热线圈、挡板等，均有可能干扰

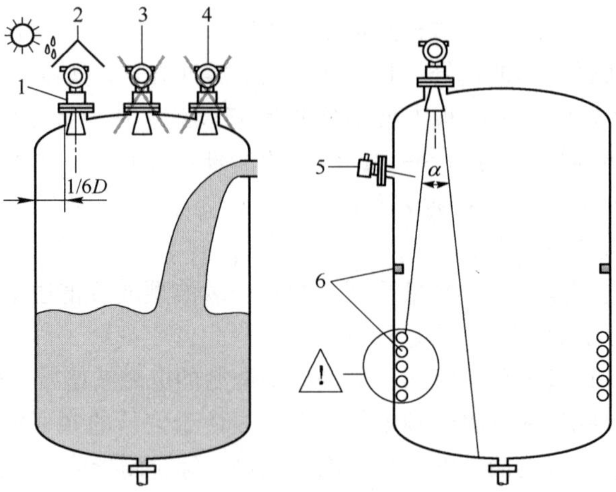

图 5－28　E＋H 雷达物位计安装示意图

测量。

（7）喇叭天线必须伸出接管，否则应使用天线延长管，如图 5－29 所示。

（8）调整喇叭天线与物料表面垂直。

5.9.2.3　维护

雷达物位计无需特殊维护，只需注意如下几点：

（1）当清洁仪表外部时，使用不会损坏外壳表面及密封圈的清洗剂。

（2）传感器的密封圈必须定期更换，特别是当使用铸造的密封圈（防腐结构）时；更换的周期取决于清洁的频率及测量环境和清洗时的温度。

（3）在更换过电子模块或整个仪表后，若事先已经将参数数据上传到计算机，可以通过通讯接口将参数下载到仪表中。这种情况下，无须重新设置即可进行测量。

（4）更换天线后，必须重新进行标定。

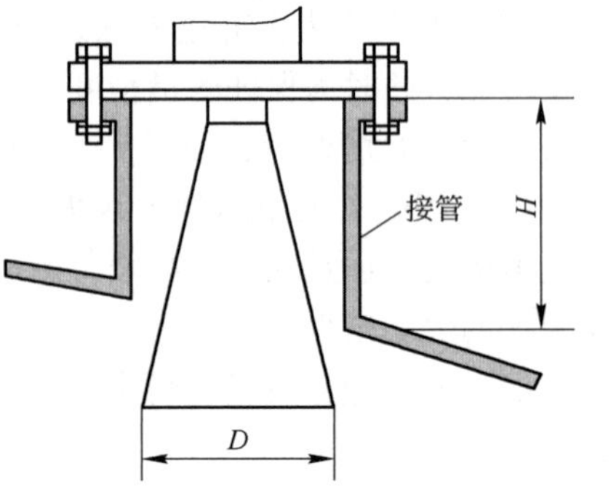

图 5－29　喇叭天线的安装示意图

复习思考题

5－1　物位测量仪表包括哪些类型，分别根据什么原理工作？

5－2　用差压变送器测量液位，在什么情况下会出现零点迁移？何为“正迁移”，何为“负迁移”，其实质是什么？

5－3　恒浮力式液位计与变浮力式液位计测量原理的异同点有哪些？

5－4　电极式水位计的使用有何特点？

5－5　光纤式液位计是如何工作的？

5－6　电容式、超声波式和光学式物位计分别依据什么原理工作？

5－7　使用雷达物位计时，应注意哪些事项？

5－8　如何选用超声波物位计？

5－9　简述射频导纳电容物位计的工作原理。

5－10　简述 GY 系列光纤液位计的特点。

5－11　如何选用差压式液位计？

5－12　使用差压式液位计时，应注意哪些事项？

6　电子衡器的使用与维护

随着现代工农业及科技的发展，各生产部门对称量技术提出了“快速、准确、连续、自动”的称量要求，同时也要求有效地消除人为误差。当前的机械衡器很难达到这些要求，而只有采用现代传感器技术、电子技术和计算机技术一体化的电子衡器才能满足这些发展要求。电子衡器具有反应速度快、测量范围广、应用领域广、结构简单、显示直观、操作方便、信号远传、便于计算机控制等特点，目前已被广泛应用于煤炭、石油、化工、电力、轻工、冶金、矿山、交通运输、港口、建筑、机械制造和国防等各个领域。

电子衡器总的发展趋势是小型化、模块化、集成化、智能化。其技术性能趋向是速率高、准确度高、稳定性高、可靠性高；功能趋向是称重计量的控制信息和非控制信息并重的“智能化”；应用性能趋向是综合性和组合性。

6.1　电子衡器的基本知识

6.1.1　电子衡器的基本概念

6.1.1.1　电子衡器的定义与分类

A　定义

凡利用“力－电”变换原理，将非电量的质量转换为电量进行称量的计量器具，统称电子衡器。即凡装备有电子部件的衡器统称为电子衡器，俗称电子秤。

B　分类

国际法制计量组织按照衡器的自动化程度把电子衡器分为：自动衡器与非自动衡器。

按照用途进行分类：电子计价秤、平台秤（包括地上衡、地中衡、汽车衡等）、吊钩秤、容器秤、皮带秤（电子皮带秤、核子秤）、电子轨道衡等。

按照显示仪表指示方式分为：模拟式和数值式两类。

根据力－电转换原理分为两类：一类是在杠杆式机械衡器基础上增加一套“位移－数字”转换及测量装置，将被测重量直接用数字显示出来。如光栅电子秤、码盘电子秤、电磁力电子秤、同步感应电子秤、陀螺电子秤等。另一类是通过称重传感器，将被测重量转换为与其成正比的电量信号，再由电子测量装置显示重量数据，一般称为传感器式电子衡器。

传感器式电子衡器又根据称重传感器原理不同分为：应变电阻式、电容式、电感式、电磁力式、振弦式、压电式、陀螺式等类型的电子衡器。其中采用应变电阻式称重传感器的电子衡器应用较多。

6.1.1.2　电子衡器的组成

电子衡器主要由三部分组成，分别是承重、传力复位系统、称重传感器和称重显示器。

6.1.1.3　衡器的计量性能

A　灵敏度

衡器的灵敏度是指衡器对被测质量的敏感程度。

对于给定的被测质量，灵敏度 K 可用其被观察量的变化量 ΔI 与被测质量 M 的变化量 ΔM 之比表示：

$$K=\frac{\Delta I}{\Delta M} \tag{6-1}$$

K 越大，灵敏度越高。

【例6－1】 把500g 允差砝码，分别放在两台进行全量程检定的500kg 台秤上，第一台台秤计量杠杆在视准器内上升5mm，第二台台秤计量杠杆在视准器内上升8mm，那么哪一台的灵敏度高？

解： $K_1=\frac{5\text{mm}}{500\text{g}}=0.01\text{mm/g}$

$K_2=\frac{8\text{mm}}{500\text{g}}=0.016\text{mm/g}$

所以第二台台秤灵敏度比第一台灵敏度高。

B 鉴别力

衡器的鉴别力是指衡器对负载微小变化的反应能力，即引起衡器示值发生可观察变化的被测负荷的最小变化值。

C 重复性

在相当恒定的实验条件下，以实际一致的方式把同一负荷多次施加到负荷接受器上时，衡器提供相互一致结果的能力。

衡器因受设计、工艺所致，重复测试结果不可能完全相同，为此各种衡器都规定了重复性的最大允许误差。

D 耐久性

在规定的使用期间使衡器保持工作特性的能力。

衡器的耐久性是衡器保证长期使用的一项重要指标，它是依靠长时间的统计得来的，是反应一台衡器质量好坏的重要依据。

6.1.2 电子衡器的点检要求

对设备实行点检制是为了保证设备稳定运行的可靠性、日常维护的经济性、检修计划的实效性。

对设备点检实行标准化作业，点检员需要依据标准化、规范化的点检工作程序，认真开展并实施对设备进行点检作业与管理，切实把握设备运行状态，制定切实可行的检修计划，防止设备的欠维修或过维修，努力降低维修成本，提高检修质量和效率。

对设备点检实行标准化作业就是按照预先设定的周期和方法，对设备的某个部件或某个点对照设定的标准进行有无异常的预防性周密检查过程，能够使设备的隐患和缺陷得到早期发现、早期预防、早期处理，是保证设备长期稳定、高效、安全运行的重要保障。

6.1.2.1 日常点检标准化作业

日常点检是设备点检的基础，是掌握设备运行状态、防止设备劣化、对设备进行维护保养的重要依据。

(1) 清扫：清除设备上的灰尘和污物，使设备保持整洁。清扫部位包括秤台、秤体周围及称重系统其他配套附属的部件。通过对称重设备各个部位、角落的清扫，可使称重设备潜在的缺陷或损坏等情况得到及时发现。

（2）称重系统零点检查：称重设备在使用前和使用期间应经常检查称重系统的零点是否正常。通过使用，观察分析出因使用不当造成称重系统零点异常的原因，同时向点检员报告并配合有关部门及时解决。

（3）称重系统重复性检查：称重设备在使用期间应定期对称重系统进行重复性检查，以便及时发现称重系统各结构部件是否具有良好的使用性能和稳定性能，发现超差应及时通知点检站的专业点检员并协助分析处理潜在隐患。

（4）要求操作人员掌握正确的设备操作方法，严格按照设备操作规程进行操作，杜绝因操作失误造成设备事故的发生。

（5）按照专业点检员制定的《日常点检表》，逐项检查、逐项确认，实事求是做好基础记录工作并随时接受检查。

（6）随时听取设备使用人员对设备运行提出的合理化建议，善于采纳，不断提高对设备进行日常点检的工作水平。

6.1.2.2　专业点检标准化作业

设备专业点检员按照分区域兼顾专业特长的原则对设备负责，既从事设备点检，又负责设备管理。

A　日常专业点检作业

（1）紧固：防止称重设备连接件松动与脱落而采取的一种防护措施。称重设备中用以防止连接部位相互松动与脱落的紧固件通常使用螺栓与螺母，在称重设备使用运行过程中应经常检查。一旦发现松动应及时予以紧固，否则机械连接部位松动会引起振动，降低称重设备的装配精度，严重时造成连接件的折损与脱落。

（2）加油：对称重设备需进行必要调整的部位经常进行润滑，使其保持良好的润滑状态，避免由于缺乏润滑造成调整部件的锈蚀与劣化，成为诱发称重设备产生各种故障的原因。

（3）调整：对称重设备需要根据不同季节随时调整的部位进行仔细地测量与检查，如各类称重设备的限位间隙、轨缝与过渡器间隙等。

（4）简单维修与更换：通过专业点检员的点检，对无须停运设备的简单维修与更换可由维修人员配合点检员共同完成，点检员应同时做好相应的记录。

（5）称重秤体与机械结构件：仔细对各类不同称重设备的称重秤体、机械结构件及相关部位进行专业点检，如秤台变形程度、秤台下异物、称重传感器连接受力状态、承压脚是否有开焊险兆、锈蚀程度以及防尘盖板、挡板位置、线路绝缘情况和信号线上异物等。

（6）称重显示器：对称重显示器点检时主要是观察显示数据的稳定程度、显示器上各按键的操作功能及设定参数和调校参数是否发生变化，以便及时排除由于称重显示仪表隐患而造成的称重系统故障。

（7）称重数据采集计算机设备：一是硬件，通过听（有无杂音）、嗅（有无异味）、触（温度程度）来判断设备的使用运行状况；二是软件，包括对操作系统、应用软件的备份检查、垃圾文件的处理检查、数据传输时的使用是否正常以及打印机使用是否正常等。

（8）供电、照明、监控、网络与防护设备：对设备使用要求的供电情况进行专业点检，如电网波动情况、防雷击保护装置连接情况、UPS 不间断电源供电试验、照明与监控系统运行状态以及网络连接状态等。

B 日常设备管理

（1）称重设备分类台账：对严重影响正常生产成本考核数据结算的称重设备确定为A类；以点检定修为主，预防维修为辅，保证备件充分，坚决杜绝失修。对出现故障但却只对局部正常生产工艺造成影响的称重设备确定为B类；以点检定修与事后维修相结合为主，尽量做到物尽其用，随时维修避免称重设备事故发生。对出现故障但对生产工艺和效益基本没有影响的设备确定为C类，以事后维修更换为主。

（2）称重设备管理台账：按照称重设备性能建立设备管理台账，详细记录与设备有关的档案资料，以便于设备的改造与更新。

（3）称重设备技术资料：所有称重设备的技术资料应齐全、完整，与正在使用运行的称重设备相对应，以便于随时查阅。

（4）称重设备备品备件台账：所有称重设备的备品备件必须建立详细的管理台账。由于点检工作的管理目标是使设备维护修理的费用最小，因此备品备件的管理是专业点检员一项非常重要的工作，要根据设备需要合理储备。

（5）称重设备检修维护台账：结合设备使用运行状况与点检内容情况，掌握称重设备计划检修维护的基本工作方法，及时做出称重设备计划检修安排并详细记录在案。

（6）点检资料：点检员要有点检工作日志，记录当日点检工作要点、设备状态、使用流程、现场情况等方面的变化及设备重点参数等。

C 设备点检月度总结与分析

点检员每月需对设备运行情况、重点设备比对情况、设备故障分析和点检工作做一个总结分析，找出问题设备，提出维修和控制措施或安排定修。

D 设备的定修

专业点检员要根据设备使用状况负责组织称重设备的定修工作。负责制定和上报合理可行的定修计划。负责跟踪设备定修过程，监督检修质量，验收检修工作。

6.2 全电子汽车衡的使用与维护

SCS－D、ZCSO系列全电子数字式模块化汽车衡，结构设计合理、技术先进，适于大规模生产，质量稳定可靠。它选用了METTLERTOLEDO集团美国公司的专利产品——数字式传感器。这种传感器代表了当今世界称重传感器的最新成就。其内部采用放大器、A/D转换器、微处理器、输入输出接口、程序存储器等电子器件及相应的数据处理技术，因此对偏载、温度漂移、蠕变、非线性等有很好的补偿作用，并直接输出数字信号，提高了抗干扰性能。外壳采用不锈钢全密封结构，防湿、防腐性能好。

与数字式传感器配套的称重显示仪是多功能、智能化仪表，它可以根据不同的需要通过人机对话选择不同的称重和打印功能：如开机自动清零功能，自动和人工偏载调节功能，多个皮重存储及编号功能，可部分和累加及总和累加，可分段自动量程选择，有较强的故障自诊断功能，或配计算机、打印机组成称重管理系统。整个系统称量迅速准确、工作稳定可靠、操作使用方便、安装维护简单，适用于冶金、矿山、机械、化工、港口等厂矿企业以及物资仓库的各类载重汽车的称重计量。

全电子汽车衡主要由秤体、称重传感器、接线盒、称重显示仪表和其他外部设备（如计算机、打印机）组成。各部分的特性如下：

（1）秤体：物品的承载部分。包括秤台、限位、传力机构、接线盒等。

（2）称重传感器：又称为一次元件。主要作用是将加载于秤台上的重量信号通过传感器内部的电阻应变计转换为与重量成比例的电信号输出。

（3）称重显示仪表：又称为二次检测元件。主要作用是将称重传感器输出的 mv 级模拟信号经放大、滤波、A/D 转换、数据处理后成为数字信号并在显示器上显示出来。

（4）外部设备：连接在仪表输出接口并由仪表控制的设备，主要有打印机、计算机等。

6.2.1　全电子汽车衡的安装

汽车衡应该处于交通便利、计量区域宽阔、远离高压和强磁的地区，应避开风口和水道，有必要的防雨设施，雨季排水顺畅。深坑式基坑边缘应略高于四周场地，便于司秤人员的观察和障碍物的清理。

6.2.1.1　称重传感器基础预埋板的安装

要保证传感器安装位置有坚实的基础台，二次灌浆前应通过调整基础板四条地脚螺栓的下螺母高度，确定基础板高度和水平倾斜度。测量方法是专用水平仪测量各点高度，使等高偏差不大于 ±3mm；用 300mm 和 500mm 的水平尺测量每一个基础板的横向、纵向、对角线，使水平倾斜度小于 1/500；用皮尺测量相邻四个基础板的中心距的对角线，偏差应不大于 ±2mm。

6.2.1.2　称重台面的安装

在安装秤体前必须验收基础施工质量，测量称重传感器的基础预埋板的水平倾斜度、等高偏差、中心距对角线，确认各尺寸是否符合设计要求，作为称重台面安装的基础数据。画出基础的纵向中心线，作为称重台面安装的参考线。根据测出的等高偏差在各个基础板上或连接件上加垫调整垫，调整各点水平，放置假传感器或垫木。用吊车将各块秤体放入基坑内。粗调各个秤体位置，然后逐个更换称重传感器（注意称重传感器编号），细调称重传感器纵、横向位置，使称重传感器加荷轴线垂直。调整纵、横向限位间隙为 2 ~ 3mm。

6.2.1.3　安装注意事项

用户在安放秤体时需注意以下几点：

（1）秤体应水平放置，各秤体间垫块均要垫实，不得留有空隙，且应在同一条直线上，以防变形。

（2）汽车衡信号电缆从接线盒引出，经金属穿线管进入磅房：金属管的位置和走向根据基础图和用户现场布局要求由用户自行确定（敷设金属管时须同时穿好接引信号电缆的引线），但应考虑穿线的便捷性。

（3）基础预埋件——基础板、地脚螺栓、纵向限位预埋件等，在施工中必须采取措施，保证地脚螺栓和底板的正确位置。建议采用二次灌浆的方法来定位地脚螺栓和底板，尤其是谷底板之间的水平度和标高误差必须符合基础图样设计要求。

6.2.2　全电子汽车衡的使用与维护

6.2.2.1　日常使用与维护

系统屏蔽必须良性连接并接入汽车衡的接地网。按要求将称重传感器信号线汇入中继盒，保证接线端连接牢固，中继盒密封防潮性好。仪表使用的电源与操作室内感性用电器的电源要分开，并且地线也要接入汽车衡的接地网。仪表加装浪涌保护器。仪表通电预热 30 分钟后，根据需要设置仪表参数，观察仪表中的称重传感器内码，如四角内码相差过大，说明传感器高度需再做适当调整，分别在相应的传感器连接件下加减调整垫片，直到高度合适。用不同质量的汽车模拟计量，观察系统稳定性，做必要调整后，按检定规程要求，用适量的砝码进行偏载调整、零点校正、量程校正，待检定合格，投入使用。

A 日常使用中存在的影响因素

司秤人员对系统了解的欠缺，操作仪表错误造成人为误差或仪表报错；不及时清零，带来计量误差；频繁拔插连接线，损坏仪表；超载计量，造成传感器损坏；超速上秤，秤上急刹车，产生较大侧向力，使传感器受力状态变化；斜向上、下秤台，产生较大侧向力，使传感器受力状态变化；重车出现故障，长时间停留在秤台上，损坏传感器和秤台；长期计量腐蚀性物资，损坏秤体各个部件，缩短使用寿命；计量高温物资，使传感器产生零点漂移等。

B 日常维护保养存在的影响因素

信号线防护不好，造成损坏，示值不稳或失准；秤体四周及秤体下积尘、堆积物清扫不及时，堆积过多，造成计量失准；称重传感器连接件除锈、除尘不及时造成计量失准；限位间隙调整不合适，出现大量程失准；限载装置调整不合适，造成大量程失准；调整螺栓给油不及时，造成锈蚀，不能调整；基坑排水不畅，造成基坑积水，锈蚀机械部件；中继盒密封破坏，造成盒内潮湿，计量失准甚至损坏仪表；在秤体附近进行电焊作业，接地不良损坏称重设备等。

C 使用注意事项

（1）全电子汽车衡应设立独立的接地系统，在基坑挖好后，首先按设计要求预埋接地铜牌，必要时需增加接地桩，使接地电阻满足不大于4Ω的要求。然后将基坑的钢筋网与地桩焊接良好，最终使各个称重传感器的基础预埋板与大地良性连接。待秤体安装后将总流散电阻不大于5Ω的疏流导线牢固连接于秤体和基础板之间，达到大电流回流旁路作用，并且要求称重传感器屏蔽、仪表地、总线屏蔽同时接入此地网，确保遇雷击或大电流作用在秤体时，可及时导流，不致损坏系统设备。如果接地不规范，遇有大电流冲击，将会导致整个系统设备全部击穿烧毁。另外，规范科学的接地，可有效抑制自身静电、噪声干扰、射频干扰、罐车称重静电等危害。

（2）日常使用中，全电子汽车衡的防水、防尘设施是十分必要的，采取良好的防护措施可以有效减少汽车衡的故障，延长运转周期，延长使用寿命。一般采用在引坡基础与秤体之间加装皮带防尘；采用传感器插头加防水胶和密封胶的方法防水、防潮。但不合理的防尘、防水措施反倒会造成汽车衡的故障，如防尘皮带磨损卡挤秤体，使计量失准或回零不好；防水胶过多，堵塞称重传感器插头，导致接触不良；侧防尘皮带脱落，造成回零不好等。

6.2.2.2 日常点检要求

A 秤体

（1）检查秤体是否干净、清洁无异物，秤体四周与基础之间应保持通畅无杂物。

（2）检查秤体是否有焊缝开裂，影响秤体的刚度和强度。

（3）检查秤体的限位装置，确保限位间隙达到2～3mm。对于限位装置应经常注油防止生锈。

（4）秤体地线是否可靠连接。

B 称重传感器和接线盒

（1）检查称重传感器的安装位置，确保传感器垂直受力。

（2）称重传感器本身应干燥、整洁，无其他杂质黏附其上。

（3）称重传感器的信号线不应受潮并且可靠连接。

（4）接线盒内的各信号线要牢固可靠连接，无虚接。

（5）接线盒内要保持干燥、干净。

C　称重显示仪表

（1）称重显示仪表的供电电源、仪表与称重传感器的信号线连接可靠。

（2）称重显示仪表放置的环境是否通风、放置位置是否可靠等。

（3）称重显示仪表的数据是否显示稳定。

（4）定期用重车比对确保汽车衡的计量数据准确可靠。

D　计算机

（1）检查计算机的性能，如计算机的内存性能、硬盘性能、是否有病毒等。

（2）计量程序是否可靠运行。

（3）检查计算机与称重显示仪表的信号线连接是否可靠。

6.2.2.3　常见故障与处理

全电子汽车衡常见的故障原因与处理方法见表6－1。

表6－1　全电子汽车衡故障原因与处理方法

故　障	原　因	处 理 方 法
显示重量不准确	1. 连接件断裂，使秤体位移； 2. 传感器方向限位过大； 3. 秤体水平度不能满足要求； 4. 秤体周围或秤台下有杂物卡住秤台； 5. 接线盒器件老化或电位器松动； 6. 昼夜温差过大或冬天预热不够； 7. 计量传感器损坏	1. 更换连接件； 2. 重新调整限位； 3. 用不锈钢垫板垫平传感器； 4. 清理秤台周围； 5. 更换接线盒或重新焊接电位器； 6. 冬天仪表通电30min预热后再称重； 7. 更换传感器
仪表闪烁，显示不稳定	1. 输出电缆与仪表连接处接触不良或虚焊； 2. 传感器接头处受潮； 3. 风力过大造成仪表显示不稳； 4. 仪表无良好且单独的接地线； 5. 仪表使用的外部电源不稳定； 6. 传感器电缆线损伤造成绝缘强度降低； 7. 接线盒内主板对外壳绝缘强度降低	1. 重新焊接电缆线； 2. 烘干； 3. 重新调整仪表的滤波参数； 4. 设置单独的接地线； 5. 使用照明电源及配置稳压电源； 6. 更换传感器； 7. 更换接线盒内主板
衡器称重卸载后显示不回毛重零	1. 在使用过程中连接件断裂； 2. 方向限位失灵； 3. 传感器性能不好； 4. 仪表的零位跟踪设置太大； 5. 仪表去皮后没有清除皮重	1. 更换连接件； 2. 重新调整方向限位； 3. 检测后更换传感器； 4. 重新调整仪表零位跟踪功能； 5. 按“Clear”键清除皮重，回到毛重

6.3 电子吊秤的使用与维护

电子吊秤是在吊运物体的过程中对物体进行称量的装置。

（1）荷重传感器安装在吊钩上的方式如图 6－1 所示。这是一种简单的安装方式，此时传感器将承受全部载荷，但在起吊过程中由于载荷的转动，使传感器受扭力而产生误差。为了克服此扭力，在吊环与吊钩之间加了一副防扭转臂。此防扭转臂对被测力无影响，只是将扭力的作用通过吊钩、转臂而作用在吊环上，使吊环、吊钩一起扭转，因此对传感器的作用就减小了。

荷重传感器安装在吊钩上，使得连接传感器的信号线也要随吊钩上下运动，需要设计一套电缆收放装置。同时，这种安装方式在被测物料是高温物料时（如钢水）是不能采用的。

（2）荷重传感器安装在钢丝绳固定端的方式如图 6－2 所示。这种安装方式也比较简单，而且传感器远离被吊物体，这对吊装炽热物体尤为有利。但这种方式安装的传感器受力大小与起吊高度和摩擦力有关。

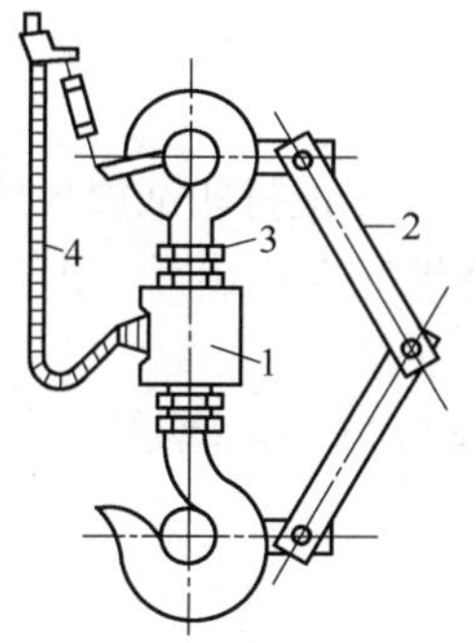

图 6－1 荷重传感器安装在吊钩上的方式
1—传感器；2—防扭转臂；3—限位螺钉；4—信号电缆

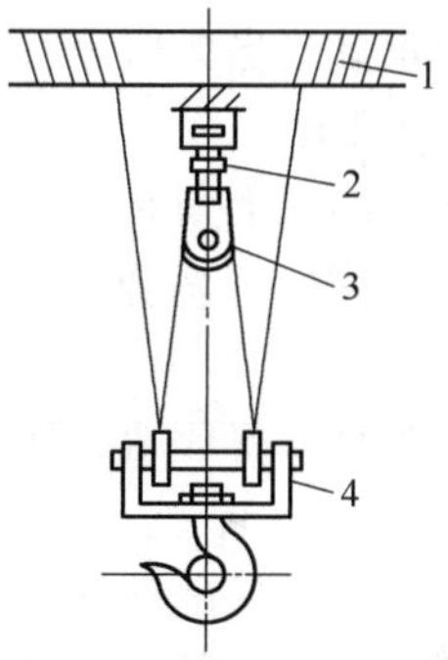

图 6－2 荷重传感器安装在钢丝绳固定端的方式
1—卷扬筒；2—传感器；3—定滑轮；4—动滑轮

电子吊秤根据显示方式分为直示式和无线传输式。直示式电子吊秤就是将称重传感器和称重显示器安装在一个机壳内，在称重过程中载荷的重量可从秤体外壳上的显示器直接读出。此种电子吊秤读数方便但是功能键操作不方便，因此应用不多。

无线传输式电子吊秤由悬挂式秤体和显示仪表两部分组成。秤体部分由称重传感器、秤体外壳、防护板、吊环、数据采集器、微处理器、无线数据发射机等组成。显示仪表由无线数据接收机、微处理器、键盘、显示屏等组成。当载荷作用于称重传感器时候，引起电阻应变式传感器的阻值发生变化，从而引起输出电压变化，其输出的模拟电压信号经过数据采集器、微处理器进行编码后，由无线发射机发射信号到显示仪表。仪表接收到信号后送入微处理器中对该信号进行处理，获得相应的重量数据并由显示屏进行显示。这里主要介绍 OCS－XC－5 和 OCS－XC－10 电子吊秤，最大称量范围分别为 5t 和 10t。

6.3.1 电子吊秤的安装与使用

6.3.1.1 OCS－XC 电子吊秤的安装与使用步骤

A 电池的安装

电子吊秤在使用前，应将相应的电池装入秤体和显示仪表中。安装或更换电池时，需拧紧电池夹锁定螺丝，确保电池夹牢固地固定在秤体上，然后把吊秤门关好锁住，以防事故。当仪表显示欠压，应立即更换电池组，并及时对换下的电池进行充电，以防电池损坏。电池组长期不用时，应隔一定时间进行一次充电。电池应存放在干燥通风和温度适宜的环境，避免与有腐蚀性的物质接触。

B　选择信号传输方式

电子吊秤使用无线传输方式，首先保证秤体天线安装完好，然后再把电池组装入秤体，关好电池仓门，即可使用。

C　检查遥显吊秤的频率

（1）仪表：按“开机”键开机，按两次“设置”键，再按对应设置频道的序号键，可显示仪表频率。

（2）秤体：打开电池仓门，卸下发射盒，掀开发射盒盖，盖里面贴有频率与位列开关对照表，按位列开关位置查对照表，可查到秤体频率。

D　通电开机

按下仪表的“开机”键，当开机信号不足5s时，仪表显示开机界面，当有信号时，5s后，仪表显示重量，当无信号时，仪表显示无信号。

E　安装打印纸

在仪表面板的右上角有一台微型打印机，将打印机盖板打开，把打印纸放入纸仓，纸头送入打印机纸带入槽口（两金属片中间），按动“走纸”键，待纸完全走出后，即可盖好打印机盖板。

该打印机为针式打印机，16字符/行。打印纸纸宽为44±0.5mm，纸卷直径40mm，购买时请注意。

F　验证电子吊秤的精度

为了保证计量工作的准确性，建议用户在首次使用产品时，首先用四等标准砝码对产品进行验证，检查精度是否达到指标，决定是否进行校准，然后开始投入使用。

6.3.1.2　OCS－XC电子吊秤的使用注意事项

（1）在没有接通秤体与仪表间信号的情况下，许多操作不能实现，有些键不能起作用，此时有长声警响提示或信息提示，请在操作时注意。

（2）秤体天线的装卸：为了保证秤体内部的发射机可靠工作并延长其使用寿命，秤体天线固定在秤体上后，平常不要随意拆卸。若一定要拆卸，则在使用前，应先固定好秤体天线再插入电池；使用完毕，应先拔掉电池，再拆掉天线。

（3）计量作业结束后，秤体最好落入小车保存，不允许不工作时悬挂在露天吊车上，以免遭受雷击损坏器件。

（4）注意电池欠电指示符号，以便及时充电或更换电池，维持电池的正常工作寿命，避免因欠电造成计量误差。在仪表电池严重欠电时，执行打印操作会使仪表程序复位。秤体电池欠电时会影响称量结果，严重欠电时会使称重数据传输异常。

仪表电池电量为实时显示，当显示电量全空时，表示严重欠电，当仪表出现严重欠电时，应及时充电或更换电池。仪表在严重欠电的情况下，连续使用3min后将自动关机。

（5）禁止秤体受到剧烈振动和碰撞，尤其杜绝秤体从高空跌落，要避免淋雨，定期用砝码检定，保证电子吊秤长期稳定和准确使用。

（6）传感器内部虽然已采取密封措施，但工作使用及存放时仍需采取防潮措施以延长使用寿命。

（7）根据GB 6067—85《起重机械安全规程》有关规定要求，应对电子吊秤进行经常性、定期检查，经常性检查不得少于每月一次；定期检查不得少于每年一次。检查中如果发现有不符合上述规程有关规定要求的，应及时更换或修复，确保使用安全。

（8）为便于观察并延长仪表的使用寿命，仪表显示窗应避免阳光直射。

（9）仪表在收不到信号且没有操作键盘时，5min后将自动关机。

6.3.2 电子吊秤的维护

6.3.2.1 OCS－XC电子吊秤的日常维护

A 保持电子秤整机清洁

电子秤是一种精密的计量器具，保持整机清洁，对延长其使用寿命，提高计量精度有着重要意义。要保持电子秤各部位不积尘土，保持每个活动关节灵活自如，防止锈蚀现象，在多尘和有腐蚀气体等恶劣环境下使用更应及时除尘、保洁。经常检查有无碰撞、裂纹，各部位紧固件有无松动，如有异常应及时处理。

B 不要随意拆卸电子秤上的配件

电子秤正常使用过程中，不要随意拆卸电子秤上的零部件，更不要拆卸传感器的密封和仪表上的集成电路等元件。必要的维修，必须在有关技术人员的指导下或具备一定的维修知识后进行，以防故障扩大。

C 电子秤的管理

电子秤是属精密贵重仪器，建议用户制定必要的管理制度，实行专人、专管、专用，建立必要的使用和维修记录，传感器内部虽然已经采取密封措施，但工作使用及存放时仍需采取防潮措施以增加使用寿命。长期不用要定点存放，防晒、防潮、防尘。

6.3.2.2 OCS－XC电子吊秤日常点检要求

在日常使用中，若怀疑电子吊秤超过允许误差，可以进行称量测试。称量测试点不少于5个，其中包括最小秤量、500e、2000e、50%最大秤量和最大秤量（e为仪表分度值）。经测试确认秤已超差，则需按以下校准方法进行校准。

A 自动校准

自动校准参见菜单操作中的标定项。

B 手动校准

（1）准备好满秤量（最低不少于3/4最大秤量）重量的四等标准砝码，如砝码不够，可采用替代法；

（2）将秤挂好，开机与仪表接通信号；

（3）挂起所需吊具待显示稳定后置零；

（4）吊起接近最大秤量的砝码，调整比例校正值，调整后回到称重状态，使仪表显示的数据与所挂砝码的重量相等；

（5）减少砝码，重复第（3）、（4）步骤看仪表显示重量和实际重量是否相同；若相同则校准完毕，若不相同则重新调整使两者相等。

6.3.2.3 OCS－XC电子吊秤的常见故障与处理

电子吊秤常见的故障原因与处理方法见表6－2。

表 6-2　电子吊秤故障原因与处理方法

故　障	原　因	处理方法
按开机、复位键，仪表不显示	仪表电池无电或保险管熔断	给仪表充电或更换保险管
无线吊钩秤秤体加载时，称重显示仪表接收不到称重信号，只显示当前时间	1. 秤体的 12V 直流电源电压不足或秤体电池与电源插座接触不好； 2. 检查发射机与接收机的频率或者检查发射机到天线座的引线是否虚接； 3. A/D 转换、发射机或者接收机损坏	1. 更换电池或重新连接电源插座； 2. 若频率不一致，调整为相应频率后正常或者重新接线； 3. 用有线连接秤体和仪表，采用替代法更换相应部分
空秤和计量重物状态，称重显示仪表均显示“0”kg	因长期在恶劣环境中使用并可能受到外力冲击造成称重传感器的信号线与插头虚接	重新焊接信号线插头
仪表报警，不显示重量	货物重量超过限重值、仪表标定方法不准确或无线通信距离太远	减少货物重量、重新标定仪表或减小无线通信距离
起吊货物时重量显示与实际重量不符	编码器标定数据丢失	重新标定或将原标定数据重新键入
仪表充不上电	如连接充电器没有反映（即充电器上显示窗无电压显示），则可能是充电连线故障或仪表过放电（电压在 1V 以下）	先排除充电连线故障或按充电器“A”或“B”按钮 3 秒钟，进入强制充电状态
仪表开机后无称重信号	检查秤体电池电压，插上发射机天线，接通发射机电源，如还无信号，请检查仪表频道是否与发射机相对应	更换电池或将仪表频道与发射机相对应
打印字符不清楚或打不出字符	检查色带是否脱落或色带无印色	更换色带
打印机走纸困难	积尘太多	应清洗打印机头，可加微量的润滑油
数字乱跳	附近有同频率的电子秤干扰	排除干扰

6.4　皮带秤的使用与维护

电子皮带秤是对散装物料自动进行快速连续、累计称量的计量器具。它既可以称出皮带输送机上瞬时流量，也可累计求得某时间段的输送量。按机械结构分类有单托辊式、多托辊式、悬臂式和悬浮式。

电子皮带秤的称重原理可用下式表示

$$Q = \int_{t_1}^{t_2} q \cdot \mathrm{d}t$$

$$q = W \cdot v$$

式中　Q——一段时间内（t_1 到 t_2）的物料输送量；

q——单位时间内的物料输送量（瞬时物料输送量）；

t_1，t_2——时间；

W——单位皮带长度上物料的质量；

v——皮带输送速度。

这样，只要测得单位皮带长度上物料的质量 W 和皮带速度 v，便能得到单位时间内的物料输送量（瞬时物料输送量）q。通过计时得到一段时间内（t_1 到 t_2）的物料输送量 Q。

电子皮带秤由机械杠杆系统（称量机本体）和电子仪表两大部分组成。其称重装置设置在现场。称量机本体中的称量台架设置在胶带机上；称重部装在胶带机上面的称量小房内。

电子皮带秤的工作示意图如图 6－3 所示，荷重传感器将质量信号变换成电信号，速度发讯机将速度信号变换成脉冲信号。两个信号同时分别送入称重部放大器中的前置放大模块和脉冲放大模块，前者将电压信号变换为直流 4～20mA 电流信号输出，后者输出放大后的脉冲信号。与质量成比例的电流信号和与速度成比例的脉冲信号同时送至输送量积算器。另外，电流信号还送至负荷指示器。

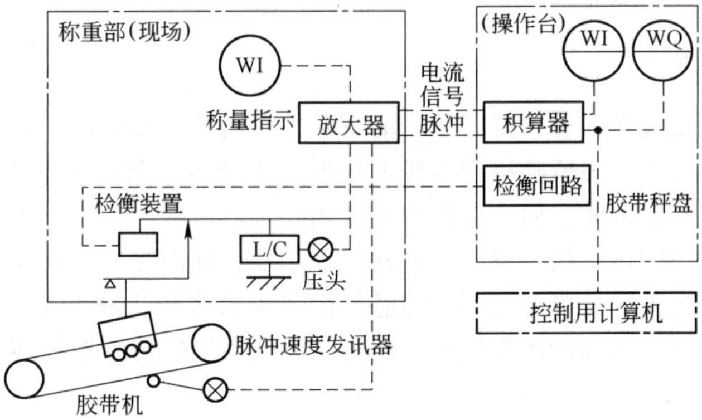

图 6－3　电子皮带秤工作示意图

为了能称量皮带上的物料，需用称量框架把物料产生的力传送给荷重传感器。并且要求它仅传递物料对皮带的垂直力，而不使任何水平力传递给传感器。如图 6－4 所示为电子皮带秤的称重框架示意图。

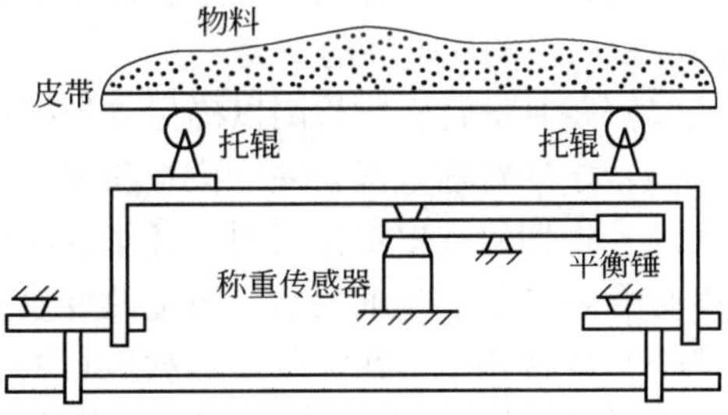

图 6－4　电子皮带秤的称重框架示意图

6.4.1　皮带秤的安装与使用

6.4.1.1　称重框架

称重框架在输送物料的皮带和称重传感器之间起传递力的作用，要求称重框架有足够的刚度和强度，在承载最大流量时候挠度的变化量要尽量的小，避免因变形而造成计量误差。

6.4.1.2　秤架安装位置

选择秤架在皮带输送机上的安装位置时需考虑以下几点：

（1）皮带张力值小及皮带张力变化值小的地方，物料在进入称量长度之前应该在皮带上稳定下来不应该发生下滑现象，在皮带输送机的直线段部分，远离卸料犁，与卸料点保持一定距离。

（2）皮带输送机应有皮带张力自动调节机构来确保皮带张力稳定，皮带的最大允许跑偏量小于皮带宽度的6%。

（3）称重框架与固定框架采用簧片作支点轴承，各组簧片的交叉线在同一条直线上。

6.4.1.3 称重传感器

电子皮带秤的称重传感器综合允许误差应小于所配电子皮带秤最大允许误差的20%。例如对于0.25级的电子皮带秤，其允许最大误差为±0.25%，所以要求称重传感器的综合允许误差必须小于±0.05%。

另外对于称重传感器还有以下特殊要求：

（1）称重传感器承载最大载荷时，变形量要小于0.2mm；

（2）因电子皮带秤的所处环境恶劣、湿度大、灰尘多，因此要求气密封性能良好；

（3）因皮带上的物料堆放不匀或大块物料过皮带都有可能引起称重传感器过载，因此要求称重传感器应有较大的过载能力。

6.4.1.4 测速传感器

测速传感器一般安装在称重框架区域内的皮带输送机的背面皮带上，因为此处振动和张力都比较小，测速传感器能正确反映称重皮带的速度。测速传感器与皮带之间要保持滚动接触，不能因皮带空载、满载、干或湿而产生打滑和脱离。

所有的电子皮带秤的显示仪表里都有这样一个功能，即内脉冲、外脉冲选择功能。当选择外脉冲时，由安装在皮带输送机上的测速传感器向显示仪表提供脉冲信号；当选择内脉冲时，则由显示仪表本机内的信号脉冲源提供脉冲信号。所以当测速传感器损坏时可暂时采用内脉冲来提供测速信号。

6.4.2 皮带秤的维护

6.4.2.1 电子皮带秤的日常维护

（1）每天对皮带秤的零点进行调整并保证皮带秤的称重框架干净整洁，防止因物料或灰尘的堆积而影响皮带秤的精度。

（2）每月进行实物检测以确保皮带秤计量精度。

（3）定期对称重框架进行检查和加固，确保称重框架与皮带输送机的位置准确。

（4）定期检查皮带秤周围的托辊受力状态，避免托辊经常跳动或皮带跑偏；称重托辊应每年润滑1~2次，但润滑后，可能改变皮重及秤的校准部分，因此要重新校准零点。

（5）皮带调整：在空载及负载运行的情况下，保持皮带沿输送机的中心线运行，如有跑偏，要利用防跑偏托辊进行调偏，尤其应在秤区范围两端一定距离内设置防跑偏托辊，保证秤区间的皮带正常运行。

（6）皮带张力：皮带的张力始终保持恒定是很重要的，因此需要在所有安装皮带秤系统的输送机上使用重锤式或拉紧式张紧装置。没有张紧装置的，当皮带张力变化需调整时，皮带秤要重新校准。

（7）皮带荷载：皮带荷载应调整在仪表量程内，瞬间荷载不应超出量程的125%，建议皮带秤荷载约为量程的50%~80%，过高过低的流量都会影响皮带秤的精确计量。

（8）皮带粘料：避免过于潮湿的物料粘在皮带上，是维护皮带秤综合计量性能的主要措施。

（9）进行电焊作业的时候必须拆掉称重传感器和仪表，并将电焊机的地线放到离焊接点最近的位置，确保称重传感器和仪表不受损坏。

6.4.2.2 皮带秤的常见故障与处理

（1）皮带秤的故障判断与处理方法见表6－3。

表6－3 皮带秤故障判断与处理

故　障	判　断　与　处　理
零点漂移故障	1. 称重框架上积尘积料； 2. 大块物料卡在称重框架内； 3. 输送机皮带粘料； 4. 输送机皮带不均匀，皮带连接处使用金属卡子； 5. 皮带与托辊的贴合性能发生了变化，检查秤架的水平和准直性； 6. 皮带张力起了变化，应进行调整； 7. 电子测量元件发生了故障，如传感器严重过载，使零点产生漂移，仪表放大器零点漂移
间隔漂移故障	1. 输送机皮带张力产生了变化，应进行调整； 2. 测速传感器滚筒增大或滑动； 3. 秤区托辊的准直线性产生了变化； 4. 称重传感器发生严重过载，其线性度变差； 5. 电子测量元件的故障
现场接线故障	1. 检查系统中元件间相应的内部接线，全部接线要符合现场接线图的规定； 2. 接点的松动，焊接不牢靠，接触不良，有短路或断路现象，以及不按要求接地等情况发生时，都会产生读数错误及称重读数的不稳定； 3. 检查所有的屏蔽电缆接线是否符合接线要求，尤其是屏蔽线是否接在规定的部位

（2）皮带秤积算器的常见故障与处理方法见表6－4。

表6－4 皮带秤积算器故障处理

故　障	处　理　方　法
无显示	1. 检查电源板接线端子上的三根线是否接好（L_1、L_2、GND），L_1、L_2 两端是否有 220VAC 电压； 2. 检查保险丝是否熔断，电源板上电阻 R_1 是否烧坏； 3. 测量三端稳压器 309K，有没有 +5V 电压输出； 4. 测量 +5V 电源上的退耦电容是否击穿短路（C_4、C_{18}、C_{32}、C_{28}、C_{25}、C_{20}、C_{29}、C_{31}、C_{22}），检测方法为断开 309K +5V 端，用万用表电阻挡测量上述各个退耦电容对公共端的电阻（接线端子 9 和 16 为公共端），哪个电阻最小即最有可能出现故障
乱显示	1. 先进行目测检查； 2. 检查各接线端子及插件接触是否良好和牢靠
死机——指示灯全亮或部分亮，各功能键不响应	1. 干扰死机，外部干扰造成死机容易排除，可对仪表进行“冷启动”，重新送入校准数据即可（注意：当积算器正常时，请不要随意进行“冷启动”操作，否则内部数据会全部丢失）； 2. 仪表本身故障死机：一般是由某个芯片损坏造成，常见有 IC7109A/D 转换，6809（CPU）、DS1220SRAM，如更换芯片故障还未排除，则需由专业人员进行维修

续表 6 – 4

故　障	处　理　方　法
流量不稳	1. 皮带输送物料正常，但仪表显示流量不稳定，调零时零点也不稳定； 2. 检查放大器 IC7650 及外围元件是否正常； 3. 分频器 IC4040 损坏； 4. 电容 C_9 性能不好
02E 消不掉——皮重下溢	1. 检查传感器有无毫伏输出； 2. 检查接线端子 1、2 是否接反，1 为正，2 为负； 3. 检查传感器信号电缆是否断路； 4. 检查回程皮带是否顶住传感器，称重框架是否被卡住
03E 消不掉——皮重上溢	1. 检查称重传感器是否超载，如毫伏输出大于 20mV 或 30mV 时表明传感器超载； 2. 检查称重传感器是否损坏； 3. 检查 IC7650 是否损坏，测量 IC7109A/D 的基准电压（正常为 430mV），如大于 860mV 时则出现 03E，须更换 IC7650； 4. 检查信号电缆是否短路，各接线是否正确

6.5　轨道衡的使用与维护

电子轨道衡根据称量状态的不同分为静态轨道衡和动态轨道衡。静态轨道衡按照使用的称重传感器分为模拟式称重传感器轨道衡和数字式称重传感器轨道衡。动态轨道衡分为单台面轨道衡和多台面轨道衡。电子轨道衡一般由称重台面系统、称重传感器、接线盒和称重显示仪表组成。

我们以进厂轨道衡为例对动态电子轨道衡进行阐述。进厂轨道衡由双台面组成，每个台面有 4 只称重传感器，两台面中心距离为 7750mm，采用整车计量的方式进行。进厂轨道衡是由称重台面系统、称重传感器、接线盒、称重转换仪表、车号识别系统和计算机软件组成。

动态电子轨道衡是一种可以按照预定程序自动对铁路车辆进行动态计量，并且能自动显示称量结果的设备。它能在列车行驶过程中不摘钩连续称量出每节车辆的重量。称量速度快、效率高，现在又有了车号识别系统，实现了自动录入车号，减少了司秤员的工作量。

当铁路货车通过秤台时，每节车的重量由两个转向架先后分别对秤台施加压力并传到称重传感器，传感器按照一定的比例关系转换为电信号，并经过称重转换仪表和计算机软件将前后两个转向架重量进行累计并显示出来。动态轨道衡的组成原理框图如图 6 – 5 所示。

动态电子轨道衡的称量方式一般为轴称量、转向架称量和整车称量。整车称量指一辆四轴车在轨道衡台面上一次称量出货车重量。整车计量采用双台面，即每个台面在机械结构上是独立的，火车的前后两个转向架同时落在两个台面上，在同一瞬间称出两个转向架的重量，相加后即为整车重量。

6.5.1　轨道衡的安装与使用

6.5.1.1　对各部分安装要求

A　称重台面系统

称重台面系统由称重台面、限位装置、过渡器等组成。称重台面采用箱式结构后可进行整体安装，用来承受火车及其装载货物重量的承重装置，并将所承受的重量传递给称重传感器。

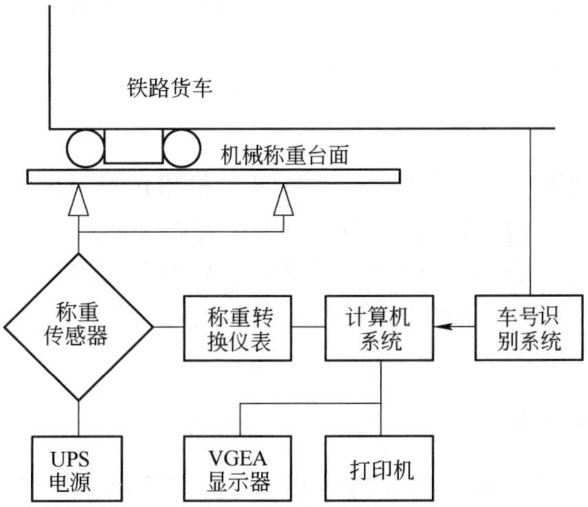

图 6-5 动态轨道衡的组成原理框图

称重台面上有钢轨与铁路相连。称重台面各部件有较高的机械强度，能够承受机车的长期频繁冲击，而不发生位移或松动；称重台面有很高的稳定性，可避免因台面下沉造成车轮对台面的冲击和变动。称重台面的自振频率要远离火车的振动频率，避免火车通过台面时产生共振。

限位装置一般分为横向限位和纵向限位，用来抵消外来作用力，确保轨道衡不因外力的作用发生偏移而影响轨道衡的计量精度。一般采用拉杆限位、限位螺栓等。

过渡器浮动于计量轨道和引轨上，既起到了过渡减震的作用又排除了对计量称重的干扰。

B 称重传感器

从机械方面来看，称重传感器承载由机械台面归化集中后的力；从电气方面看，又将其所受的力转换成电信号并通过接线盒传递给称重显示仪表。一般来说若秤台长度小于6m，采用4只称重传感器；若秤台大于6m，采用6只或者8只称重传感器。称重传感器采用并联方式进行连接。

C 土建基础

电子轨道衡的土建基坑除承受货车和秤台的自重外，还要承受车辆和秤台的振动力和水平冲击力。为保证基坑不下沉，土建基础必须有足够的强度，基坑两侧还要有一段大于25m的混凝土整体道床。

D 系统接地

因轨道衡的位置比较偏远，周围没有高大的建筑物遮挡，因此必须有良好的接地系统，以确保轨道衡在雷雨季节的安全使用，因此要求基坑混凝土的接地网可靠有效并且秤体的接地电阻小于4Ω。

E 车号自动识别系统

动态轨道衡的车号自动识别系统由电子标签检测装置（铁路系统统一安装，用来存储机车车辆的身份信息，如车辆种类、车型、车号等，安装在车体的底部）和读出装置组成。车号识别的过程为：检测来车→读标签车号→车辆计数→传输车号。

6.5.1.2 机械称量台面的就位和初调

（1）机械称量台面吊装：用吊车将秤体平稳吊起徐徐落入基坑内，同时将地脚螺栓装在基座框架上，放入预留坑内，按照基础标高及纵横基准母线，对应调整机械称量台面的纵向、横向位置，利用水准仪、水平尺、千斤顶、秤台调高螺栓对台面标高进行调整，使台面四角高差小于1mm。符合图纸要求后，浇注地脚螺栓。

（2）待混凝土过养护期后，紧固机械称量台面地脚螺母，再检查机械称量台面位置和标高。

（3）安装引线轨及轨坡板、防爬器，使引线轨与机械称量台面上的台面轨保持在8^{+2}_{+0}mm的轨缝距离，调整引线轨水平度及纵向、横向母线位置以保证轨距1435^{+2}_{-1}mm。位置确定后将轨坡板及防爬器与基础预埋板焊接，焊缝应光滑平整无虚焊，焊接牢固。

（4）安装过渡器，横向与台面轨及引线轨贴紧，纵向与台面轨及引线轨间隙3～4mm，连接后保证过渡器活动自如。

6.5.1.3 机械称量台面的精调

（1）取下传感器替代件，换上称重传感器，调整传感器位置使上下受力点垂直于框架上板；

（2）检测台面轨四角高度，应与四个对应引线轨轨头高度一致，高差小于1mm，高差通过传感器压头调整垫片进行调整；

（3）在确保水平度，纵横母线对位的情况下，调整紧固纵向、横向限位器的拉杆（成组对应调整），用1‰水平尺检查拉杆，使其符合水平度要求（按总装图要求）；

（4）用传感器保护电缆将称重梁与基础框架连接；

（5）基坑接地线须用焊接方式引入控制室内，保证主机、称重转换器与UPS电源良好接地。

6.5.1.4 电器安装

A 接地、电源

让引入控制室内的接地线与机械称量台面、接地体可靠连接，测量设备电源应为（220±22）V。

B 安装UPS电源、计算机、打印机、称重转换器

检查UPS电源、计算机、打印机、称重转换器内机件、螺钉是否在运输途中松动，处理相应故障。

C 传感器、接线盒的连接

（1）将传感器电缆通过机械称量台面内的穿线管穿至接线箱，传感器电缆如有裸露，应加穿蛇皮管。

（2）将屏蔽线连接电缆穿入连接控制室内与机械称量台面的穿线管，焊接屏蔽连接电缆室内端9针插头。

（3）将接线盒内的电位器调至短路状态。

（4）按顺序、线号将传感器电缆、屏蔽线连接电缆与接线盒连接，检测连接后传感器的输入阻抗、输出阻抗，阻值应为单个传感器的四分之一。

（5）室内检测传感器的输入阻抗、输出阻抗。

（6）将传感器与称重转换器连接。

6.5.1.5 注意事项

（1）基础施工完毕后，必须注意保护。为缩短施工周期和养护时间，允许施工时在混凝

土中加“早强剂”等，混凝土未达到设计强度时不得安装秤台。

（2）轨道衡控制室（磅房）的供电方式：单台面轨道衡设备电源（50Hz，(220 ± 22)V，1000W）；双台面/三台面轨道衡设备电源（50Hz，(220 ± 22)V，1000W）；预留检衡用砝码小车电源（50Hz，(380 ± 38)V，3000W）。

（3）金属穿线管与基础接地网应可靠焊接。

6.5.2 轨道衡的维护

6.5.2.1 轨道衡的日常维护

（1）轨道衡的计量操作全部由计算机完成，一般以操作者误操作而造成计算机故障居多，如同时启动多个计量软件造成台面值显示错误；车号识别软件未启动造成车号不能识别；非法关闭计算机造成计算机不能启动。计算机禁止插入 U 盘，以免因非法软件的使用造成计算机不能使用。

（2）称量对象为标准轨距（1435mm）四轴铁路货车，不能计量五轴铁路货车；火车的车速为 3 ~ 12km/h，否则计量失准。

（3）轨道衡的台面值相当于汽车衡的空秤状态，正常的台面值为 4.5 ~ 4.6t 左右，若台面值的变化范围超过 100kg，需要对称重传感器、接线盒和总线进行检查；经常检查称重传感器的位置是否垂直，压头是否偏心，否则进行调整。

（4）定期检查轨道衡的台面、过渡器、计量轨与引轨的有无异常情况，各处的紧固螺栓和地脚螺栓有无松动。

（5）经常检查车号识别系统的所有接线是否紧固；车号识别系统的磁钢传感器电阻正常值约为 1.5kΩ，若异常立即更换；磁钢传感器安装位置必须合适，位置太高会在过火车的时候损坏磁钢，位置过低将不能识别车号；定期清理磁钢传感器上的异物保证磁钢干净清洁；车号识别系统的接线箱位于室外，必须做好防雨防尘工作。

（6）经常清理轨道衡周围的异物，秤台四周的间隙不得有异物卡死，确保轨道衡附近干净整洁，否则将会影响轨道衡的精度。

（7）机械秤台周围及基坑内不能长期存水，因暴雨等原因造成基坑积水，应立即用抽水机抽掉，或疏通排水道。传感器一旦泡水应全面检查，采取干燥措施后方能通电。接线盒若进水，应用电吹风将接线板吹干后再对仪表上电。

（8）严禁车辆在秤台上长时间停留或过夜。

（9）控制室内应具有防火等消防安全措施。

（10）做好防鼠工作，防止小动物咬坏传感器电缆或信号电缆。

（11）严禁在装好传感器的秤台上进行电焊作业或将秤台作为地线使用。若因改造等原因需进行焊接时，应事先关闭仪表电源，断开传感器与仪表的连接，并就近接好地线。

（12）不要使用强溶剂清洗设备外壳。

（13）要防止水等液体进入仪表内，以免电子元件损坏和触电。

（14）称重仪表内电位器、接线盒内的电位器及系统增益在通常情况下不允许调整。

（15）设备要有良好的接地，并定期检查。

6.5.2.2 轨道衡的常见故障与处理

轨道衡发生故障不能工作时，首先要找出故障发生在哪个部位。最简便的方法是借助模拟器来查找。步骤如下：

（1）将接线盒至仪表的信号电缆脱开，将模拟器接入仪表，通电后看仪表工作是否正常，如果仪表不正常则故障在仪表。

仪表必须由专业人员进行检修。如有备用仪表，可先用其恢复系统正常工作。损坏的仪表可由公司技术服务人员进行现场维修或用户邮寄给仪表公司进行维修服务。

（2）如果仪表工作正常，说明故障在秤台、接线盒或传感器。

先检查接线盒有无水汽侵入，如有需用酒精擦洗，然后用电吹风吹干，清洁内部。同时查找接线有无短路现象，如发现短路，则应更换电缆。如无故障则检查传感器。

在接线盒内用万用表检查每只传感器的正激励与负激励之间电压值，其直流电压应为 +10V，空称时每只传感器的正、负输出信号接线端子之间电压值在0.7～1.4mV 范围内。

轨道衡常见故障的判断与处理方法见表6－5。

表6－5　轨道衡故障判断与处理

故　障	判　断　与　处　理
称重过程中显示的数值变化大或漂移	首先检查设备接地是否良好，用数字表测量接线盒内的传感器供桥电压及传感器输出信号是否符合要求，传感器供桥电压不稳定或漂移则表明称重仪表的供桥电压源损坏，则应修理称重仪表；如果传感器输出信号不稳定或漂移，则可能是传感器损坏，确认无误后，应予以更换
增益误差的调整	轨道衡在长期使用过程中，由于温度、湿度、器件老化及参数值变化等原因会对设备的精度产生一点偏差，一般都在允许范围内，复检时可以调整。当设备突然出现很大误差时，不可轻易调整增益，这时应对称重仪表及机械秤台各部分线路进行检查，找出问题并处理
显示数据紊乱、不打印或打印错误	首先应判断工作软件是否有人改动，如果是计算机参数设置错误或感染病毒、打印机参数改变以及接线端松动等造成，可采取拧紧接口螺丝、对计算机杀毒、查看参数设置是否正确及拷贝程序备份等处理措施
台面零点增加	检查过渡器是否能够活动自如、是否有异物进入秤梁与基座框架的间隙中
方向差示值离散或示值偏轻	检查限位拉杆水平和松紧是否变化，秤梁连接杆紧度是否合适，传感器是否偏斜，台面轨标高是否正常

复习思考题

6－1　什么是电子衡器，电子衡器主要由哪几部分组成？

6－2　全电子汽车衡主要由哪几部分组成？

6－3　用户安放电子汽车衡秤体时应注意哪些？

6－4　全电子汽车衡的日常点检要求是什么？

6－5　使用 OCS－XC 电子吊秤应注意哪些？

6－6　如何对 OCS－XC 电子吊秤进行日常维护？

6－7　简述电子皮带秤的工作原理。

6－8　如何对电子皮带秤进行日常维护？

6－9　如何对轨道衡进行日常维护？

7 显示仪表

在工业生产中，不仅需要测量出生产过程中各个参数量的大小，而且，还要求把这些测量值进行指示、记录，或用字符、数字、图像等显示出来。这种作为显示被测参数测量值的仪表称为显示仪表。

显示仪表直接接收检测元件、变送器或传感器的输出信号，然后经测量线路和显示装置，对被测参数进行显示，以便提供生产所必需的数据，让操作者及时了解生产过程进行情况，更好地进行控制和生产管理。

显示仪表按显示方式可分为模拟显示、数字显示和图像显示三大类。

模拟显示仪表是以仪表的指针（或记录笔）的线位移或角位移来模拟显示被测参数连续变化的仪表。这类仪表使用了磁电偏转机构或电机式伺服机构，因此，测量速度较慢，读数容易造成多值性。但它可靠，又能反映出被测参数的变化趋势，因此，目前工业生产中仍被大量地应用。

所谓数字显示仪表，是直接以数字形式显示被测参数量值大小的仪表。它具有测量速度快、精度高、读数直观，并且对所检测的参数便于进行数值控制和数字打印记录，也便于和计算机联用等特点，为此，这类仪表得到了迅速的发展。

图像显示仪表就是直接把工艺参数的变化量，以文字、数字、符号和图像的形式在屏幕上进行显示的仪器。它是随着电子计算机的推广应用相继发展起来的一种新型显示设备。图像显示的实质是属于数字式，它具有模拟式与数字式显示仪表的两种功能，并具有计算机大存储量的记忆能力与快速性功能，是现代计算机不可缺少的终端设备，常与计算机联用，作为计算机综合集中控制不可缺少的显示装置。

7.1 模拟显示仪表

模拟显示仪表又可分为动圈式显示仪表和电子自动平衡式显示仪表。

7.1.1 动圈式显示仪表

动圈式显示仪表与热电偶、热电阻、霍尔变送器等配合用来指示温度、压力等工艺参数。由于它结构简单，体积小，重量轻，价格低廉，使用维护方便，并具有一定的抗干扰能力，因此在我国中小型企业中应用较普遍。

动圈式指示仪表是一个磁电式毫伏计。其中动圈是由具有绝缘层的细铜丝绕制而成的一个矩形框，如图 7 - 1 所示。

由铍青铜制成的张丝，把可动线圈吊在永久磁铁和软铁芯之间的均匀磁场中。张丝除悬挂动圈之外，还引导电流流入动圈，提供反作用力矩。由毫伏信号 U_x 引起的电流流过动圈时，在磁场中产生电磁力矩，使动圈偏转，并带动固定在动圈上的指针一起偏转。因动圈的偏转使张丝扭转而产生反力矩，并且反力矩随着转角的增大而增大。当反力矩与电磁力矩相等时，指针停止转动，并在刻度板上指示出相应的读数。

动圈产生的电磁力矩 M 与流过的电流 I 成正比关系，即：

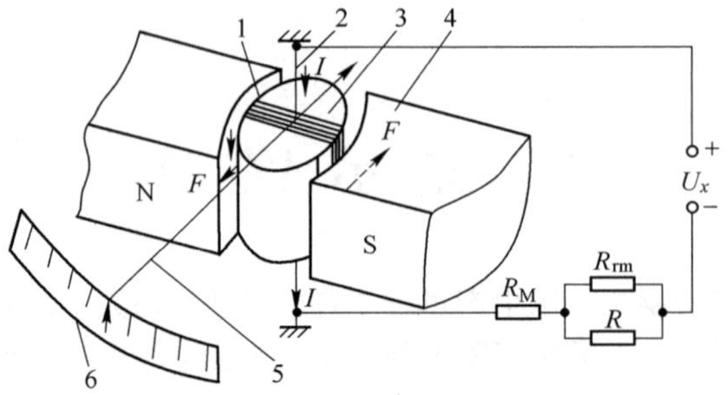

图 7-1　动圈式指示仪表构造原理图

1—动圈；2—张丝；3—铁芯；4—永久磁铁；5—指针；6—刻度板

$$M = C_1 I \tag{7-1}$$

式中，C_1是与磁感应强度、动圈圈数和动圈的几何尺寸有关的系数，对一个定型的仪表，这些参数都是固定的，所以，C_1是一个常数。

反力矩 M_f与动圈的转角 Φ 成正比，即：

$$M_f = C_2 \Phi \tag{7-2}$$

式中，C_2是与张丝的尺寸、弹性和工作张力有关的系数，对定型仪表 C_2 也是一个常数。

达到平衡时，两力矩相等，即可得到：

$$\Phi = \frac{C_1}{C_2} I = CI \tag{7-3}$$

从式 7-3 可知，仪表指针的偏转角与通过动圈的电流成正比。如输入信号 U_x越大，流过动圈的电流也越大，则指针偏转的角也越大，刻度盘上指示的变量值也越大。

7.1.1.1　动圈式指示仪表配接热电偶的测量线路（XCZ-101 型）

配热电偶的动圈仪表的测量线路如图 7-2 所示。在使用时必须注意冷端温度补偿和外线路电阻两个问题，否则就会产生较大误差。

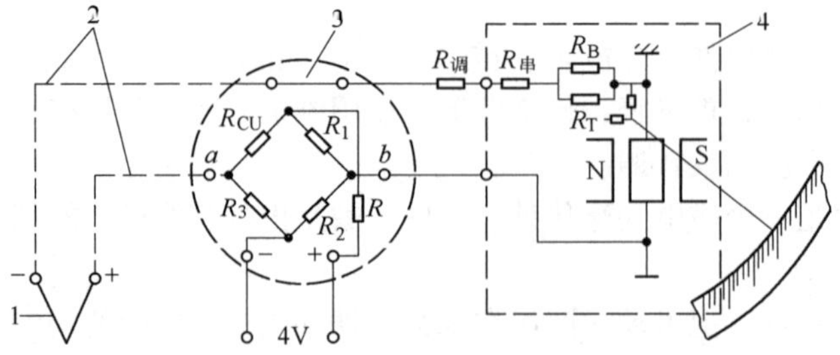

图 7-2　配热电偶的动圈表测量线路

1—热电偶；2—补偿导线；3—冷端补偿器；4—动圈测量机构

A　冷端温度补偿

配热电偶的动圈仪表是在热电偶冷端处于 0℃ 条件下刻度的。如果冷端不是 0℃，则动圈仪表的指示便不能真实地反映被测温度值，并产生一个随冷端温度变化而变化的误差。因此，在实际测温中必须考虑冷端温度补偿问题。

（1）只用补偿导线：当仪表只配用补偿导线时，若冷端温度 $t_0>0$℃为已知值，则 $E(t_0, 0)$ 是一个可以确定的值。仪表输入的毫伏值加上 $E(t_0, 0)$ 所对应的温度值，就是被测温度的实际值。在现场使用时，常常先把冷端温度 t_0测量出来，然后把仪表的机械零点调到温度 t_0上，即相当于把 $E(t_0, 0)$ 预先加在仪表上。这样在测量过程中仪表的指示值就是被测温度的实际值。但必须注意 t_0的变化，要经常调整仪表的机械零位。

（2）使用冷端补偿电桥和补偿导线：当仪表所处的室温经常有较大变化时，最好采用补偿导线和冷端补偿器一起配合使用。其测量线路如图 7－2 所示。通常冷端补偿电桥设备在20℃时达到平衡，因此配套的动圈仪表的机械零点也应在20℃处。而且必须注意动圈仪表的分度号、热电偶的分度号和补偿导线的分度号要一致。

动圈仪表在运输时，接线柱（短）与接线柱（＋）之间须接好短路线，增大阻尼，以防指针晃动而损坏仪表。使用时必须将它断开。

B 外线路电阻

由于动圈仪表是通过电流来测量毫伏信号而得知温度值的，因此，对于相同的毫伏值 $[E(t,0)]$，如果整个测量回路的电阻值不同，流过动圈的电流值也会不同，则指针的指示也不同，因而产生一定的测量误差。为了保证仪表测量的准确性，一律规定配接热电偶动圈仪表的外线路电阻为15Ω。外线路电阻是热电偶电阻、补偿导线电阻、冷端补偿电桥的等效电阻、补偿电桥到仪表间的铜导线电阻以及外线路调整电阻 R_N的总和，即：

$$R_{外} = R_{热} + R_{补} + R_{桥} + R_N + R_{铜} = 15\Omega$$

必须注意，在实际使用中各个测量点温度不同，到仪表的距离不同，以及环境温度的不同，都会引起外线路电阻的不同，此时要借助 R_N来补偿15Ω。R_N是锰铜丝线绕制的。

目前动圈仪表还设置了断偶保护线路。当热电偶一旦断丝，能使动圈仪表的指针偏向满度并报警，以便操作人员发现处理。

7.1.1.2 动圈式指示仪表配接热电阻的测量线路（XCZ－102 型）

动圈仪表要求输入直流毫伏信号，因此，当配接热电阻测温时，必须设法将随被测温度变化的热电阻转换成直流毫伏信号，然后与动圈测量机构相配，以指示被测对象的温度。为此，在动圈仪表内增加一个不平衡电桥，把热电阻作为电桥中的一个桥臂，其阻值的变化将引起电桥输出端不平衡电压的改变，并将该电压输入动圈表头进行测量并指示出相应的温度。

XCZ－102 型动圈指示仪的工作原理是：通过不平衡电桥把随温度变化的热电阻阻值转换成相应的直流毫伏信号，毫伏信号产生的电流流过动圈，引起动圈偏转，其转角的大小即指示出被测温度的高低。它的测量线路如图 7－3 所示。其中 R_3、R_4、$(R_0+R_t+R_1)$ 和 (R_2+R_1) 组成不平衡电桥的 4 个臂，且一般都使 $R_3=R_4$，$R_1+R_2=R_{t_0}+R_1+R_0$，其中 R_1是热电阻与动圈表的连接导线电阻，R_{t_0}是仪表标尺始点温度（通常为0℃）时的热电阻值。R_2、R_3、R_4、R_0均为锰铜丝电阻。电桥的 A、B 两点接到二级稳压的直流电源上，C、D 两点为电桥的不平衡电压输出端，与动圈表头相接。

当被测温度为标尺刻度始点，即热电阻值为 R_{t_0}时，电桥平衡，C、D 两点无电位差，动圈中无电流流过，指针指向标尺始点。被测温度如升高，热电阻值由 R_{t_0}升至 R_t，电桥失去平衡，C、D 两点将产生电位差，动圈中有电流流过，仪表指针指出相应的温度值。被测温度越高，

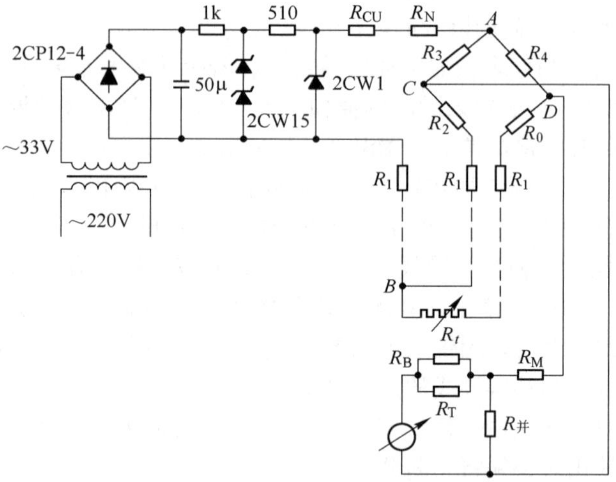

图 7－3　配热电阻的动圈表测量线路

R_t变化越大，电桥输出的不平衡电压越高，指针亦将示出更高的温度值。

不平衡电桥对角线 CD 两端的输出电压，不仅与桥臂电阻的变化有关，而且受供桥电压的影响。因而采用两级稳压直流电源供电，并引进铜电阻 R_{CU}，目的是补偿环境温度对供桥电压的影响。桥臂电阻 R_0 用以调整仪表量程起始值，R_M用以调整仪表量程范围，$R_{并}$则可改变仪表动圈运动的阻尼特性。

采用三根导线（电阻值均为 R_1）将热电阻 R_t接入测量线路，是为了抵消环境温度变化引起 R_1变化对测量结果的影响。如果采用图 7－4 所示的接法，用两根导线将热电阻接入桥路，导线的电阻完全加到一个桥臂中。假如热电阻所感受的温度未变，但导线所处的环境温度变化了，其电阻值将改变，使电桥输出的电压改变，动圈表 G 将接受一个附加的不平衡电压，指针指到另一温度数值，造成测温误差。如果按三线制接法，一根导线接到电桥电源的负端，另两根分别接到电桥相邻的两个臂上，当环境温度变化使连接导线电阻变化时，可以相互抵消一部分，从而减小附加误差。

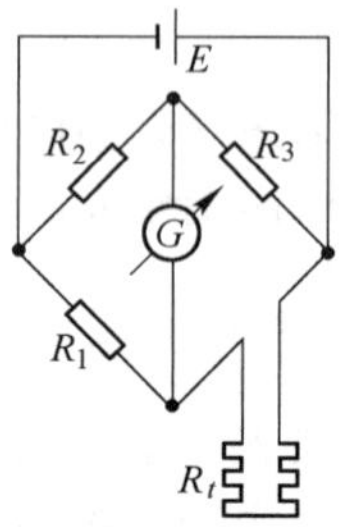

图 7－4　热电阻的二线制接法

必须注意，热电阻三线制接法，每根连接导线电阻规定为 5Ω。若不足 5Ω 时，则须用锰铜丝电阻补足到 5Ω。调整阻值应精确到（5 ± 0.01）Ω。另外，动圈仪表与热电阻配套使用时，必须注意仪表的分度号应与热电阻分度号相同。

7.1.1.3　动圈式显示仪表型号命名

动圈显示仪表产品的型号命名有统一规定。产品型号一般由两节组成，第一节有三位，以大写汉语拼音字母表示；第二节用阿拉伯数字表示，也用三位；尾注以大写拼音字母表示，以一位为限，普通型不加尾注。第一节、第二节与尾注之间用短横线分开。其型号及其意义如表 7－1 所示。

型号示例：XCZ－131 表示动圈指示仪、高频振荡（固定参数）、时间比例调节、配热电偶用的显示仪表。

表 7－1 动圈仪表型号中各节、各位的代号及所表示的意义

第一节						第二节						尾 注	
第一位		第二位		第三位		第一位		第二位		第三位			
代号	意义	代号	意义	代号	意义	代号	意 义	代号	意 义	代号	意 义	代号	意 义
X	显示	C	动圈式磁电系	Z	指示仪		单标尺设计序列或种类：		表示调节方式：		配接检出元件：		动圈式表示：
												Y	位式延时
		F	前置放大式					0	二位调节	1	热电偶	D	位式带倒相
				T	指示调节仪	1	高频振荡（固定参数）	1	三位调节（狭中间带）	2	热电阻	T	三防型
		B	力矩电机式							3	霍尔变送器或传感器		前置放大式
								2	三位调节（宽中间带）				动圈指示仪：
		E	动磁式			2	高频振荡（可变参数）						
								3	时间比例调节	4	电阻远传压力表	—	内磁、横式
												S	竖式
						3	时间程序、高频振荡（固定参数）	4	时间比例加二位调节	5	标准模拟直流电信号	A	外磁、横式
												B	竖式
								5	时间比例加时间比例				前置放大式（动圈指示调节仪控制）：
								6	电流 PID 加二位调节				
								8	电流比例调节			C	横式
												D	竖式
								9	电流 PID 调节				指示调节为并联环节：
												A	外磁、横式
												B	竖式
												—	内磁、横式
												S	竖式

7.1.1.4 动圈式显示仪表的常见故障与处理

A XCZ－101 型动圈式显示仪表的故障与处理

XCZ－101 型动圈式显示仪表在运行中发生故障时，首先必须检查测温元件和连接的测量线路，以及接线端子等是否存在故障。经过分段检查后，确定故障存在于动圈仪表本身时，则可按故障现象，根据表 7－2 分析原因，并进行处理。

表 7－2 XCZ－101 型动圈仪表测量机构常见故障处理

故障现象	故障原因	处理方法
仪表有信号输入时，指针不动或不稳定	量程电阻 $R_{串}$、张丝或动圈引头脱落或虚焊	重新焊好
	量程电阻 $R_{串}$ 或动圈断路	重新绕制
	张丝断脱	更换新张丝
	动圈短路	处理短路点
指针移动缓慢	动圈部分短路	更换新动圈
	张丝过松	重新焊好
	动圈和铁芯或极靴之间有毛刺或其他杂物	清擦干净
指针呆滞或有卡针现象	张丝断脱	更换新张丝
	指针位置过低碰刻度盘上沿、过高碰屏风板；指针头过短碰盘面，过长碰玻璃	调整好指针
	盘面上有毛丝，可动部分活动区间有杂物	清擦干净

续表 7 – 2

故障现象	故障原因	处理方法
指示偏高	张丝受到腐蚀，弹性下降；焊接时张丝退火	调磁分路片或改变量程电阻或更换新张丝
	磁分路片位置变动	调磁分路片
指示偏低	磁分路片位置变动	调磁分路片
	磁钢拆卸后，磁感应强度减弱	改变量程电阻或重新充磁
仪表回差大或回零不好	盘面上有毛丝，可动部分活动区间有杂物	清擦干净
	张丝内端销子不光洁，张丝不平直，有伤痕等	更换新张丝

B XCZ – 102 型动圈式显示仪表的故障及处理

XCZ – 102 型动圈式显示仪表的测量机构的常见故障与处理方法与 XCZ – 101 型仪表基本相同。它的测量桥路的常见故障及处理方法见表 7 – 3。

表 7 – 3 XCZ – 102 型动圈仪表测量桥路故障处理

故障现象	故障原因	处理方法
通电后指针指向终端极限位置	R_0 或 R_1 虚焊或断路	重新焊好或接上
	热电阻 R_t 线路断路	找出断路点，接上
通电后指针指向始端极限位置	R_3 或 R_2 虚焊或断路	重新焊好或接上
	热电阻 R_t 线路短路	找出短路点，并处理好
通电后，加入信号，指针不动	稳压电源整流部分无输出	如用万用表测知变压器二次侧无 33V AC，则系变压器有故障，可重绕变压器；如变压器二次侧有 33V AC，而电容两端无 38 ~ 42V DC，则系 2CP12 有损坏，需更换新元件
	稳压电源限流电阻虚焊或断路	用万用表依次测量两个限流电阻两端电压，在哪一个电阻上出现开路电压，则系该电阻后侧虚焊或断路，需要重新焊好或更换元件
	稳压电源铜电阻或锰铜电阻虚焊或断路	用万用表测量铜电阻和锰铜电阻两端电压，哪个电阻上出现开路电压，则系该电阻后侧虚焊或断路，需重新焊好或更换元件
	稳压管 2CW15 或 2CW1 被击穿	更换新管子
	R_3、R_4 或 R_2、R_0 同时虚焊	重新焊好
指示不稳定	电源变压器输出电压过低，造成稳压电源输出电压不稳	往往是由于变压器二次侧绕组部分短路造成，需重新绕制变压器
	稳压电源电容虚焊或接反	重新焊好或接正确
	稳压管焊接不良或质量不好	焊好或更换管子
	铜电阻或锰铜电阻焊接不良	仔细打去氧化层，焊好

7.1.2　自动平衡式显示仪表

动圈式显示仪表虽然具有结构简单、易于安装维护等优点，但它们受环境温度和线路电阻的影响较大，仪表的准确性、灵敏度均受到限制，不宜用于精密测量与控制。另外动圈式仪表的可动部分怕振动，易损坏，阻尼时间长，而且不便于实现自动记录。因此在自动化程度较高的生产过程中，要求对微弱的信号进行准确、快速的测量，实现自动记录与控制时，广泛地采用了自动平衡式显示仪表。

常用的自动平衡式显示仪表有自动平衡电子电位差计和自动平衡电桥两大类。它们能自动测量、显示、记录各种电信号（直流电压、电流和电阻）。若配接热电偶、热电阻或其他能转换成直流电压、电流或电阻的传感器、变送器，就可以连续指示、记录生产过程中的温度、压力、物位及成分等各种参数。如果附加一些装置，还可实现自动积算、报警与连锁和自动控制等多种功能。

7.1.2.1　自动平衡式电子电位差计

电子电位差计是用来测量电压信号的显示仪表。凡是能转换成电压的各种工艺参数都能用它来测量，并与电动调节器等配套，可进行自动记录和自动控制等。

A　工作原理

电子电位差计是根据“电压补偿原理”工作的，下面以图 7－5 的电压测量系统来说明其原理。

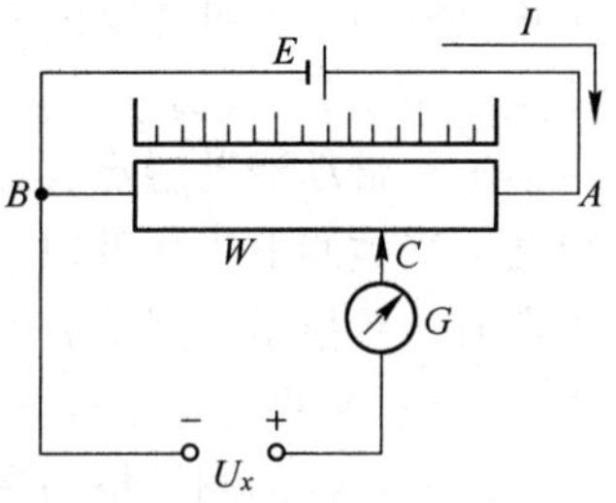

图 7－5　电压测量系统

图 7－5 中 U_x为被测电压，滑线电阻 W 与稳压电源 E 组成一个闭合回路。因此，流过 W 上的电流 I 是恒定的，这样就可将 W 的标尺刻成电压数值。G 为检流计。

测量电压 U_x的方法是移动滑动触点 C，使通过检流计 G 的电流为零，这时触点 C 所指示的电压值即是被测电压 U_x。因要使检流计无电流通过，只能在已知电压 $U_{BC}=U_x$时才有可能，因此这种手动电位差计是根据滑线电阻上的已知电压 U_{BC}来平衡（补偿）被测电压 U_x，使测量线路的电流等于零的测量电压的方法，称为“电压补偿法”。用这种方法测量电压比较精确，因为平衡时没有电流流过测量电路，也就是不存在线路电阻的影响问题。

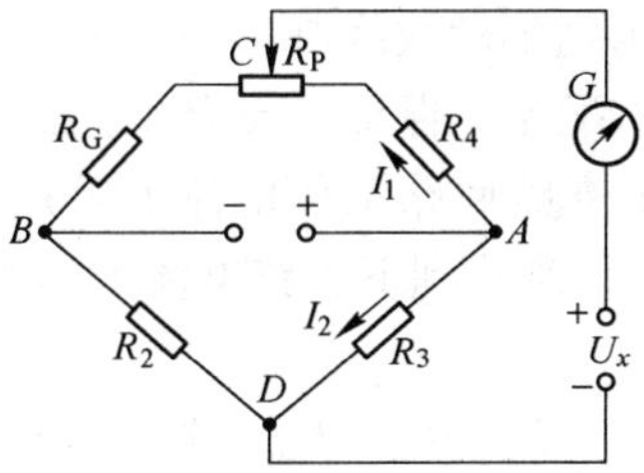

图 7－6　测量桥路原理图

在电子电位差计中，已知电压是由不平衡电桥产生的，如图 7－6 所示。在此测量桥路中，是利用不平衡电桥的输出电压 U_{CD}来补偿被测电压 U_x的。随着被测电压 U_x的变化，滑动触点 C 的位置也做向左或向右的移动，当检流计 G 指示为零时，滑动触点 C 不再移动，停在某一位置上，此时，$U_{CD}=U_x$，测量桥路呈现平衡状态。滑动触点 C 的位置越往右，表示被测电压值越大。

如用电子放大器代替检流计，并把 U_{CE}作为放大器的输入信号，再由放大器驱动可逆电机，通过一套机械传动机构来带动滑动触点 C，那么测量过程就能自动进行了，如图 7－7 所示。

放大器的输入电压：

$$U_{CE}=U_{CD}-U_x=U_{CF}+U_{FB}-U_{DB}-U_x$$

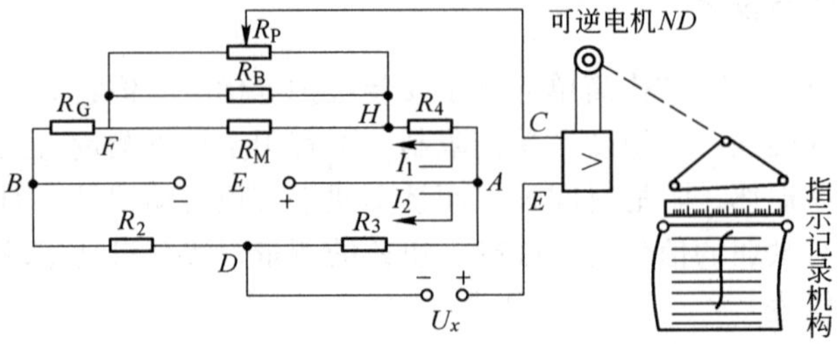

图 7－7　电子电位差计工作情况

如果测量桥路达到平衡，即 $U_{CE}=0$，则：

$$U_{CF}+U_{FB}-U_{DB}-U_x=0 \tag{7-4}$$

当被测电压增加时，即 $U_x+\Delta U_x$，测量桥路平衡被破坏，方程式 7－4 也不等于零。放大器有了正电压输入，可逆电机 ND 做顺时针方向转动，并带动滑动触点 C 向右移到适当位置，即：$(U_{CF}+\Delta U_{CF})+U_{FB}-U_{DB}-(U_x+\Delta U_x)=0$ 时，测量桥路重新达到平衡。

可逆电机带动滑动触点移动的同时，也带动指针和记录笔，指示或记录出增高后的电压值。反之，当被测电压降低时，放大器输入负的电压信号，可逆电机逆转，滑动触点向左移动，平衡时指针指示出降低后的电压值。

B　测量桥路中各电阻的作用及要求

我国统一设计的测量桥路原理线路如图 7－7 所示。测量桥路的电源电压为 1V，上支路电流 $I_1=4\text{mA}$，下支路电流 $I_2=2\text{mA}$，因此，上支路总电阻值为 250Ω，下支路则为 500Ω。

起始电阻 R_G 是决定仪表刻度起始点（零位）的电阻，用锰铜电阻丝绕制，在不同下限的仪表中有不同的阻值，下限越高，R_G 越大。一般把起始电阻 R_G 分作 R'_G 和 r_G 两部分串联而成。r_G 可作为微调，这样既便于调整，又能降低对 R'_G 的精度要求。调校时，若增大 r_G，则仪表指针向标尺下限方向偏移。

桥臂电阻 R_2 在配接热电偶测温时，作为热电偶冷端温度补偿电阻。目前常用的补偿电阻是铜电阻，用符号 R_{Cu} 表示，它是用电阻温度系数 $a_0=4.25\times10^{-3}/℃$ 的高强度漆包线（ϕ0.1～0.2mm），采用无感双线法绕制，并经过老化处理。当配用镍铬－镍硅热电偶时，$R_{Cu}=(5.33\pm0.02)\Omega$（25℃时）；当配接铂铑$_{10}$－铂热电偶时，$R_{Cu}=(0.74\pm0.01)\Omega$（25℃时）。注意：若电子电位差计不是配接热电偶测温时，则 R_2 应为锰铜丝线绕制。

限流电阻 R_3 是一个由锰铜丝绕制而成的固定电阻。它与 R_2 配合，保证下支路回路的工作电流为 2mA。由于铜电阻 R_2 的电阻值随温度而变化，因此，下支路回路工作电流 I_2 只是在仪表的标准工作温度（一般为 25℃）时才为 2mA。R_3 的准确度直接影响到下支路电流 I_2 的大小，所以对它的精确度有较高的要求，一般在 ±0.2% 以内。

限流电阻 R_4 是由锰铜电阻丝绕制而成的固定电阻。它与 R_{np}（R_P、R_B、R_M 三个电阻并联后的等效电阻）、R_G 串联，使上支路回路电流为 4mA。虽然电阻 R_4 的准确度会影响上支路回路电流 I_1 的大小，但因上支路中有下限微调电阻 r_G 和量程微调电阻 r_M 可作微调，使仪表的上、下限（即仪表的量程和零位）符合设计要求，所以 R_4 的允许偏差可达到 ±0.5%。

滑线电阻 R_P 是仪表测量系统中一个很重要的部件，仪表的示值误差、记录误差、变差、灵敏度以及仪表运行的平滑性等都和滑线电阻 R_P 的优劣有关。因此，除了要求装配牢靠之外，对材料的耐磨、抗氧化、接触的可靠及绝缘性能等诸方面都有很高的要求。尤其是对滑线电阻的线性度要求更严格，在0.5级的仪表中，必须把非线性误差控制在0.2%范围内。常用的滑线电阻材料是锰铜丝，也有的采用裸锰铜丝、卡玛丝（镍铬铁铝合金）或银钯丝等材料。

量程电阻 R_M 是决定仪表量程大小的电阻。它与滑线电阻相并联。R_M 越大，则与 R_P、R_B 并联后的电阻越大，因而对应的仪表量程也越大；反之，R_M 越小，仪表量程就越小。为了便于仪表量程的微调，R_M 由 R'_M 和 r_M 串联而成，只要调整 r_M 的阻值，即能很方便地微调仪表的量程。

滑线电阻的滑触头的材料多采用银铜合金，有刷型、滚子两类。滑触头除要求抗氧化性能好之外，更重要的是它和滑线电阻的接触热电势要小，否则滑触头在滑线电阻上滑动时发热而产生较大的误差。特别是在快速测量的仪表中，必须把这一因素考虑进去。快速测量的仪表中采用滚子型较好。

附加滑线电阻 R'_P 与滑线电阻 R_P 平行布置，并将这只电阻的两端短路，作为桥路的引出线。在用滚子做滑触头时，两条平行的滑线电阻可以形成轨道，便于滚子滚动。由于它与滑线电阻用相同的材料制成，有利于接触热电势的抵消。（如图7-6中 R'_P、r_M、r_G 均未画出）。

工艺电阻 R_B 是 R_P 的并联电阻。由于滑线电阻 R_P 的阻值很难绕得十分准确，而且绕制成的电阻不便于用增减圈数的方法来调整阻值，为此，给滑线电阻 R_P 并联一个电阻 R_B，使并联后的总阻值为一固定的电阻值，即把 R_B 与 R_P 当作一个整体来处理。这样，既便于计算和调整，又有利于成批生产。而且当滑线电阻 R_P 进行长期使用磨损后，阻值发生变化时，可通过改变 R_B 的大小，方便地进行调整。我国通常选用 R_B 与 R_P 并联后的阻值为（90 ± 0.1）Ω。有的仪表中采用了卡玛带作为滑线电阻，其电阻值较小，因此与 R_B 并联后的电阻值也较小，一般取 R_B 与 R_P 并联阻值为25～30Ω。

注意，上述电阻 R_3、R_4、R_G、R_M 和 R_B 都是采用温度系数很小的锰铜丝进行无感双线绕制而成，绕制好的电阻同样也应经老化处理后才能使用。

7.1.2.2 电子自动平衡电桥

电子自动平衡电桥也是一种自动平衡式显示仪表。它与热电阻配接使用时，可作为温度测量的显示仪表；与其他电阻型变送器、传感器相配用时，也可以测量、显示、记录其他一些相应的工艺参数。

它与电子电位差计相比较，除了感温元件及测量桥路外，其他组成部分几乎完全相同，甚至整个仪表的外壳形状、尺寸大小、内部结构以及大部分零部件都是通用的。因此，工业上通常把电子电位差计和电子平衡电桥统称为自动平衡显示仪表。

A 平衡电桥的工作原理

电子自动平衡电桥测量桥路的作用原理与电子电位差计是完全不同的。后者的测量桥路处于不平衡状态，其不平衡电压要与被测电势相补偿后，仪表才达到平衡；而前者的测量桥路却处于平衡状态。

图7-8为一个具有检流计的平衡电桥工作简图。热电阻 R_t 为其中一个桥臂，R_P 为滑线电阻，触点 B 可以左右移动。假设滑线电阻的刻度值为温度，移动滑动触头，使电桥达到平衡（即检流计 G 中的电流等于零）时，滑动触点 B 所指示的温度就是被测温度。

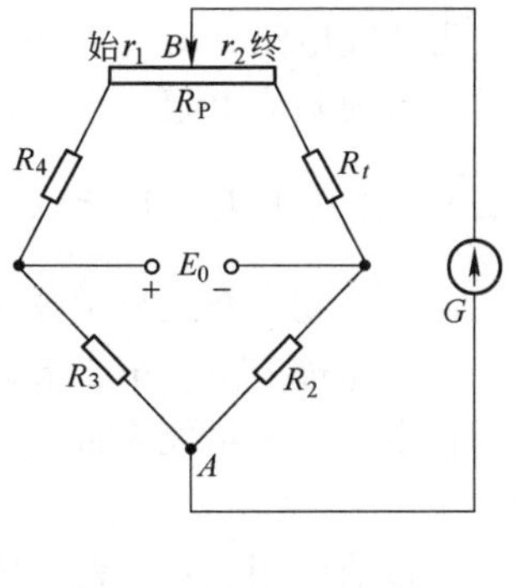

图7-8 平衡电桥

若温度在量程起始点（即 R_t 值最小时），移动滑动触

点 B，使检流计 G 指零，电桥达到平衡，这时触点 B 必然处于滑线电阻的最左端。根据电桥平衡原理，则有：

$$R_3(R_{t_0} + R_P) = R_2R_4 \tag{7-5}$$

当温度升高后，由于 R_t 增大，触点 B 必然向右移动，使电桥重新达到平衡，这时有：

$$R_3(R_{t_0} + \Delta R_t + R_P - r_1) = R_2(R_4 + r_1) \tag{7-6}$$

由式 7－6 减去式 7－5，并整理后得：

$$r_1 = \frac{R_3}{R_2 + R_3}\Delta R_t \tag{7-7}$$

从式 7－7 可知，滑动触点 B 的位置可以反映出热电阻的变化，亦反映了温度的变化，并且它们之间是成线性关系的。此外，该桥路的滑线电阻处于两桥臂之间，这样可以消除接触电阻的影响，提高精度。

如果将检流计 G 换成电子放大器，利用放大后的电压去驱动可逆电机，使可逆电机带动滑动触点 B 以达到电桥平衡，就是电子自动平衡电桥的工作原理，如图 7－9 所示。

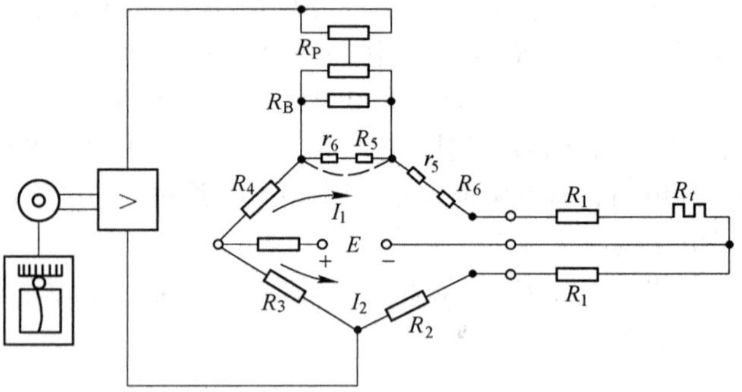

图 7－9　电子自动平衡电桥原理图

B　测量桥路中各电阻的作用

图 7－9 中，R_t 采用三线制接法，使连接导线的电阻 R_1 分别加在电桥相邻的两个桥臂上，当连接导线电阻随温度变化时，可以相互抵消，从而减小对仪表测量精度的影响。三线制接法即是从热电阻引出三根导线，把其中两根导线分别接入相邻的两个桥臂，而第三根导线与电源的负极相连，并规定每根接入桥臂的导线电阻为 2.5Ω，如不足 2.5Ω，则用调整电阻（锰铜丝绕制的电阻）补足。

R_p 为滑线电阻，R_p 与 R_B 并联后的电阻值为 90Ω。R_5 为量程电阻，R_6 为调整仪表零位的起始电阻。R_4 为限流电阻，它决定了上支路电流 I_1 的大小。

7.1.2.3　自动平衡式显示仪表的型号命名

工业用自动平衡式显示仪表的型号通常由两节代号组成。第一节以大写汉语拼音字母表示，一般不超过三位；第二节以阿拉伯数字表示，一般也不超过三位；必要时可增加一位大写汉语拼音字母，表示仪表特性，称作“尾注”，各节之间用横短线分开。常用的第一、二节符号含义见表 7－4。

尾注目前仅用到：A 表示快速仪表，即指针全行程时间小于 1s；B 表示小量程仪表，即仪表量程小于 1mV。

表7-4 自动平衡式显示仪表型号中各节、各位的代号及所表示的意义

第一节			第二节	
第一位代号意义	第二位代号意义	第三位代号意义	第一位代号意义	第二、三位代号意义
X—显示仪表	W—直流电位差计 Q—直流电桥 L—交流电压平衡 D—交流电桥	A—条形指示仪 B—圆图记录仪 C—长图记录仪 D—小型长图记录仪 E—小型圆标尺指示仪 F—中型长图记录仪 G—中型圆图记录仪 H—旋转刻度仪表 X—携带式仪表 T—台式仪表	1—单指针、单笔 2—双指针、双笔 3—多点指示、多点记录 4—单指针、单笔、带电动 PID 调节器 5—单指针、单笔、带气动 PID 调节器	表示附加装置: 00—无附加装置 01—表面定值电接点 02—表内定值电接点 03—报警器 04—多量程 05—量程扩展 06—辅助记录 07—自动变速 08—程序控制 09—积算装置 10—计数器 11—计算单元 12—模数转换 13—电阻发信装置 14—多点各定值

7.1.2.4 自动平衡式显示仪表的常见故障及处理

XWC（XWF）型自动平衡式显示仪表的常见故障及处理方法归纳于表7-5。

表7-5 XWC（XWF）型仪表常见故障处理

故障现象	故障原因	处理方法
指示灯不亮，仪表不工作	保险丝烧坏	检查烧坏原因，排除故障后，换上0.5A保险丝
	电源开关损坏	用万用表检查电源开关导通及断开性能，若证明已损坏，则更换开关
指示灯亮，仪表不工作	放大器、可逆电动机损坏或插座接触不良	检查放大器、可逆电机的性能，或插紧插座
	滑线电阻接触不良	清洗滑线电阻
	组合单元连接不牢固	旋紧组合单元之间连接的螺丝
指针正、反方向运行缓慢	放大器灵敏度过低	调整放大器灵敏度电位器
	过阻尼	调阻尼电位器
	变流器严重失调	调振动变流器或更换变流器
	仪表有干扰	采取适当的抗干扰措施
	P、*E*、*G* 三者有短接	找出原因并处理

续表 7－5

故障现象	故障原因	处理方法
指针正、反运行速度不等	振动变流器左右触点接触率不等	调整振动变流器的不对称度
	功率放大级不对称	检查功率放大级线路，更换相应元件
	可逆电动机有故障	检查可逆电动机或更换新电动机
指针在平衡位置有规律地摆动	放大器灵敏度过高或阻尼太小	调整放大器灵敏度电位器或阻尼电位器，使摆动不超过两个半周期
	阻尼器接反	将阻尼器改接正确
指针在平衡位置做无规律地摆动	滑线电阻接触不良或滑线电阻中断	清洗滑线电阻或更换滑线电阻
	振动变流器失调	调整振动变流器至正常
	仪表接地不良，有干扰	使仪表接地良好，并采取适当的抗干扰措施
输入信号正常时，指针指向始端或终端极限位置	振动变流器极性不对	调换振动变流器励磁绕组的两根引线
	可逆电动机绕组接反	将可逆电动机控制绕组线反接
	稳压电源无输出电流	查出原因，予以修复
	测量桥路故障	处理好短路、断路点，并进行仪表示值校验
指示误差过大	滑线电阻磨损	更换滑线电阻
	补偿导线极性接反	重新按正确极性连接
	放大器灵敏度调得太低	调高放大器灵敏度
	测量桥路故障	查出故障点予以修复，并进行仪表示值校验
	稳压电源输出电流偏大或偏小	找出原因，调试合格
	仪表有干扰	采取相应的抗干扰措施
电路接通电源或断开电源时影响仪表的灵敏度和指示值	热电偶回路干扰大	采取相应的抗干扰措施
	仪表抗干扰性能差	检查仪表内所有抗干扰措施是否起作用
	热电偶屏蔽对地寄生电容太大或未接 P 点	热电偶屏蔽层应接 P 点

7.2　数字式显示仪表

7.2.1　概述

数字式显示仪表是把与被测变量（如温度、流量、压力、物位及成分等）成一定函数关系的连续变化的模拟量（如电信号），转换成断续的数字量来显示的仪表。数字式仪表与模拟式仪表相比（参见表 7－6），具有精度高，测量速度快，读数直观、准确、方便，便于与计算机联网等优点。

数字式显示仪表有以下基本功能：

（1）输入信号：一般为电压、电流、频率、脉冲及开关信号等。

表7－6 数字式显示仪表与模拟式显示仪表比较

比 较 项 目		数字式显示仪表	模拟式显示仪表
输入信号		电压、电流、脉冲、频率	电压、电流
测量精度		<0.05%	0.5%
测量速度		快	慢
显示形式		数 字	指针标尺
测量点数		多	少
数值存储		数字打印	曲线记录
目前价格		高	低
复杂性	电 路	复 杂	简 单
	机 械	简 单	复 杂

（2）测量值显示：0～9数码和被测量参数的单位符号等。

（3）基本功能：1）对被测参数自动测量；2）数字形式显示测量值；3）对被测参数设定报警；4）可输出模拟量信号或数字量信号；5）当被测参数达到预定值时给出控制信号；6）数字打印；7）可多点测量、显示、报警、输出控制信号。

数字式显示仪表的分类方法很多，如下所示：

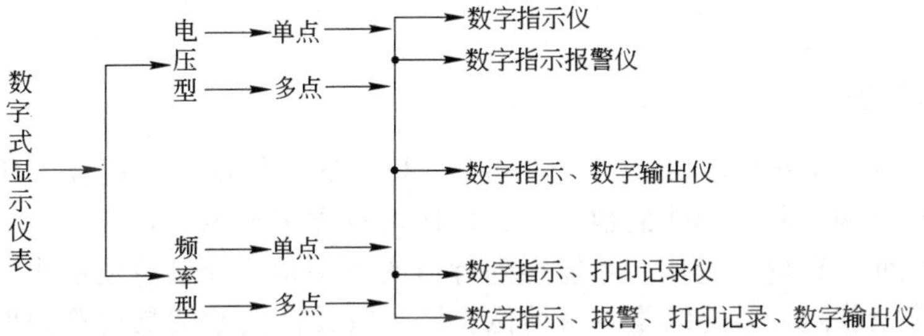

作为工业生产过程参数的显示，数字式和模拟式各有自己的特点，选用时应根据具体情况而定。数字式仪表准确，分辨率高，有助于减少含糊不清的疑点，并便于和计算机配用，目前多用于单点测量显示或多点巡检带数字打印的场合。模拟式仪表最大的优点是性能稳定，记录显示能反映测量趋势。对于高密度安装仪表的表盘来说，使用模拟式仪表便于操作者了解掌握生产过程的全面情况。数字式显示仪表和模拟式显示仪表的比较见表7－6。

7.2.2 数字式显示仪表的构成原理

数字式显示仪表的构成如图7－10所示，它由前置放大器、模－数转换器（即A/D）、非线性补偿、标度变换和显示装置等部分组成。

由检测单元送来的信号首先经变送器转换成电信号，由于信号较弱，通常需进行前置放大后才能进行A/D转换，把连续变化的模拟电信号转换成断续变化的数字量；然后经非线性补偿，再通过标度变换，最后送入计数器计数并显示；同时还可送往报警系统和打印机构去打

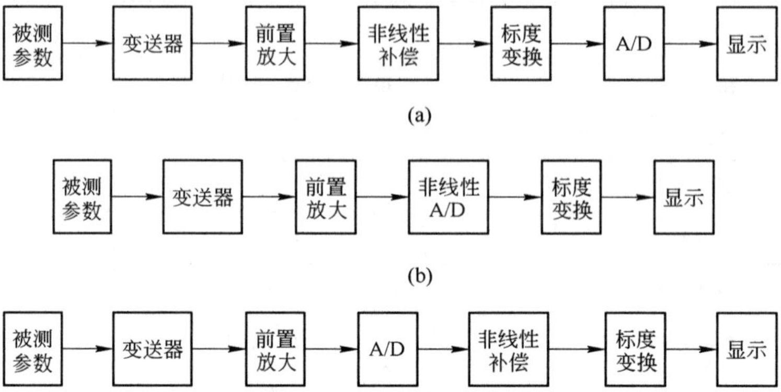

图 7 - 10　数字式显示仪表组成方案

（a）模拟非线性补偿方案；（b）非线性 A/ D 变换补偿方案；（c）数字式非线性补偿方案

印，需要时也可把数字量输出，供其他计算单元使用，它还可与单回路数字调节器或计算机配套作设定值控制等。

数字式显示仪表的核心环节是模 - 数转换器，它将仪表分成模拟和数字两大组成部分，非线性补偿和系数的标度变换也是不可少的，这是数字式显示仪表应具备的三大部分。这三大部分各有很多种类，通过三者相互巧妙的结合，可以组成适用于各种不同场合要求的数字式显示仪表。

7.2.3　模 - 数转换

模 - 数转换是数字式显示仪表的核心部分。模 - 数转换的任务是使连续变化的模拟量转换成与其成比例的、断续变化的数字量，以便进行数字显示。要完成这一任务，必须用一定的计量单位使连续量整量化，才能得到近似的数字量。计量单位越小，整量化的误差也就越小，数字量就越接近连续量本身的值。模 - 数转换技术就是讨论如何使连续量整量化的方法。

使模拟量整量化的方法很多，目前常用的有以下三大类：

（1）时间间隔 - 数字转换（T - D 转换）；

（2）电压 - 数字转换（U - D 转换）；

（3）机械量（直线位移或角位移等） - 数字转换。

实际上经常是把非电量先转换成电压，然后再把电压转换成数字，所以 A/D 转换的重点是 U - D 转换。U - D 转换的方法很多，按测量方式分类如表 7 - 7 所示，按转换原理分类如表 7 - 8 所示。

表 7 - 7　按测量方式分类

测量方式	U - D 转换形式		测量方式	U - D 转换形式	
瞬时值测量	比较式	逐位比较式	平均值测量	积分式	电压 - 时间变换式
	斜波式	锯齿波式			电压 - 频率变换式

表 7－8　按转换原理分类

类别			转换原理	备注
直接法	比较式	逐位比较式	如天平，用数模网络输出一套基准电压，从高位起逐位与被测电压反复比较，直至两者实现平衡； 由于数模网络不用连续计数器控制，故可一开始就大步地使数模网络与被测电压进行比较，速度快	亦称反馈比较式
间接法	U－T转换式	锯齿波式	把被测电压与线性锯齿波电压相比较，而检出锯齿波电压从零电平到输入信号电平的时间间隔，计数此时间间隔内一定频率的脉冲数	斜波式
		积分脉冲调宽式	利用被测电压 U_x 准确地调制标准电压 U_R 的正负脉冲宽度差，使其与被测电压成正比	
		双斜率式	将输入电压变换成与其平均值成正比的时间间隔，然后在这段时间间隔内用某一频率固定的脉冲对计数器计数	双积分式
		一般电压频率转换式	将被测电压变换成一系列的脉冲群，脉冲的频率与输入电压精确地成正比。然后用计数器在一固定的时间间隔内对此脉冲进行计数	单积分式
		电压反馈的电压频率转换式	其特点是利用电压反馈并使输入电压和反馈电压相等来实现	
		两次采样积分的电压频率转换式	为一般电压频率转换式的改进线路	

直接比较型 A/D 转换的原理是基于电位差计的电压比较原理，即用一个作为标准的可调参考电压 U_R 与被测电压 U_x 进行比较，当两者相平衡时，参考电压就等于被测电压。通过不断比较，不断鉴别，并在比较鉴别的同时，将参考电压转换为数字量输出，从而实现了 A/D 转换。其原理如图 7－11 所示。

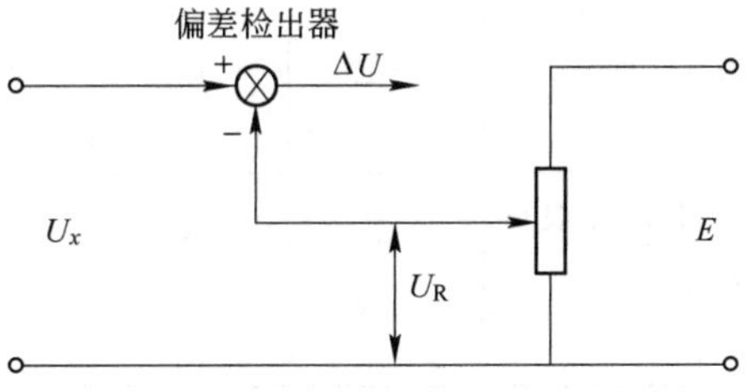

图 7－11　直接比较原理示意图

在具体转换过程中，必须具备以下几个条件：

（1）要有一套相邻关系为二进制的标准电压，产生这套电压的网络称为解码网络；

（2）要有一个比较鉴别器，把由解码网络来的、每次进行试探的电压和被测电压进行比较，并鉴别出大小，以决定出是否保留这位电压；

（3）要有一个数码寄存器，每次比较的结果“1”或是“0”由它保存下来；

（4）要有一套控制线路完成以下两个任务：1）比较是由高位开始，从高位到低位逐次比较；2）根据每次比较的结果，使相应位的数码寄存器记“1”或是“0”，并由此决定是否保留这位“解码网络”来的电压。

所以，由数码寄存器的状态决定“解码网络”的输出电压，而这个电压反过来又要与输入的被转换电压进行比较，并根据比较的结果再决定这位数码寄存器的状态。这是一个相互联系，又相互依赖的过程，这个过程叫做电压反馈。而整个过程又是由高位到低位，一位一位地逐次进行比较的，所以称这种转换器为逐次比较型或电压反馈逐次比较型 A/D 转换器。又因为整个过程就是对被测电压进行编码的过程，故又称为逐次逼近反馈编码型 A/D 转换器。图 7－12 是这种转换器的原理框图。

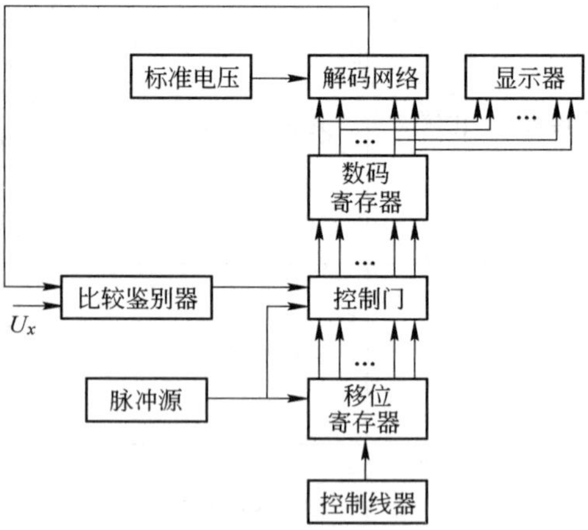

图 7－12　逐次比较型 A/D 转换原理框图

从上述原理可知，逐次比较型测量过程全是逻辑电路的判别过程，所以它具有测量速度快、精度高、稳定性好等优点。虽然存在电路复杂，抗干扰性能差等缺点，但在多点巡回检测系统中和计算机控制系统中，仍采用它作为模－数转换的主要手段。

常用的 A/D 转换器性能比较如表 7－9 所示。

表 7－9　常用的 A/D 转换器性能比较

分　类	精　度	灵敏度	速　度	抗干扰能力	其　他
逐位比较式	高	高	快	差	稳定性能好，但线路复杂，易实现快速检测，精度高。数字式应变仪、数字电子秤多用它
积分脉冲调宽式	高	高	较慢	强	积分器和比较器的非理想因素影响小，稳定性好，元件较多，但要求不高
锯齿波式	一般	高	较慢	差	测量速度不固定，输入越大，编码时间越长，但线路简单，成本低。目前一般要求不高的工业用数字式显示仪表可采用它
双斜率式（双积分式）	高	高	较慢	强	线路较简单，能对微小的输入信号进行积分，测量灵敏度高，目前广泛采用
单积分式	一般	高	较慢	较强	线路比双积分式简单

7.2.4　参数信号的标准化及标度变换

由检测元件或传感器送来的信号标准化或标度变换是数字式显示仪表的一个重要组成部分。

由于需测量和显示的工艺参数是多种多样的，因而仪表输入信号的类型、性质千差万别，即使是同一种参数或物理量，由于检测元件和装置的不同，测量信号的性质、电平的高低也不相同。以温度为例，用热电偶测量时，得到的是电势信号；以热电阻作为测温元件，其输出的是电阻信号；若采用温度变送器，则得到的是电流信号。不仅信号的类别不同，而且信号的大小也相差极大，有的大到伏级，有的小至微伏级，这就不能满足数字式仪表或数字系统的要求。尤其在巡回检测装置中，会使输入部分无法工作。因此，必须把这些不同性质和大小的信号统一起来，这就是输入信号规格化，或称参数信号标准化。

规格化的统一输出信号可以是电压、电流或其他形式的信号，但因各种信号变换成电压信号比较方便，所以在很多情况下都把各种不同的信号变换为电压信号。我国目前采用的统一的直流信号电平有以下几种：0 ~ 10mV，0 ~ 30mV，0 ~ 40.95mV，0 ~ 50mV 等。使用较高的统一信号电平，能适应更多的变送器，可以提高对大信号的测量精度；而采用较低的统一信号电平，则对小信号的测量精度较高。所以，选择统一信号电平的高低，应根据被测信号的大小而定。

当选定统一电平后，对于一般的数字电压表，经模 - 数转换后就能以电压量的形式输出。然而对于炼油、化工等使用的数字式显示仪表的输出，往往要求用被测参数的形式显示，例如温度、流量、压力和物位等，这就存在一个量纲还原的问题，通常称之为“标度变换”。标度变换可以在模拟部分进行，也可在数字部分进行。

7.2.4.1 模拟量标度变换

A 热电阻测温的标度变换

为了将热电阻的阻值变化转变为电压信号的输出，经常采用不平衡电桥作电阻 - 电压转换。由不平衡电桥的测温原理（见图 7 - 13）可知：

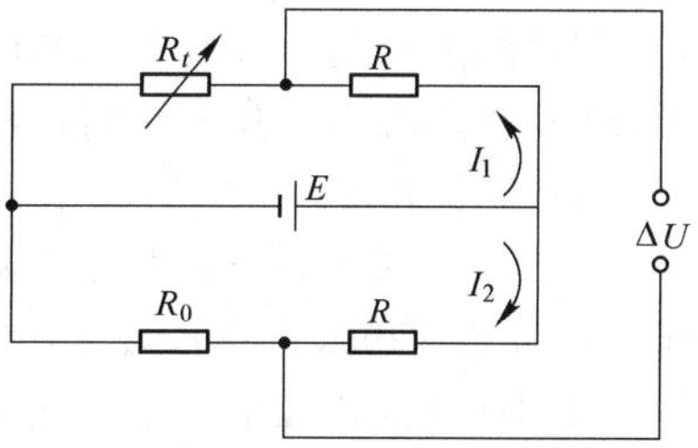

图 7 - 13 R - V 变换桥路

$$\Delta U = \frac{E}{R + R_t}R_t - \frac{E}{R + R_0}R_0$$

当被测温度处于下限时，$R_t = R_{t_0} = R_0$，且桥路设计时使 $R >> R_{t_0}$，故被测温度处于任一值时都有：

$$\frac{E}{R + R_{t_0}} \approx \frac{E}{R + R_0} = I_1 = I_2 = I$$

故得

$$\Delta U = I(R_t - R_0) = I\Delta R_t \qquad (7 - 8)$$

式 7 - 8 说明可由不平衡电桥的转换关系，通过改变桥路参数来实现标度变换。

例如，用 Cu50 铜电阻体测温时，若所测温度为 0 ~ 50℃，则电阻的变化值 $\Delta R_t = 10.7\Omega$（查分度表）。为了显示“50”的数字值，设数字式显示仪表的分辨率为 100μV，即末位跳一个字需 100μV 的输入信号，那么满度显示“50”时，就需要 50 × 100 = 5mV 的信号，即电阻值变化 10.7Ω 时，应产生 5mV 的信号，根据式 7 - 8 可得：

$$I = \frac{\Delta U}{\Delta R_t} = \frac{5}{10.7} = 0.47\text{mA}$$

该 I 值可通过适当选取 E 和 R 来得到。当仪表分辨率改变时，桥路参数也要进行调整。

通常当数字式显示仪表以电阻、电感、电容等元件参数的变化量作为输入信号时，一般都采用不平衡电桥来进行标度变换 ，以适当选取供桥电压或桥路电阻来达到标度变换的目的。

B 电流信号的标度变换

当数字式显示仪表与具有标准信号输出的变送器配套使用时，可用简单的电阻网络来实现

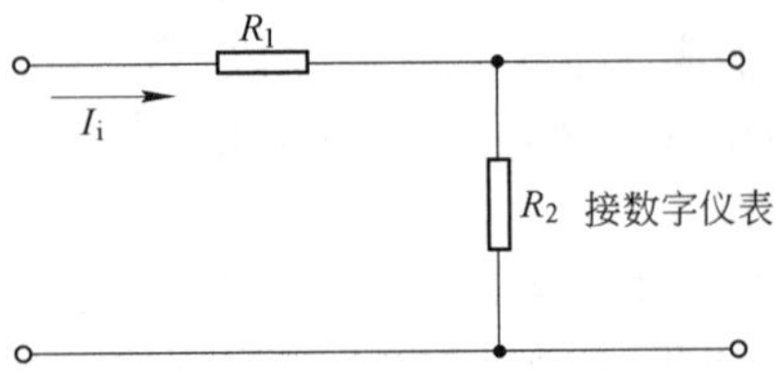

图 7－14　利用电阻实现标度变换

标度变换，即将变送器输出的标准直流毫安信号转换为规格化的电压信号，如图 7－14 所示。

将在 R_2 上取出的电压作为数字仪表的输入信号，因此电阻网络阻值的大小应满足已确定的数字仪表分辨率的要求，并与所接放大器的输入阻抗相匹配；同时，因将电阻网络与数字仪表的输入阻抗并联后作为变送器的负载，故也应满足变送器对负载阻抗匹配的要求。另外，对 R_2 的精度要求也较高，应注意元件允许误差等有关问题。

7.2.4.2　数字量标度变换

数字量的标度变换是在 A/D 转换之后，进入计数器之前，通过系数运算来实现。系数运算，即乘以（或除以）某系数，扣除多余的脉冲数，可使被测物理量和显示数字值的单位得到统一。

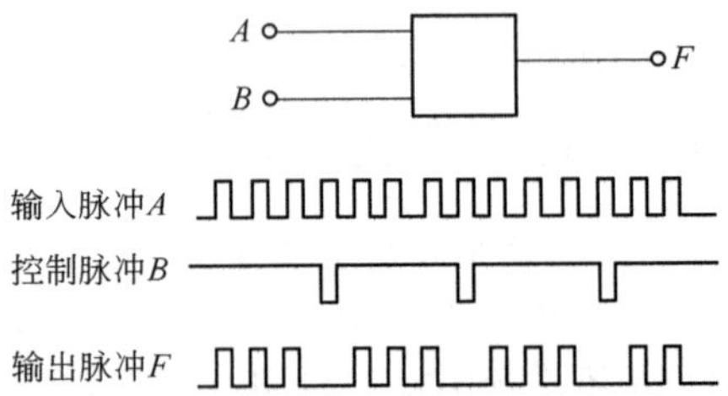

图 7－15　扣除脉冲法系数运算原理示意图

系数的运算原理可以通过图 7－15 所示的“与”门电路来说明。从图 7－15 可知，只有当与门的 A、B 输入端均为高电平时，F 输出端才是高电平。A、B 端中如有一端为低电平，则 F 端为低电平。因此，只要控制 A、B 任一端（如 B 端）的电位，就可实现扣除脉冲的运算。如图 7－15 中每 4 个计数脉冲就被扣除了一个。其效果相当于乘了 0.75 的系数。例如，被测温度为 750℃，经模－数转换后送出 1000 个脉冲，这时利用这个系数乘法器，进行乘 0.75 的运算，即运算器输入 1000 个脉冲，输出只有 750 个计数脉冲，再送到计数、显示电路。这样，显示值和被测的实际值就可取得一致。

随着集成电路技术的发展，目前已研制出了集成数字运算器，其转换精度与速度均大大提高。

7.2.5　非线性补偿

数字式显示仪表的非线性补偿，就是将数字仪表非线性输入信号转换成线性化的数字显示过程中所采取的各种补偿措施。目前常用的有模拟式非线性补偿法、非线性模－数转换补偿法和数字式非线性补偿法等。

7.2.5.1　模拟式线性化

模拟式线性化可以根据仪表的静特性，分别采用开环或闭环的方式进行。

开环式线性化原理图如图 7－16 所示。由于检测元件或传感器的非线性，当被测参数 x 被转换成电压量 U_1 时，它们之间成非线性关系，而放大器一般为线性放大器，故经放大后的 U_2 与 x 之间仍为非线性关系。此时，利用线性化器的非线性静特性来补偿检测元件或传感器的非线性，使 A/D 转换之前的 U_0 与 x 之间具有线性关系。

所谓闭环式线性化，就是利用反馈补偿原理，引入非线性的负反馈环节，来补偿检测或传感器的非线性，使输出 U_0 与输入 x 之间的关系具有线性特性。其补偿原理图如图 7－17 所示。

线性化器的例子很多，不同条件下有不同的应用。线性化器大多采用非线性元件组成折点

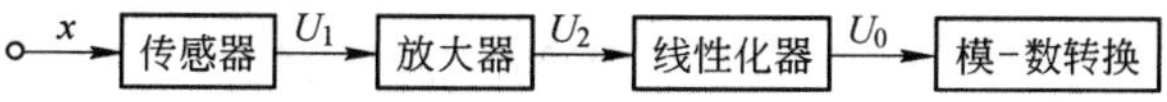

图 7-16　开环式线性化原理图

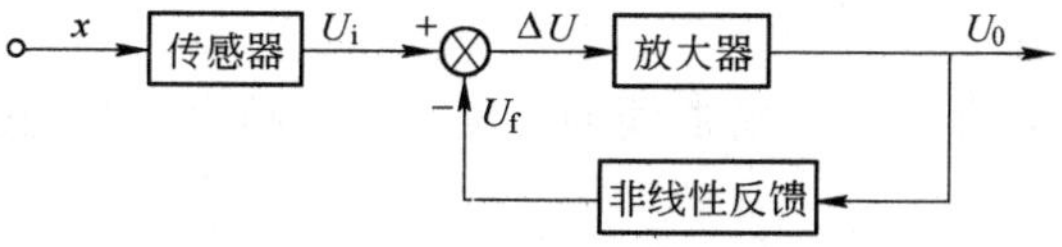

图 7-17　闭环式线性化原理图

电路来实现，具体内容可参见有关文献。

7.2.5.2　数字式线性化

数字式线性化是在模-数转换之后的计数过程中，进行系数运算而实现非线性补偿的一种方法。其基本原则仍然是采用折线代替曲线的方法，将不同斜率的折线段乘上不同的系数变为同一斜率的线段而取得线性补偿。所乘的系数要求能根据输入电压数值的变化而自动地改变。

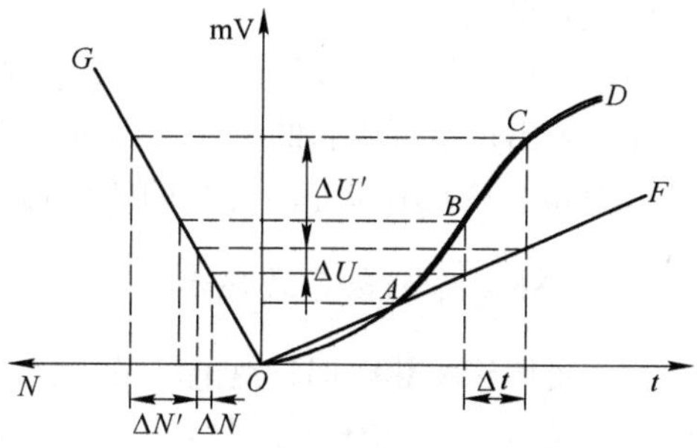

图 7-18　数字线性化原理示意图

设数字式仪表输入信号的非线性如图 7-18 中第Ⅰ象限的 *OD* 曲线，横坐标为被测温度 *t*，纵坐标表示热电势值；同时，在第Ⅱ象限内绘出了计数器的静特性，如图中 *OG* 所示。

现把输入信号的非线性特性 *OD* 曲线用折线 *OABCD* 逼近，这样每段折线的斜率都不相同。若以 *OA* 折线为基础，则其他各线段的斜率分别乘以不同的系数，就能与 *OA* 段的斜率相同。然后以 *OA* 为基础进行转换，就达到了线性化的目的。

图 7-19 为实现变系数运算的逻辑原理图。图中由系数控制器和系数运算器等组成的数字线性化器，按照图示逻辑原理，可以实现变系数的自动运算。

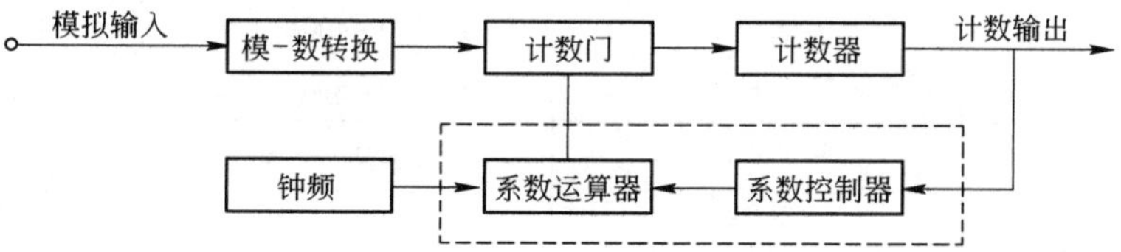

图 7-19　数字线性化器逻辑原理图

参照图 7-18，当输入信号为第一折线段 *OA* 时，系数控制器使系数运算器进行乘 K_1 运算，计数器的输出脉冲可以记为：

$$N_1 = CK_1U_1$$

式中，*C* 为计数器常数，U_1 为输入信号，一直到 N_1 结束和 N_2 开始之前。当计满 N_1 需切换到 *AB* 段时，计数器发出信号给系数控制器，使系数运算器进行乘 K_2 的运算，计数脉冲又可记为：

$$N_2 = C[K_1U_1 + K_2(U_2 - U_1)]$$

依次下去，若有 n 段折线，则计数器所计脉冲数为：

$$N_n = C[K_1U_1 + K_2(U_2 - U_1) + \cdots + K_n(U_n - U_{n-1})]$$

通常取第一折线段作为全量程线性化的基础段，即 $K_1 = 1$，这样，一个非线性的输入量就能变换为近似的线性量来显示了。

显然，精确的程度取决于折线代替曲线的程度，折线越短，越逼近曲线，所得的线性度也越高。

此外，图像显示器近年也发展很快。它能直接把工艺参数用文字、符号、数字与图像配合的形式，在大屏幕荧光屏上显示出来，并配以打印记录装置，按操作者的需要，任意以其中一种或多种方式同时显示。它具有模拟式和数字式显示仪表的两种功能，通常称为 CRT 显示。图像显示器常与计算机联用，已成为现代计算机不可缺少的终端设备，具有计算机的大存储量的记忆能力与快速功能，为现代计算机大规模综合集中管理和分散控制不可少的显示装置。

随着计算机技术的发展及其在过程控制中的应用，与之相应的图像显示技术也在不断地发展，近年来出现了不少新的显示元器件，除了 CRT 显示器外，还有等离子显示器、发光二极管显示器和液晶显示器等，其中 CRT 仍占主要地位。

7.2.5.3 XMZ 系列数字式显示仪

它主要用于将热电偶、热电阻及输出为直流标准信号的各种传感器所检测的各种热工参数进行数字显示。它们的型号规格见表 7 - 10。

表 7 - 10 数字式显示仪型号规格

数字显示仪	输入信号	标准量程/℃	主要技术参数
XMZ、XMZA、XMZH - 101	E	0 ~ 800	精度：±0.5%，全量程 ±1 个字； 电源：220V，AC； 环境温度：0 ~ 40℃； 环境湿度：<85% RH
	K	0 ~ 800	
	K	0 ~ 1300	
	S	0 ~ 1600	
	B	0 ~ 1800	
	T	0 ~ 400	
	J	0 ~ 800	
XMZ、XMZA、XMZH - 102	Cu50	- 50 ~ 150	
	Cu100	- 50 ~ 150	
	Pt100	- 100 ~ 200	
	Pt100	- 200 ~ 500	
XMZ、XMZA、XMZH - 103	0 ~ 20mV		
	0 ~ 50mV		
XMZ、XMZA、XMZH - 104	30 ~ 350Ω		
XMZ、XMZA、XMZH - 105	0 ~ 10mA		
	4 ~ 20mA		

7.2.6　光栅数显表

图7－20所示为微机光栅数显表的组成框图。在微机光栅数显表中，放大、整形采用传统的集成电路，辨向、细分可由微机来完成。

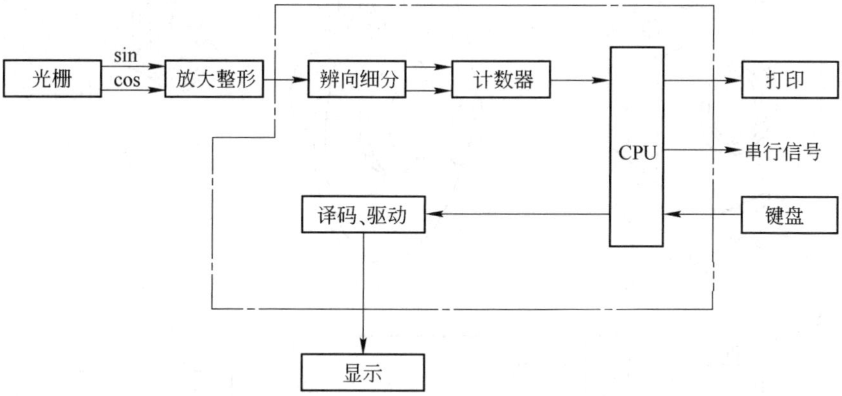

图7－20　微机光栅数显表的组成框图

图7－21所示为光栅数显表在机床进给运动中的应用。在机床操作过程中，由于用数字显示方式代替了传统的标尺刻度读数，大大提高了加工精度和加工效率。以横向进给为例，光栅读数头固定在工作台上，尺身固定在床鞍上，当工作台沿着床鞍左右运动时，工作台移动的位移量（相对值/绝对值）可通过数字显示装置显示出来。同理，床鞍前后移动的位移量可按同样的方法予以显示。

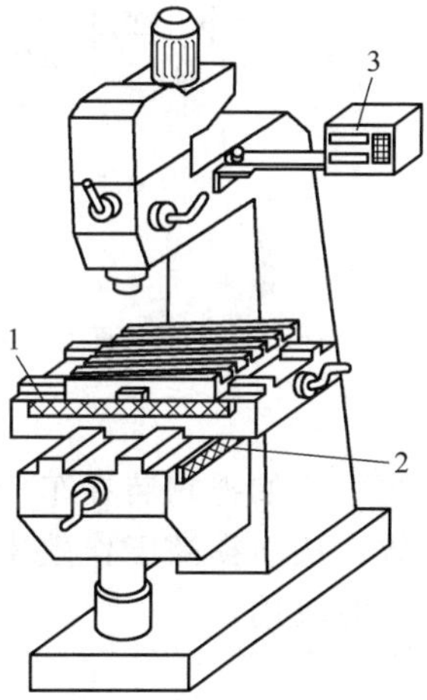

图7－21　光栅数显表在机床进给运动中的应用
1—横向进给位置光栅检测；
2—纵向进给位置光栅检测；
3—数字显示装置

7.2.7　轴环式数显表

图7－22是ZBS型轴环式光栅数显表示意图。它的主光栅用不锈钢圆薄片制成，可用于角位移的测量。

定片（指示光栅）固定，动片（主光栅）可与外接旋转轴相连并转动。动片表面均匀地镂空500条透光条纹，如图7－22（b）所示，定片为圆弧形薄片，在其表面刻有两组透光条纹（每组3条），定片上的条纹与动片上的条纹成一角度θ。两组条纹分别与两组红外发光二极管和光敏三极管相对应。当动片旋转时，产生的莫尔条纹亮暗信号由光敏三极管接收，相位正好相差$\pi/2$，即第一个光敏三极管接收到正弦信号，第二个光敏三极管接收到余弦信号。经整形电路处理后，两者仍保持相差1/4周期的相位关系。再经过细分及辨向电路，根据运动的方向来控制可逆计数器做加法或减法计数，测量电路框图如图7－22（c）所示。测量显示的零点由外部复位开关完成。

轴环式光栅数显表具有体积小、安装简便、读数直观、工作稳定、可靠性好、抗干扰能力强、性能/价格比高等优点，适用于中小型机床的进给或定位测量，也适用于老机

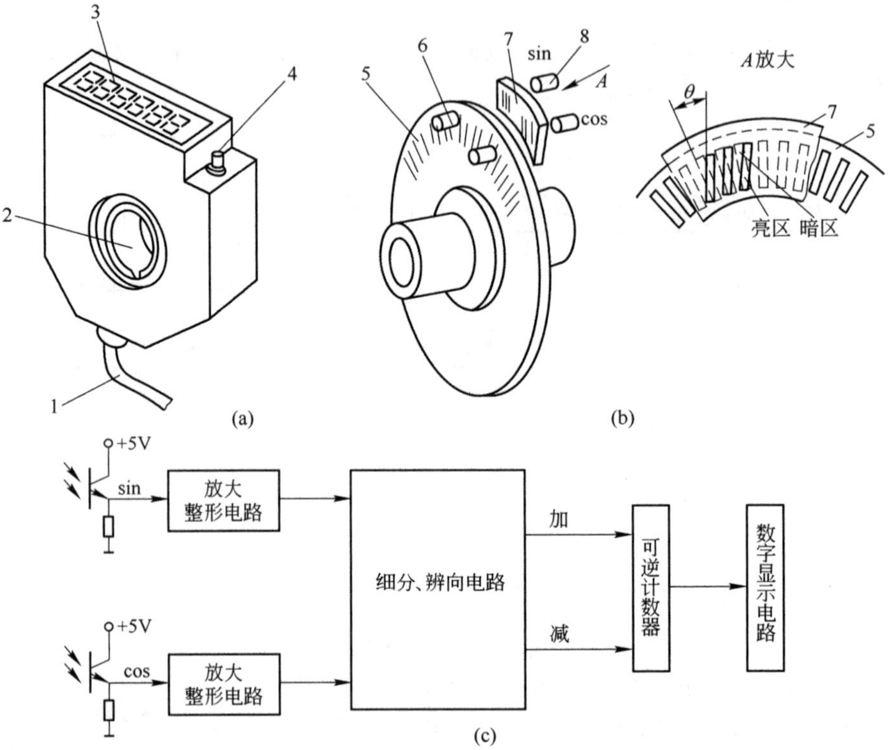

图 7－22　ZBS 型轴环式光栅数显表

（a）外形；（b）内部结构；（c）测量电路框图

1—电源线（+5V）；2—轴套；3—数字显示器；4—复位开关；5—主光栅；
6—红外发光二极管；7—指示光栅；8—光敏三极管

床的改造。如把它装在车床进给刻度轮的位置，可以直接读出进给尺寸，减少停机测量的次数，从而提高工作效率和加工精度。图 7－23 所示为轴环式数显表在车床纵向进给显示中的应用。

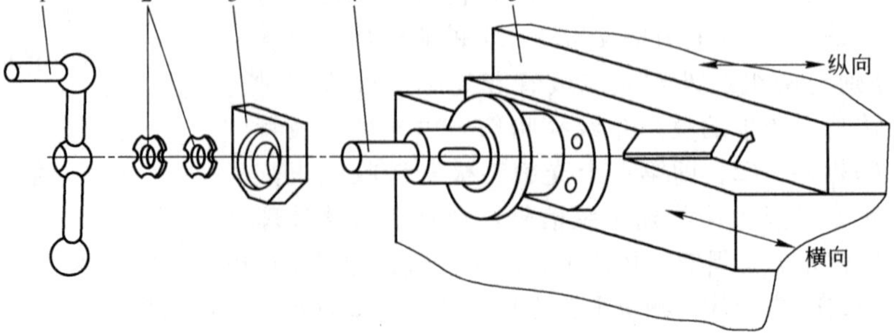

图 7－23　轴环式数显表在车床进给显示中的应用

1—手柄；2—紧固螺母；3—轴环式数显表拖板；4—丝杠轴；5—溜板

7.2.8 磁栅数显表

磁头、磁尺与专用磁栅数显示表配合，可用检测机械位移量，其行程可达数十米，分辨率优于 1μm。图 7－24 为上海机床研究所生产的 ZCB－101 鉴相型磁栅数显表的原理框图。

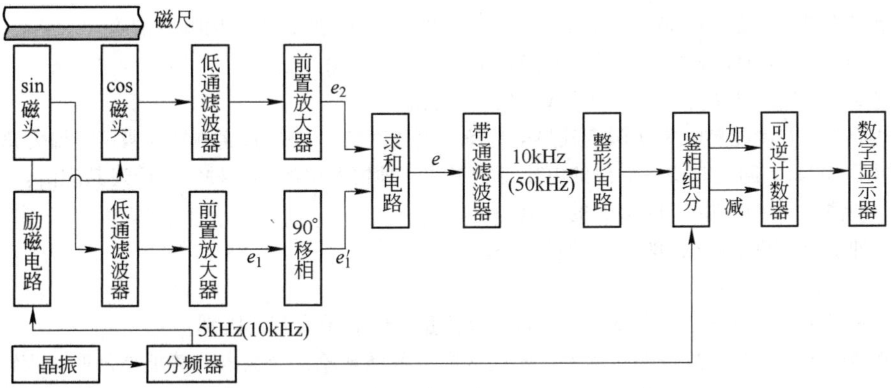

图 7－24 ZCB－101 鉴相型磁栅数显表的原理框图

图 7－24 中，晶体振荡器输出的脉冲经分频器变为 5kHz 方波信号，再经功率放大后同时送入 sin、cos 磁头的励磁线圈（串联），对磁头进行励磁。两只磁头产生的感应电动势经低通滤波器和前置放大器送到求和放大电路，得到相位能反映位移量的电动势 e，即 $e = E_m \sin(\omega t \pm 2\pi x/W)$。

由于求和电路的输出信号中还包括有许多高次谐波、干扰等无用信号，所以还需将其送入一个“带通滤波器”，取出角频率为 ω（10kHz 或 50kHz）的正弦信号，并将其整形为方波。当磁头相对磁尺移动一个节距 W 时，其相位就变化 360°。

为了检测比一个节距更小的位移量，需要在一个节距内进行电气细分，每当移动 x 使整形后的方波相位变化 1.8°时，“鉴相、内插细分”电路就输出一个计数脉冲，此脉冲就表示磁头相对磁尺移动了 1μm（设 $W = 0.2\text{mm}$，$\Delta x = 0.2\text{mm} \times (1.8°/360°) = 1\mu\text{m}$）。“鉴相、内插细分”电路有“加”、“减”两个脉冲输出端。当磁头正向移动时，电路输出加脉冲，可逆计数器做加法；反之则做减法，计数结果由多位十进制数码管显示。

目前磁栅数显表多已采用微机来实现图 7－24 框图中的功能。这样，硬件的数量大大减少，而功能却优于普通数显表。现以上海机床研究所生产的 WCB 微机磁栅数显表为例来说明带微机数显表的功能。

WCB 与该所生产的 XCC 系列以及日本 SONY 公司各种系列的直线形磁尺兼容，组成直线位移数显表装置。该表具有位移显示功能、直径/半径和公制/英制转换及显示功能、数据预置功能、断电记忆功能、超限报警功能、非线性误差修正功能、故障自检功能等。它能同时测量 x、y、z 三个方向的位移，通过计算机软件程序对三个坐标轴的数据进行处理，分别显示三个坐标轴的位移数据。当用户的坐标轴数大于 1 时，其经济效益指标就明显优于普通数显表。

磁栅数显表同样可用于如图 7－21 所示的机床进给位置的显示。

随着材料技术的进步，目前带状磁栅可做成开放式的，长度可达几十米，并可卷曲。安装时可直接用特殊的材料粘贴在被测对象的基座上，读数头与控制器（如可编程控制器 PLC）相连并进行数据通信，可随时对行程进行显示和控制。

复习思考题

7－1　简述动圈式显示仪表的作用原理。

7－2　用动圈式仪表配合热电偶测量温度，当冷端温度不是0℃时，可采用哪些措施？

7－3　试述 XCZ－101 型仪表测量系统的故障现象、原因和排除方法。

7－4　试述 XCZ－102 型仪表测量系统的故障处理方法。

7－5　用电子电位差计配热电偶（假定其热电势特性是线性的）进行温度测量，假定室温为20℃时，仪表指示 300℃，问此时桥路输出的电压等于下述三种情况中的哪一种？并简述其理由。

第一种情况：热电偶在300℃时的热电势；

第二种情况：热电偶在280℃时的热电势；

第三种情况：等于0。

7－6　用动圈式仪表测量热电偶温度和用电位差计测量热电偶温度有何区别？

7－7　在处理电子电位差计故障的过程中，发生这样一种怪现象：当输入电势值增加时，指针向刻度的低温方向移动；当输入电势值减小时，指针向刻度的高温方向移动。并且只要输入电势值不超过仪表测量范围的上、下限，仪表都能达到平衡。对于这种故障应怎样处理，为什么？

7－8　电子电位差计的桥路和平衡电桥的测量桥路有什么区别？

7－9　自动平衡式显示仪表的型号是怎样命名的？

7－10　与动圈式仪表相比，自动平衡式显示仪表的主要优缺点是什么？

7－11　数字显示仪表和模拟显示仪表相比，有什么特点？

8 智能重量变送器

8.1 概述

智能重量变送器与称重传感器配套使用后，能将重量信号线性地变送成标准电流（或电压）信号，方便地实现称重传感器信号的远距离传送和计算机集中分散控制。本章主要介绍DBZ－2B型智能重量变送器。

DBZ－2B型智能重量变送器与电阻应变式称重传感器配套使用后，它集数显和变送于一体，既具有称重仪表的直观性等功能，又具有变送仪表良好的远传性能。另外，它除能输出与重量信号成线性变化的标准电流（或电压）信号外，还可与上位计算机进行RS－232C（RS－422、RS－485或20mA电流环）双向串行通讯。尤其是当主计算机系统发生故障时，由于变送器具有显示称量值和定值控制功能，作为应急可由变送器或人工控制定值。该变送器可广泛应用于冶金、化工、轻工、建材、饲料等行业配料称重系统中。

DBZ－2B型智能重量变送器有如下特点：

（1）仪表智能化，各种功能和性能大多由软件系统来实现或保证，减少了硬件数量，因而提高了仪表可靠性。

（2）采用三斜积分技术，模数转换器（A/D）内部码高达50万码，D/A电路采用脉宽调制技术，其分辨率1/10000，因而，可以确保变送器的转换精度。

（3）输入信号范围宽，采用数字调零技术和具有分度数、分度值等任意选择功能，无需切换调试都可获得满量程输出信号，给用户选用变送器、称重传感器和设计称重机械系统提供方便。

（4）引入电子秤自动数字标定技术，使用户现场调试十分方便。另外，由于变送器具有很小的非线性误差，即使用户加载20%砝码也能进行自动标定。

（5）具有数字调零和自动零点跟踪以及零位软件保持检测功能，可以在电压波动频繁，条件恶劣的工业现场，始终保持秤的零位，提高称量精度。

（6）根据用户需要，具有二次定值控制功能和提前量自动修正功能。

（7）具有自动调零功能，每次配料后，可对由于机械重复性差及粘料所引起的不能回零情况进行自动调零，且自动调零范围可任意设定。

（8）具有全面板按键设定分度数、分度值、小数点位置，波特率设定和全自动数字标定功能，其分度数等存储在带硬件保护的EEPROM中。

（9）具有动态检测，稳定化处理和超载报警功能。

（10）具有与上位计算机RS－232、RS－422、RS－485或20mA电流环双向串行通讯功能。

（11）具有A/D内部码显示（可检查传感器、放大器、A/D好坏）和操作出错报警功能。

（12）采用输入A/D和输出D/A分别与单片微机的双向隔离技术以及专用软件监视电路，具有抗干扰能力强，并有程序自启动恢复功能。

（13）根据用户需要，可增加定值或放料累加功能，累加值断电保护。

8.2　原理框图简介

DBZ－2B 型智能重量变送器由适合工业控制的 51 系列单片微机、高精度及低漂移放大器、比率式三斜积分 A/D 转换器、D/A 数字模拟转换器、适合电阻应变式称重传感器使用的激励电源和输出电流、十段发光二极管模拟指示电路组成，其原理框图如图 8－1 所示。

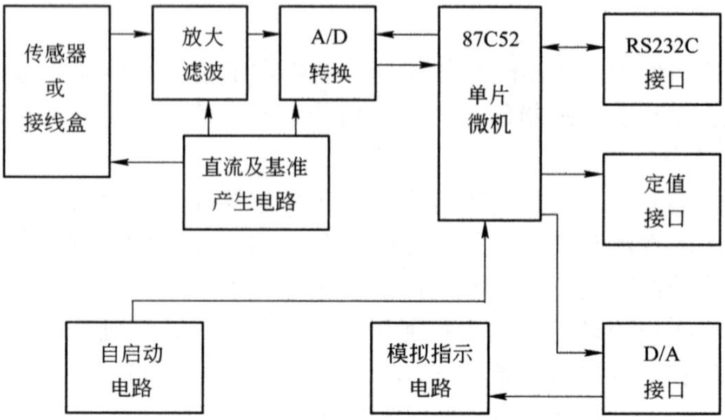

图 8－1　DBZ－2B 型智能重量变送器原理框图

8.3　技术性能

DBZ－2B 型智能重量变送器有以下主要技术性能：

（1）示值线性度：±0.01% F.S，A/D 内部码 50 万。

（2）转换速度约 20 次/s。

（3）输入信号范围：1～30mV。

（4）满量程可调范围：3～30mV。

（5）调零范围：可全量程数字调零。

（6）输出信号。

1）模拟信号：准确度不大于 ±0.15%。

电流信号：4～20mA（负载不大于 750Ω），内含电流输出开路及大小指示电路；

0～10mA（负载不大于 1.5kΩ），根据用户需要亦可增加双路输出。

电压信号：1～5V，0～5V。

2）数字信号：20mA 串行电流环接口；RS－232、RS－422 或 RS－485 串行接口；波特率任选。

（7）传感器激励电源：输出电压直流 8～12V 可调，最大输出电流 250mA，具有短路过流保护。

（8）供电电源：交流 220±22V 或 33V，50Hz。

（9）环境条件：工作温度：0～40℃；

存储温度：－15～85℃；

湿　度：≤80% RH。

（10）功耗：约 25VA。

8.4　键功能说明

下面简要介绍 DBZ－2B 型智能重量变送器的各键功能：

（1）“EEPROM”键与“调零/设定”键配合，用来对变送器的系统及设定值存入 EEPROM 存储器中的开门操作，同时按此键不放可取消自启动功能。

（2）“调零/设定”键，此键在非全面板操作时，根据 DIP$_2$、DIP$_3$状态分别执行如下相应功能。

1）DIP$_2$、DIP$_3$均处在 OFF 状态，即平常称重状态，此时，此键用来去除固定载荷，按此键后使显示器为零，点亮回零指示灯，并进行零点自动跟踪，另外，在定值控制设置设定时，也用此键，其操作方法为先按“调零/设定”键一直不放，过 3s 再释放“调零/设定”键，点亮“设定”指示灯，此时显示窗将显示上次设定控制值。如要重新设置新的设定值，则可按“←”“↑”键，然后再将“调零/设定”键和“EEPROM”同时按下即可，同样，设置其密码值方法同设置定值设定值一样。为了取消自启动，应一直按下“EEPROM”键不放。

2）DIP$_2$在 ON 状态，DIP$_3$在 OFF 状态时，此键用来设置分度数、分度值、小数点位置、波特率等参数。

3）DIP$_2$在 OFF 状态，DIP$_3$在 ON 状态时，此键用来自动数字标定。

（3）“←”键，在设置数据时，按一下此键可使已置入的数左移一位。在设置相应的累加清除密码后，此键可清除累加值。

（4）“↑”键，在设置数据时，按一下此键可使已置入的数加 1 递增。同时，按此键设定显示窗会显示累加值（当有累加功能时）。

为了方便用户现场调试和标定，该变送器具有全面板设定和标定功能，当全面板设定和标定时，与后面板上 DIP 开关状态无关，且其必须全处于 OFF 状态。

DIP 开关定义如表 8－1 所示。

表 8－1　DIP 开关定义

DIP 号	状　态	功　　能	DIP 号	状　态	功　　能
1	ON	当定值控制时，具有当前设定（当量）跟踪功能	4	ON	显示称量内部码
	OFF	平常称重状态		OFF	平常称重状态
2	ON	设定分度数、分度值等参数及定值提前量及延时时间	5	ON	显示 A/D 内部码
	OFF	平常称重状态		OFF	平常称重状态
3	ON	用来置入进行自动标定运算时已加在秤体上的标准砝码值和命令标定运算操作	6	ON	取消自启动功能，允许分度数、分度值以及标定系数写入 EEPROM，同按下“EEPROM”键一样
	OFF	平常称重状态		OFF	平常称重状态

8.5　串行通信

8.5.1　通信接口标准

DBZ－2B 的串行接口，是标准串行通信口，硬件接口为 RS/232C 或 20mA 电流环。

8.5.2　通信数据格式

8.5.2.1　波特率

在设定分度数等参数操作中的“t”是波特率，由以下几种可选：300bit、600bit、1200bit、2400bit、4800bit、9600bit。当“t” =0 时，不进行串行通信。

8.5.2.2　数据位及校验方式

7 位数据偶校验，即先起始位（0）一位，数据位 7 位，奇偶校验位（为偶校验）一位，最后一位停止位（1）。

8.5.3　通信规程

8.5.3.1　通信控制字符

通信控制字符定义如表 8 –2 所示。

表 8 –2　通信控制字符定义

控制字符	协议规定	ASC II 码	控制字符	协议规定	ASC II 码
SOH	报文引导信息头	01H	LF	回　车	0AH
STX	报文开始	02H	NAK	否定回答	15H
ETX	报文结束	03H	POL	轮　询	70H
EOT	通信结束	04H	ADDR	本变送器地址	A（41H） ⋮ O（4FH）
ENQ	询问	05H			
ACK	肯定回答	06H	BCC	信息块检验和	

8.5.3.2　地址编码

在设定分度值等操作中，其中可设定本变送器地址编码，该范围为 0 ~ 15，如表8 –3 所示。

表 8 –3　地址编码

变送器地址	实际 ASC II 码	变送器地址	实际 ASC II 码
0	a（40H）	8	H（48H）
1	A（41H）	9	I（49H）
2	B（42H）	10	J（4AH）
3	C（43H）	11	K（4BH）
4	D（44H）	12	L（4CH）
5	E（45H）	13	M（4DH）
6	F（46H）	14	N（4EH）
7	G（47H）	15	O（4FH）

8.5.3.3 数据发送方式

DBZ－2B 型智能重量变送器目前为连续发送方式进行通讯。

变送器实时发送给主显示器显示 5 位数据。发送格式如表 8－4 所示。

表 8－4 数据发送格式

SOH	ADDR	STX	BLOCK							ETX	BCC	LF
			W*	W	W	W	W	e	m			

注：W* 负值时为“2D”。

信息块 BLOCK 含义：

W* W W W W：为显示器低 5 位示值的 ASC Ⅱ码，高位在前，低位在后。

e：为质量显值的阶码，例如质量值为 800.0kg，则以浮点数表示为 0.08000×10^4，所以 e＝4。

m：为动态检测位。称量处于动态 m＝1；称量处于稳定状态 m＝0。

8.6 常见故障处理及维护

常见故障处理及维护主要包括：

（1）变送器开箱后在仓库保管时，应放在干燥、通风、无腐蚀性气体的地方，环境温度和湿度应符合变送器的储存环境条件。

（2）开机后面板上电源指示灯不亮，一般是供电不正常引起的。此时，如无传感器激励电压表明后面板上的保险丝已熔断；如有激励电压，表明是电源上的聚合开关已自动关闭，根据需要更换与以前相同容量的新保险丝或检查内部电路故障原因并排除，一旦故障排除，聚合开关会自动恢复接通。

（3）开机后，显示器一直显示“En”表明微机部分正常工作，主要是 A/D 转换器不正常。

（4）开机后，显示器显示“En”约 2s 后无显示，表明某一只按键已短路损坏，此时蜂鸣器将发声。

（5）显示器的数值跳字或漂移，可将主机板上 DIP_5 开关拨向 ON 状态，当为有接线盒的称重系统时可依次拔下每个传感器插头分别观察，利用数字电压表分别测量传感器激励电压和输出电压。

（6）开机后，面板上电源指示灯比原来亮或暗，表明机内电源电压不正常，若显示窗也不显示“En”，表明微处理机板可能已损坏。

复习思考题

8－1 简述智能重量变送器的特点。

8－2 智能重量变送器主要包括哪几部分？

8－3 简述智能重量变送器的各键功能。

8－4 简述智能重量变送器的常见故障及处理方法。

参考文献

[1] 何适生，等．热工测量［M］．北京：水利电力出版社，1988.
[2] 刘欣荣．流量计［M］．北京：水利电力出版社，1987.
[3] 黄关祥．工业仪表维修［M］．北京：机械工业出版社，1995.
[4] 杨根生，等．流量测量仪表［M］．北京：机械工业出版社，1986.
[5] 杨泽宽，等．热工测试技术［M］．沈阳：东北工学院出版社，1987.
[6] 李良贸，等．常用测量仪表实用指南［M］．北京：中国计量出版社，1988.
[7] 许正国，等．压力表［M］．北京：水利电力出版社，1990.
[8] 袁去惑，等．热工测量及仪表［M］．北京：水利电力出版社，1991.
[9] 纪纲，等．数字显示调节仪表原理及维修［M］．上海：华东化工学院出版社，1992.
[10] 高魁明，等．热工测量仪表［M］．修订版．北京：冶金工业出版社，1993.
[11] 乐嘉谦，等．仪表工手册［M］．北京：化学工业出版社，1998.
[12] 沈聿农，等．传感器及应用技术［M］．北京：化学工业出版社，2002.
[13] 蔡武昌．流量仪表罕见的故障原因［J］．自动化仪表，2002（2）：27.
[14] 王敏．涡街流量计所受干扰分析及排除［J］．自动化仪表，2002（3）：38.
[15] 全灵跃．涡轮流量计在自来水厂流量测量中的应用［J］．自动化仪表，2002（12）：31.
[16] 陈润泰．检测技术与智能仪表［M］．长沙：中南工业大学出版社，1995.
[17] 盛克仁．过程测量仪表［M］．北京：化学工业出版社，1992.
[18] 薄永军，等．自动化及仪表技术基础［M］．北京：化学工业出版社，2008.
[19] 梁森，等．自动检测与转换技术［M］．北京：机械工业出版社，2005.

冶金工业出版社部分图书推荐